普通高等教育"十三五"规划教材

农业标准制定与实施

主　编　张学林

副主编　杜　雄　李文霞　余　燕

编写人员　（按姓氏拼音排序）

敖　雪　沈阳农业大学

苌建峰　河南农业大学

杜　雄　河北农业大学

李文霞　东北农业大学

莫钊文　华南农业大学

余　燕　安徽农业大学

张　静　河南农业大学

张仁和　西北农林科技大学

张旺锋　石河子大学

张学林　河南农业大学

赵　威　河南科技大学

主　审　宁海龙　东北农业大学

赵全志　河南农业大学

U0196676

科学出版社

北　京

内 容 简 介

本书主要包括绪论、农业标准化原理、农业标准和农业标准体系、农业标准的制定与修订、农业标准制定实例、农业标准的实施、农业标准实施的监督、农产品认证、农业标准化与农业国际贸易、农业标准化效果评价等方面的内容。为了更好地了解和掌握本书的内容，要求读者具备基本的植物学、作物栽培学、作物耕作学、土壤学、生物化学、植物生理学、昆虫学、植物病理学、农业标准化等方面的理论知识。同时，本书所涉及标准的制定案例等内容，实践性较强，而农业标准化原理、农业国际贸易等方面的内容，理论性较强，建议读者注重理论与实践的紧密联系，灵活学习和运用本书所包含的理论知识和实践事例。本书涉及的领域较广，与作物标准化生产和栽培管理实践结合紧密。

本书适合农业院校农学专业和非农学专业学生选作教材，同时也可供广大农业工作者和大专院校教师和研究生参考。

图书在版编目（CIP）数据

农业标准制定与实施 / 张学林主编. —北京：科学出版社，2019.6

普通高等教育"十三五"规划教材

ISBN 978-7-03-058298-0

Ⅰ. ①农⋯ Ⅱ. ①张⋯ ①农业 – 行业标准 – 中国 – 高等学校 – 教材

Ⅳ. ① S-65

中国版本图书馆 CIP 数据核字（2018）第 162493 号

责任编辑：丛　楠　韩书云 / 责任校对：杨　赛
责任印制：张　伟 / 封面设计：铭轩堂

科 学 出 版 社 出版

北京东黄城根北街16号
邮政编码：100717
http://www.sciencep.com

北京九州迅驰传媒文化有限公司印刷

科学出版社发行　各地新华书店经销

*

2019 年 6 月第　一　版　开本：787×1092　1/16
2024 年 6 月第二次印刷　印张：15 3/4
字数：379 000

定价：58.00 元

（如有印装质量问题，我社负责调换）

前　　言

农业标准是将科学技术转化为生产力的桥梁，是形成标准化生产、产业化经营、品牌化营销等现代农业新格局的基础性依据。实施农业标准是指导农业生产、推动农业技术进步、提高产品质量、发展农业产业化、实施农产品品牌战略、适应国际贸易、实现乡村振兴战略的必经之路。监督农业标准的实施是对农业生产活动中贯彻执行标准的情况和达到的效果进行督促、检查和处理，是确保供给侧结构性改革成效、促进农民持续增收和农业可持续发展的先决条件，是实现产出高效、产品安全、资源节约、环境友好的中国特色现代化农业的有效保障。为此，农业标准的原理和修订等内容为培养和造就一批懂农业、爱农村、爱农民的人才队伍奠定了理论基础。

为全面阐述农业标准化过程，使读者对农业标准的制定、实施、监督，农产品认证，农业标准化效果有一个系统的认识和了解，编者结合多年的教学实践经验和授课对象的特点，收集、整理并参阅了近年来国内外同行专家、学者的著作和论文等研究成果，且引用了最为有价值的观点、资料和数据编写了本书。

全书共 10 章，主要包括绪论、农业标准化原理、农业标准和农业标准体系、农业标准的制定和修订、农业标准制定实例、农业标准的实施、农业标准实施的监督、农产品认证、农业标准化与农业国际贸易、农业标准化效果评价等内容。第一章由张学林编写；第二章由莫钊文编写；第三章由敖雪编写；第四章由余燕编写；第五章由余燕、张静编写；第六章由张旺锋、苌建峰编写；第七章由李文霞编写；第八章由张仁和编写；第九章由赵威编写；第十章由杜雄编写。东北农业大学宁海龙教授和河南农业大学赵全志教授对全部书稿进行了审阅和核对。

本书由 9 所高校中多年主讲农业标准相关课程的教师通力合作编写而成，具备事例翔实、理论体系完整的特点，是农业院校农学专业农业标准化教学的首选教材，也可作为非农学专业学生的主要选修课程教材。教师使用本书时可以根据教学过程中学生的具体情况对授课内容进行取舍。本书也可以作为农业科技工作者、农业标准研究人员、农业生产者的重要学习参考资料。

在本书的编写和出版过程中，得到了河南农业大学的大力支持，以及科学出版社丛楠编辑的大力协助，在此谨表衷心感谢！

因编者水平有限，不妥之处在所难免，敬请专家、读者批评指正。

编　者
2018 年 12 月

目　　录

第一章 绪 论

【内容提要】 本章介绍了标准、农业标准、标准化、农业标准化的基本概念；国内外农业标准制定与实施的发展历程；我国农业标准制定与实施面临的新的形势和任务。

【学习目标】 通过本章的学习，使学生掌握农业标准制定与实施领域的基本概念，积极践行农业标准的研究、宣传和推广，加快农业标准制定与实施发展的步伐。

【基本要求】 了解国内外农业标准制定与实施的发展历程；理解当前我国农业标准制定与实施面临的形势；掌握标准、农业标准、标准化、农业标准化的基本概念。

第一节 农业标准化

一、标准和农业标准

（一）标准

1. 标准的概念

标准化最基本的概念包括标准和标准化。为此概念能够国际通用，也为国际贸易、经济合作和科学技术交流提供统一理解的基础，1996 年，我国颁布的 GB/T 3935.1—1996《标准化和有关领域的通用术语 第 1 部分：基本术语》（代替 GB 3935.1—1983）中，所给出的标准和标准化定义等同于 ISO/IEC 第 2 号指南（1991 版）。

标准是在一定范围内获得最佳秩序，对活动或其结果规定共同的和重复使用的规则、指导原则或特性的文件。该文件需经协商一致制定并经一个公认的机构批准。标准应以科学、技术和经验的综合成果为基础，以促进最佳社会效益为目的。

标准的定义包含以下几层含义。

（1）制定标准的基本出发点是"在一定的范围内获得最佳秩序""以促进最佳社会效益为目的"。秩序主要是指工作秩序、技术秩序和管理秩序；社会效益是指给全社会带来的效果和利益；范围主要包括企业、地区、国家或区域。这一基本出发点概括了标准的作用和制定标准的目的，同时也是衡量标准化活动和评价标准的重要依据。

（2）标准是"以科学、技术和经验的综合成果为基础""经协商一致制定"而产生的。综合成果，一是指科学研究的新成就、技术进步的新成果同实践中取得的先进经验相互结合，并纳入标准；二是指这些方面的成果和经验需要经过分析、比较和选择后加以综合并纳入标准的过程。这里的协商一致体现了标准的科学性和民主性。

（3）标准产生的依据是"共同的和重复使用的"。"共同的"是指事物的共同性和普遍性；"重复使用的"是指同一事物反复多次出现的性质。事物只有具有共同性和重复性才有制定标准的必要，但具有共同性和重复性的事物不一定必须制定标准。因此，在制定标准时需要注意标准化对象的选择。

（4）标准的本质属性是对活动或其结果规定共同遵守的准则，是统一的规定。"统一"应是必要的、合理的，客观事物不需要统一，就不必制定标准。

（5）标准的对象是为实现某种目的所进行的活动，如一项服务、一个生产过程、一项活动结果（产品）、一项设计等（均具有重复性）。

（6）标准的形式。标准有固定的格式和制定、发布程序。标准以文件形式发布，表明了标准包括标准文件、技术规范、规程和法规等多种形式，体现了标准形式的灵活性和多样性，改变了过去标准"以特定形式发布"的局限性。

2. 标准的性质

根据《中华人民共和国标准化法》的规定，国家标准分为强制性标准和推荐性标准，行业标准和地方标准是推荐性标准。地方标准涉及安全卫生的技术要求属于强制性标准。

（1）强制性标准：是指《中华人民共和国标准化法》规定必须执行的标准。国家强制性标准必须在全国范围内执行。不符合强制性标准的产品，禁止生产、销售、进口，否则将追究法律责任。我国在加入世界贸易组织（WTO）谈判中，已经阐明了强制性标准属于我国技术法规，并得到了世界贸易组织及各成员方的认可。

（2）推荐性标准：是指国家、行业和地方制定的向企业和社会推荐采用的标准。国家和行业发布的推荐性标准，鼓励企业自愿采用。企业已经明示执行的推荐性标准也应认真贯彻执行。推荐性标准一旦纳入指令性文件，将具有相应的行政约束力。企业产品标准没有强制性和推荐性之分，一经发布都应认真贯彻实施。

（二）农业标准

1. 农业标准的概念

为了突出农业的特点，根据 GB/T 3935.1—1996《标准化和有关领域的通用术语　第 1 部分：基本术语》（该标准中的术语、定义等均采用了国际标准化导则文件 ISO/IEC 第 2 号指南的内容）给出的标准的定义，将农业标准定义为：在农业生产、经营范围内获得最佳秩序，对农业活动或其结果规定共同的和重复使用的规则、指导原则或特性的文件；该文件经协商一致制定并经一个公认的机构批准。

农业标准的含义丰富，主要包括以下内容。

（1）制定农业标准的目的是在农业生产、经营范围内获得最佳秩序，促进最大社会效益。

（2）制定农业标准应有一个具体范围，可以是一个企业、一个地区、一个国家（区域）或全球。

（3）农业标准的本质属性：对农业活动或其结果规定共同遵守的准则，即统一的规定。这里的"统一"应是必要的、合理的；客观事物若不需要统一，不必制定标准。

（4）制定农业标准的对象：为实现某种目的所进行的农业生产、管理、经营活动或其结果。例如，一个农业生产过程和管理过程、一项农业活动结果（农产品）等，这些活动或结果均具有重复性。

（5）农业标准是协商一致的产物（非领导意志）。协商应讲原则，应以获得最佳秩序、促进最大社会效益为目标。

（6）农业标准的基础是有关农业成熟的科学技术和经验。

（7）农业标准有固定的格式（GB/T 1.1—2009）和制定、发布程序。

2. 我国农业标准的种类

按农业标准发生作用的范围或标准的审批权限，将其分为不同的级别。2018 年版《中华人民共和国标准化法》明确标准种类包括国家标准、行业标准、地方标准和团体标准、企业标准。

二、标准化和农业标准化

（一）标准化

标准化是为在一定的范围内获得最佳秩序，对实际的或潜在的问题制定共同的和重复使用的规则的活动。这些活动主要包括制定、发布及实施标准的过程。标准化的显著作用是改进产品、过程和服务的适用性，防止贸易壁垒，促进技术合作。

标准化的定义提示了标准化的特征如下。

（1）标准化不是一个孤立的事物，而是一个活动过程，主要是制定标准、组织实施标准和对标准的实施情况进行监督进而修订标准的过程。这个过程是一个不断循环、螺旋式上升的运动过程。每完成一个循环，标准的水平就提高一步。《中华人民共和国标准化法》明确规定，标准化工作的任务是制定标准、组织实施标准及对标准的制定、实施进行监督。三个环节相互关联，缺一不可。

标准化作为一门科学，就是研究标准化过程中的规律和方法。标准化作为一项工作，就是根据客观情况的变化不断地促进这种循环过程的进行和发展。

（2）标准是标准化活动的核心，标准化的目的和作用要通过制定和贯彻具体的标准来体现。因此，标准化活动不能脱离制定、修订和贯彻标准，这是标准化的基本任务，所以说它是标准化的"主要内容"。

（3）标准化的根本目的是在一定范围内"获得最佳秩序"，是从整个国家和全社会考虑，涉及各个领域。标准化有一个或多个目的，如控制产品品种，改进产品过程或服务的兼容性、互换性，保障健康、安全等。这种目的的意义只有当标准在社会实践中实施以后才能表现出来，绝不是制定一个标准就可以了事的。即使有再多再好的标准，如果在实践中没有被运用，没有被贯彻执行，那也毫无意义。

（4）标准化的活动包括制定、发布及实施标准的过程。标准是标准化活动的核心；制定、发布和实施标准是标准化活动的基本任务和主要内容。

（二）农业标准化

1. 农业标准化的概念

目前，我国对"农业标准化"还没有给出明确统一的定义，主要有两种观点。一种观点是以缩小标准化概念内涵的方法来下定义，即在标准化的概念中加上限定词"农业"。持这种观点的人认为，农业标准化为在农业范围内获得最佳秩序，对实际的或潜在的问题制定共同的和重复使用的规则的活动。另一种观点认为，标准化概念本身就包括农业。农业标准化只是标准化的一个方面，是标准化组成的一部分，只是标准化的对象不同而已。这种观点认为，农业标准化就是以农业为对象的标准化活动。以上两种观点均具有一定的道理，但不能够充分体现农业的特点，为此，本书给出如下定义。

农业标准化就是运用"统一、简化、协调、优选"的标准化原则，在农业生产的产前、产中、产后全过程实施标准，以达到促进先进的农业成果和经验的迅速推广、确保农产品的质量和安全、利于农产品的顺利流通、规范农产品市场秩序、指导农业生产、引导消费的目的，从而取得良好的经济、社会和生态效益，最终实现提高农业竞争力的目标。

2. 农业标准化的对象

农业标准化的对象，简而言之就是农业。随着农业概念及其内涵的丰富、扩展及农业领域的扩大，农业标准化的对象也逐渐延伸。目前，农业标准化的对象涉及农业种植业、养殖业、加工业等农业技术行业及农业行政管理和农业服务。

3. 农业标准化的内容

农业标准化作为一门独立的学科，它不同于一项具体工作，它是人们从事农业标准化实践的科学总结和理论概括。农业标准化研究的主要内容如下。

（1）研究农业标准化活动的一般程序、规律。从制定农业标准化规划与计划，农业标准的制定、修订、贯彻执行、效果评价、监督检查等活动出发，探索这些活动的特点和规律，以促进农业发展。

（2）研究农业标准化的基本理论，如农业标准化原理、方法原理和管理原理等。

（3）研究农业标准系统的构成要素和运动规律，也就是研究农业标准的种类、级别体系及其相互关系等。

（4）研究对农业标准化活动的科学管理，包括管理机构体制、方针政策、规章制度、农业产品质量安全认证、农业标准化信息管理、农业标准化与国际贸易、农产品物流标准化、农业标准化经济效益评价、农业标准化示范区和示范基地等一整套标准化活动过程的科学管理等内容。

4. 农业标准化的形式

标准化的形式是标准化内容的存在方式，也就是标准化过程的表现形态。由于农业标准化内容的多样性，表现形式也是多种多样的。归纳起来，比较重要的形式主要是简化、统一化、协调化和最优化。

5. 农业标准化的特点

农业标准化的特点是和农业本身的特点紧密相关的。农业本身所具有的特点在农业标准化的特点中得到了进一步的反映，并融合在农业标准化的特点之中。

（1）农业标准化的主要对象是有生命的。这是农业标准化的显著特点。农业技术是在不易控制的自然环境中，通过动植物的生命过程来实现的。在一定的时间和空间里将哪些产品、哪种农业技术列为标准化的对象，都要受到具体的社会经济条件和自然条件的制约。农业新技术、新方法的开发、转让与推广比工业的难度大。例如，同一种农业新技术，在不同的条件下会产生不同的结果。农业生产条件是千差万别的，土壤、气温、降雨、风力、日照及无霜期的长短，甚至农业结构等，都会对农业技术产品产生不同的影响。农业标准化的对象受外界相关因素的影响较多，受自然条件影响较大，其中有许多不可控制的因素。相同的标准化对象执行同一标准，其经济效果往往并不一样。因此，在制定或贯彻标准时，要充分注意到农业标准化对象的这一特点。

（2）农业标准化的地区性。农业生产受自然界的影响较大。同一品种的农业产品因地区不同，其品质有很大的差异，同一农业技术因地区不同，其效果也不一样，因此农业标准化具有很强的地区性。不同地区、不同的自然条件，其标准也不一样。世界上许多国家按照自然条件、地理环境和农作物的特点，划分了各种"生长带"，如玉米带、棉花带、草原放牧带、乳牛饲养带、烟草生产带、水果生产带等，就是注意了地区性的特点。

我国的农业地方标准，就是考虑了农业标准化地区性较强这一特点。例如，河北沧州以实施《沧州鸭梨》地方标准为核心的标准化果园建设；宁夏制定了《滩羊》《中卫山羊》等40多项畜牧业标准；山东的《无公害蔬菜》、江西的《无公害食品 新余蜜桔》等一系列地方标准的制定、实施，都是结合当地农业特点开展的标准化活动，带动了地方经济的发展。

（3）农业标准化的复杂性。由于农业生产的周期较长，因此制修订农业标准的周期也较长。制修订农业标准所进行的生产试验，一般一年只能进行一次，稍有失误或试验失败，一等就是一年。这与制定工业标准显然不同，制定工业标准试验验证工作一般在较短的时间内即可完成；而制定一项农产品标准少则要有一年的统计资料，多则要有三年以上的统计资料。制定一个农作物品种标准也需要一年以上的时间。制定种畜、种禽品种标准的时间要更长一些。就是推荐性的农业管理标准也要总结多年的农业生产实践经验和科学实验，通过试点验证才能完成。

农业生产受众多相关因素的影响。从农业生产进步的发展历史可以看出，农业进步不是一个独立的变量，而是和社会的进步相适应的，是受整个社会的科技进步影响的。农业生产的进步，以整个社会的需要和进步为前提条件，是多种因素综合作用的结果。成批新品种的育成、使用和推广，总是需要农机、化肥、农药、兽药、排灌机械、温室和地膜等先进技术和设备与之相配合，其中不管哪一项没有跟上去，都会给农业生产带来影响。农业标准化的主要对象是活的有机体，它们种类繁多，各有其生长和发育的规律等，这就使得农业标准化工作要比其他行业的标准化工作复杂一些。

（4）文字标准和实物标准同步进行。文字标准来源于实践，是客观实物的文字表达。但是文字标准较抽象，人们的理解能力或认识程度不同，会产生不同的结果，而且有些感官指标如色泽、口味很难用文字确切表达。因此，农业标准特别需要制作实物标准，以便顺利地贯彻实施。

第二节　农业标准制定与实施发展历程

一、中国农业标准制定与实施发展历程

自有文明以来，我们的祖先在长期从事农业生产过程中，创造了丰富多彩的作物品种，制造了种类多样的生产工具，如翻土的犁、播种的耧、中耕除草的锄、灌水的戽斗和龙骨车、收获谷物穗子的铚和割稿秆的镰、将籽和糠粃分开的风车等，大大提高了劳动生产率，积累了丰富的农业生产经验，这些经验经过不断地总结，形成了具有中国特色的农业生产管理技术规范，指导着中国农业的发展。

（一）古代朴素农业标准化思想的萌芽阶段

中华民族的祖先在5000～10 000年前的新石器时代开创了农业。考古资料证明，从7000多年前的新石器时代早期文化遗址，如河南新郑裴李岗、密县莪沟，河北武安磁山

等地，出土了大量用于农业生产的石制和骨制工具，以及遗址洞穴中存留着的炭化粮食。从 6000～7000 年前的浙江余姚河姆渡、桐乡罗家角等原始农业文化遗址也出土了大量的骨制农业生产工具。这一时期的生产工具以磨制的石器为主，也广泛使用骨器、角器、蚌器与木器。农具的种类可分为整地、收割、加工三类。整地的工具有石斧，用于砍伐树木，之后有石耜、石铲、骨耜、鹤嘴锄等用于翻土、松土；收割的工具有石刀、石镰、骨镰、蚌镰等，石刀无柄，直接手握操作，石镰通常用绳索捆扎在直角的短柄上，手握刀柄操作；加工的工具有石磨盘及磨棒、石臼及杵等。3000 多年前的殷代甲骨文中已有黍、稷、禾、粟、麦、菽、稻等作物名称，甲骨文中还有田畴、疆、圳、井、圃等有关农业生产整治土地的文字记载。

人类首先使用经初步凿磨的锐利石器，并以这些石器为"准绳"，模仿、复制出更多的生产工具，在长期实践过程中通过不断探索，不断改进，逐渐选出最适用的一种或几种，使其形状、大小趋于一致，这种统一化的器物，相当于现代的"标准样品""标准量具""标准样块"之类的实物标准。而栽培作物的区域、时间、技术、管理等也是世代相传，逐渐成为农业生产的技术规范。这便是人类最初的、最朴素的标准化。这一时期被称为古代朴素农业标准化思想的萌芽阶段。

（二）古代、近代初级农业标准的产生及发展阶段

随着人类文明的进步和农业生产的不断发展，人们逐渐将掌握的具有一定实践生产指导意义的农业技术、技巧、知识记录和归纳下来，以期对后人的农业生产起到指导作用。夏代时，劳动人民根据农业耕作的经验，结合农事的发展，制定了指导农业生产的历法和历书，推动了农时标准的产生；而陶器的发明为谷物食料处理提供了方法。先人在《尔雅》一书中记录了植物的生态特征，对草和木做了分类，并对其外观形态进行了描述；汉代的《氾胜之书》论述了西汉时代粟、麦、稻、稗、大豆、小豆、大麻、瓜、桑等农作物从种到收整个生产过程的农业技术，提出"凡耕之本，在于趣时和土，务粪泽，早锄早获"，即掌握农时、耕好土壤、施用肥料、灌溉保墒、适时中耕及及时收获等。北魏贾思勰的《齐民要术》中"起自耕农，终于醯醢，资生之业，靡不毕书"，全面总结了西汉末年至北魏时期 500 多年黄河流域的农业生产经验，特别是耕耙耱、抗旱保墒、绿肥轮作、用地养地、良种选择和繁殖、林木的育苗和嫁接等。宋代的《陈旉农书》，记述了南方稻麦、稻豆、稻菜等一年两熟的复种经验。元代的《农桑辑要》对当时种植苎麻、木棉、甘蔗、胡萝卜具有指导作用，对农畜产品加工、贮藏和酿造方法也作了论述。明代徐光启的《农政全书》一书总结了棉花、甘薯两种作物的栽培经验，如"精拣核，早下种，深根，短干，稀棵，肥壅"14 字诀的棉花栽培经验；宋应星的《天工开物》论述了粮食作物和经济作物的栽培，食品加工、盐、糖、酵母剂等的生产技术和经验，并记录了丝绸和棉纺织制品技术工艺。清代方观承绘制的《御题棉花图》，详细介绍了从植棉直到制成衣料整个生产和加工过程。这些文献和农书大多是对如何种好作物而需要的土壤耕作、抗旱保墒、施肥、培肥地力、种植技术等进行总结并逐步完善、发展。这些内容为推动农作物标准栽培管理提供了技术依据。这一时期为初级农业标准的产生及发展阶段。

（三）1949 年以后农业标准制定与实施逐渐走向法制管理阶段

近代以来，由于帝国主义列强的侵略，加上连年战乱，民不聊生，农村经济濒于破产，农业生产水平下降，农业标准工作也无从谈起。政治腐败和经济落后的旧中国尽管也颁布过一些农业标准，但是由于统一性和协调性差，贯彻和实施非常困难，标准化效果低下。1949 年以后，农业标准化经历起步阶段（1949～1966 年）、停滞阶段（1966～1976 年）、恢复阶段（1976～1996 年）、快速发展阶段（1996 年至今），并逐步走向法制管理阶段。

1. 1949 年以后的标准制定与实施

1949 年以后，为了尽快恢复经济，种植业方面的一大批标准逐渐被制定并付诸实施。20 世纪 50 年代中期开始农作物标准化工作。农业部门与外贸部门相结合，颁布了《植物检疫条例》，制定了《种苗隔离检疫操作规程》；1956 年制定了乔化苹果苗的标准；1957 年讨论修改了《农作物种子检验办法》和《主要农作物种子分级标准》草案，并在各地试行；1964 年召开的农业标准化工作会议，提出"抓住两头，打好基础"的方针，抓住两头就是抓住"种子"和"产品"，打好基础就是搞好基础标准制定和基础组织建设，指出制定农产品标准必须正确地分等分级，处理好分级标准与价格差距的关系，有力地推动了种植业标准化工作。20 世纪 70 年代，我国农业部开始制定种植业的国家标准，1972 年发布了棉花（细棉绒）国家标准；1976 年农业部在各地试行了《主要农作物种子分级标准》和《农作物种子检验办法》草案。随后，农业部成立了标准化机构，国家标准局（现为国家标准化管理委员会）先后发布试行了稻谷、小麦、玉米、大豆、花生仁、花生果等国家标准。

20 世纪 80 年代，农业种植业标准化工作日益活跃，工作范围不断扩大。1980 年，农业部相继制定了关于良种繁育和引进种苗检疫方法、农作物种苗地检疫方法、果园苗圃植物检疫方法和室内检疫方法等的草案；1981 年，国家标准总局审定了《烤烟》和《烤烟检验方法》两项国家标准；颁布了《农作物种子检验规程》；又颁布了粮食、油料、棉花、甘薯、马铃薯、麻类等 6 个种子分级的国家标准。同时制定了鲜苹果、鲜梨、柑橘、香蕉、龙眼等一批水果的质量标准，并按照水果大小、色泽、成熟度、农药残留量、风味等几个指标把水果分等分级。先后制定了 24 种农药在 16 种作物上安全使用的标准共 67 项，以及一批农产品品质分析的标准。种植业标准制定的范围不断扩大，包含了各类农作物的种子、生产规程、产品质量、包装、贮藏，以及农业机械设备、土壤肥料、农业化学分析等方面。

2. 十三届三中全会以来的标准化管理

十三届三中全会以来，我国农业标准化进入蓬勃发展阶段，农业标准化围绕提高农产品质量、产量，制定并实施了一批标准，同时积极采用国内和国外先进标准也有了一定的进展。为适应农业行政管理生产面向市场的新形势，对一般农产品、生产技术、管理方法可制定推荐性标准、规范，允许制定地方标准，积极开展综合标准化，有步骤地把标准配套起来。各地和有关部门分别召开了地方或本部门的农业标准化工作会议，分别成立全国的、部门的和地方的农业标准化技术委员会及有关的农业标准化机构。1988 年，全国人民代表大会通过了《中华人民共和国标准化法》。1990 年，国务院发布了《中华人民共和国标准化法实施条例》。该条例规定对农、林、牧、渔业的产品（含种子类）的品种、规格、质量、等级、检验、包装、储存、运输以及生产技术、管理技术的要求应制定标准。

1991 年，国家技术监督局第 19 号令发布了《农业标准化管理办法》，其将农业标准分为强制性标准和推荐性标准；为贯彻农业国家标准、行业标准，根据地方发展农业生产的实际需要，开展农业综合标准化工作；规定县级以上各级标准化行政主管部门可以制定农业标准规范，推荐执行。1991 年，国家技术监督局在黑龙江省召开了全国农业标准化会议，提出"八五"期间，农业标准化工作要以科技兴农为中心，以推广科技成果为重点，以"加强协作，积极发展；因地制宜，突出重点；狠抓实施，注重效益；为科技兴农和发展农村经济服务"为工作方针。这一阶段，农业标准化工作在深度和广度上有了较大的发展；制定了大量的农业方面的国家标准、行业（部颁）标准和大量的地方农业标准；拓宽了农业标准化的领域。例如，农作物的杂交种及杂交技术标准，农业机械化作业标准，农用地膜技术标准；种猪、种羊、种牛标准，奶牛标准，瘦肉型猪标准。林木种子苗木、营林造林标准等方面有了较大的发展。《中华人民共和国标准化法》《中华人民共和国标准化法实施条例》《农业标准化管理办法》等法律、法规、规章的颁布实施，标志着农业标准化工作已进入法制管理的轨道。

3. 农业标准化的大发展阶段

20 世纪 90 年代以来，我国农业步入高产优质并重、提高效益的新阶段，农业标准的制定与实施工作进入全新发展阶段。20 世纪 90 年代后，随着我国社会主义市场经济体制的建立和逐步完善，农业生产力水平迅速提高。农产品总体上已经告别短缺状态，农产品市场由卖方市场转向买方市场，农业生产进入以市场为导向，不断调整和优化生产结构，发展高产、优质、高效农业的新阶段。为适应这一转变，1992 年《国务院关于发展高产优质高效农业的决定》提出：建立健全农业标准体系和监测体系，要以农产品的等级制度为重点，建立主要农产品产前、产中和产后全过程的标准体系，并尽早在全国优质农产品基地、食品加工企业、出口产品生产企业和批发市场内实施，通过试点，积极向全面实行农业标准化过渡；积极扩大农业对外开放，鼓励开拓和扩大国际市场，出口的农产品及其加工品要符合国际标准，以增强市场竞争力；要求各地要根据实际需要建立以开发高新技术为主的高产优质高效农业试验示范区等。1996 年经国务院同意，国家技术监督局和农业部联合发出《关于加强农业标准和农业监测工作，促进高产优质高效农业发展的意见》。同年 10 月，两部局联合在北京召开了第三次全国农业标准化工作会议，提出农业标准化工作以"两个根本性转变"为指针，以加快"两高一优"农业发展为目标；以建立健全农业标准体系和农业监测体系为基础，狠抓农业标准和农业监测工作的实施；要因地制宜，突出重点，典型示范，注重实效。该会议制定的《全国农业标准化"九五"计划》提出：到 2000 年，要健全和完善主要农产品产前、产中和产后全过程的标准体系和支撑与服务农业的标准体系。此后，各地方、各有关部门对农业标准化工作进行了认真研究和部署，农业标准化和农业监测工作逐步向广度和深度展开。农业标准化围绕农产品市场、生产、农业高科技、农业新技术、农业环境及安全卫生等方面开展了工作，制定和实施了一批急需的标准。例如，围绕有机食品、绿色食品、无公害农产品等开展了一系列标准化活动；以地方主导产品为核心的农业标准化示范区的工作也得到广泛开展；由农用生产资料、农副产品及初加工品、农业生态环境检测和监测机构组成的农业监测体系初步建立，并开展了监督检验工作。

截至 1999 年底，我国已经累计完成农业方面的国家标准 1056 项，地方标准 1600 项，各省、自治区、直辖市制定的地方标准 6179 项，这些标准覆盖了农业基础管理、粮食与饲料作物、经济作物、园艺作物、畜牧业、水产渔业、林业、农用微生物业、植物保护、土壤与肥料、农林机械与设备、再生能源与生态环境等方面，基本涵盖了农业产业（种植业、林木业、畜禽业、水产业、低等生物业）、农业生产资料业（化肥、农药、农业机械）、产后加工业（食品工业、饲料工业、棉纺工业、橡胶工业）的各个领域，初步形成了以国家标准为主体，行业标准、地方标准和企业标准相衔接配套的产前、产中、产后全过程的农业标准体系。全国已组建农业标准化技术委员会和农业标准化技术归口单位 20 多个，建成部级以上农业质量检测中心 120 多个，初步建立起适应市场经济的农业标准化运行机制。

2001 年 12 月 11 日，我国正式加入 WTO 后，农业标准的制定与实施工作显得更为重要，尤其是在农产品质量安全及分级标准方面加快了制定（修订）或运用国际标准。为了适应加入 WTO 的需要，打破技术性贸易壁垒的障碍，农业部从 2001 年开始，在全国范围内组织实施"无公害食品行动计划"。通过加强产地环境、农业投入品、生产过程、包装标识和市场准入等 5 个方面的管理，以及加强农产品质量安全标准、监督检验标准、质量认证、行政执法、生产技术推广和市场信息等 6 个体系建设，大力推进无公害食品、绿色食品和有机食品的发展，使我国农产品的质量安全水平全面提高，基本满足国内外市场对农产品质量安全的需要，为提高农产品的国际竞争力、促进农业结构的战略性调整和农业的可持续发展做出贡献。国家标准化管理委员会也在 2003 年 5 月 21 日发布了《全国农业标准 2003—2005 年发展计划》，该计划提出：运用世贸规则和国际通行做法，加快中国农业标准的制修订速度，以期建立与国际接轨的农业标准体系，到 2005 年中国要进一步完善包括以农产品质量安全为主的产前、产中和产后全过程的农业标准体系。该计划还要求，2005 年中国农业标准采用国际标准的比率要从 2003 年的 20% 提高到 50% 以上，制修订国家、行业标准 2880 项，制修订地方标准 9000 余项。这一时期，农业标准体系进一步完善，监测体系逐步健全，监督检验依法进行，农业标准化工作取得了较大发展，对农业的全面进步起到了一定的促进作用。

二、国际农业标准制定与实施发展历程

世界上最大的标准化机构有 3 个：国际标准化组织（ISO）、国际电工委员会（IEC）、国际电信联盟（ITU）。ISO、IEC、ITU 标准为国际标准。国际农业标准制定组织主要有国际标准化组织、国际食品法典委员会（Codex Alimentarius Commission，CAC）和世界贸易组织。其中国际标准化组织标准涉及农业质量标准。关于农业标准方面比较权威的、具有代表性的一个国际标准化组织是国际食品法典委员会。该组织是贯彻、实施联合国粮食及农业组织（FAO）和世界卫生组织（WHO）联合组织的食物标准项目的机构，目的是保护消费者健康和保证公平的食物市场贸易。

国际农业标准的制定与实施过程大致经历了近代工业化时期标准制定与实施的起步、第二次世界大战以后标准化的迅猛发展、新世纪标准向国际化快速迈进三个阶段。

（一）近代工业化时期标准制定与实施的起步阶段

大机器工业生产方式推动了标准的制定与实施，促使标准化发展成为有明确目标和

有系统组织的社会性活动。18 世纪，首先在英国出现的纺织工业革命标志着工业化时代的开始，至 19 世纪后半叶，相继出现了公司标准和行业标准，此后发展为国家标准。1798 年，美国人艾利·惠特尼发明了工序生产方法，设计了专用机床和工装以保证加工零件的精度，首创了生产分工专业化、产品零件标准化的生产方式，惠特尼也因此被誉为"标准化之父"；1841 年，英国人约瑟夫·惠特沃思设计了被称为"惠氏螺纹"的统一制式螺纹，因其具有明显的优越性，很快被英国和欧洲采用，美国、英国和加拿大协商将惠氏螺纹和美国螺纹合并成统一的英制螺纹，并统一螺钉和螺母的型式和尺寸；1902 年，英国纽瓦尔公司出版了《纽瓦尔标准——极限表》，这是最早出现的公差制；1906 年，英国颁布了国家公差标准。此后，螺纹、各种零件和材料等也先后实现了标准化。1911 年，美国的弗雷德里克·温斯洛·泰勒发表了《科学管理原理》，把标准化的方法应用于制定"标准作业方法"和"标准时间"，开创了科学管理的新时代。在一系列标准化和科学管理成就的基础上，美国福特汽车公司在 1914～1920 年，打破了按机群方式组织车间的传统做法，创造了汽车制造的连续生产流水线，采用标准化基础上的流水作业法，把生产过程中的时间和空间组织统一起来，促进了大规模流水生产的发展，极大地提高了生产效率。随着各种行业分工的发展，机器大工业化进程的深入，各种学术团体、行业协会等组织纷纷成立。1901 年诞生了世界上第一个国家标准化机构——英国工程标准委员会。之后，先后有 25 个国家成立了国家标准化组织。

　　交通运输业和通信业的蓬勃发展促进了国际上科技文化的交流和贸易往来，国家之间生产、生活尤其是贸易的往来，迫切需要国际上统一的计量单位，需要将术语、单位制、材料等标准在国际范围内实现协调和统一，从而开展在国际上的标准化活动。最先开展国际标准制定的领域是计量、材料和电工领域。法国于 1870 年和 1872 年先后邀请了一些国家的代表协商米制问题，于 1875 年讨论并签署了《米制协议》，设立了国际计量局（BIPM），负责保存国际计量原器并对各国计量基准进行比对。1886 年，在德国德累斯顿召开了欧美十国会议，讨论了共同制定材料试验标准问题，建立国际材料试验协会（IATM）。1865 年，法、德、俄等 20 个国家在巴黎发起成立了"国际电报联盟"；1932 年，70 多个国家的代表在马德里决议将其改名为"国际电信联盟（ITU）"；1947 年，联合国同意 ITU 成为其专门机构，总部设在日内瓦。1904 年，在美国圣路易斯召开的国际电气会议上讨论了电工领域标准化问题，成立了国际电工委员会。第一次世界大战后，各工业发达国家先后建立了国家标准化机构，并于 1926 年成立了国家标准化协会国际联合会（ISA）；1944 年第二次世界大战结束之际，联合国成立了标准协调委员会（UNSCC）以取代 ISA；1946 年 10 月 14～26 日，英国、中国、美国、法国等 25 个国家的国家标准化组织代表在伦敦参加会议，正式通过决议，建立国际化标准组织。

　　这个时期工业革命的发展、竞争的加剧，使各产业部门都在迫切寻求提高生产率的途径，标准的制定和实施在一定程度上成为提高生产效率、促进劳动生产力水平提高、缓解工厂间无序竞争的法宝。此外，工业化初期市场狭小，当时制定的工业标准只是对当地用户和有关工厂生产能力的反映，使用范围有限。而运输业的发展，导致市场和交换范围扩大，不同地区生产的同一用途的材料和零件互不统一，买主不得不经过修整以后才能使用，于是迫切需要在更大范围制定并实施统一的标准。社会化大分工的迅猛发展是这个时期标准化迅速启蒙的重要推动力。

（二）第二次世界大战以后标准化的迅猛发展阶段

第二次世界大战期间，许多军需品的备件需要从美国运往欧洲战场，然而各国之间军需品的互换性很差，规格不统一，致使盟军的供给异常紧张，同时造成了极大的损失。为此，军需部门提出了各国别之间的标准化。第二次世界大战期间，美国声学协会制定了军用标准制定程序，制定了一批军工新标准，修订了老标准，促进了军事工业的发展。1961年，欧洲标准化委员会（CEN）在法国巴黎成立；1976年，欧洲电工标准化委员会（CENELEC）在比利时布鲁塞尔成立。这个时期各个国家都处于战后恢复重建的过程中，经济恢复发展是首要目标，各个国家都已经认识到标准在社会经济发展中的重要影响，纷纷加大对标准化的投入力度。

20世纪60年代以来，全球农业标准的制定与实施得到迅速发展。尤其是由于美国、日本和欧盟等发达国家的积极推进，农业标准化已经形成了较为完整的体系。1961年，联合国粮食及农业组织成立了国际食品法典委员会，专门负责农业方面的标准化工作。1962年，世界卫生组织共同参与管理，使国际食品法典委员会成为政府间制定、协调、管理农产品国际标准化的机构。到1999年底，已制定各种农业产品和生产规程标准1302个，农药残留限量3274项，成员方达到165个，具有最广泛的代表性，成为推动世界农业标准化的强大力量。近些年，国际上农业标准逐步向认证制度方向发展，并且已经形成一些影响较大的农业标准认证体系。

（三）新世纪标准向国际化快速迈进阶段

国际上经济贸易交流的不断深入，极大地推动了标准的国际化，特别是进入21世纪之后，标准的国际化得到了迅速发展。这主要源于两个方面，一方面是迅速兴起的世界范围的新技术革命，信息技术的迅速发展拓宽了标准制定的领域（生物工程、智能机器人、新材料等新兴领域），加大了各个国家的标准之间的联系，缩短了标准制定的时间，推动了标准化的发展；另一方面是以WTO为标志的经济全球化，各国之间经济贸易交往频繁，经济一体化发展的趋势不可避免，国际贸易的扩大、跨国公司的发展、地区经济的一体化，都直接或间接地影响着世界各国标准的制定与实施，推动着国家之间的标准化。而伴随着信息新技术革命及经济全球化的发展，各国都在积极地参与国际标准化活动，积极采用国际标准成为普遍的现象。标准的国际化不仅是各国之间经济贸易交往的必然要求，也是减少或消除贸易壁垒、推动国际经济发展的必要条件。世界贸易组织《技术性贸易壁垒协议》（WTO/TBT协议）于1994年在"乌拉圭回合谈判"中签署，WTO/TBT协议已经成为WTO最重要的协定之一。标准的系统性、国际性及目标和手段的现代化是这一时期的主要特点。国际标准的制定与实施离不开新技术的推动特别是信息技术的发展，离不开全球经济贸易的交流，而国际标准的制定与实施反过来也极大地推动了信息技术的进步和国际经济贸易的发展，经济发展和信息科学技术进步是这个阶段标准化发展的主要推动力。

三、国内外标准制定与实施的现状

（一）国际标准制定与实施的现状

1. 发达国家国际标准制定与实施的现状

20世纪90年代后期，特别是21世纪以来，为适应全球经济一体化的需要，各国际标准化组织和许多发达国家纷纷制定本组织和本国的标准化发展战略和相关政策，并把国际标准化战略放在整个标准化战略的突出位置。例如，1999年10月28日，欧盟通过了欧洲理事会的"欧洲标准化的作用"战略决议，并将"欧洲的标准化体系"的建立放到了突出的位置；2001年9月，ISO发布了"ISO 2002—2004年标准化发展战略"；美国政府于2000年9月7日完成了美国标准化发展战略的制定任务；日本政府投入巨资，历时两年三个月完成了日本标准化发展战略的制定任务；加拿大于2000年3月发布了加拿大标准化战略，指明了加拿大标准化的发展方向，将健康、安全、环境、贸易、产业等方面的标准作为标准化战略的重点领域。

发达国家非常强调标准与市场的联系，使制定的标准能较好地适应市场需求，以便为产业发展、进出口贸易和科研服务。发达国家国家标准的标龄一般较短，通常为5年，其企业标准更新更快。随着高新技术的快速发展，以及为适应国际贸易的需要，三大国际标准化机构——ISO、IEC和ITU都对过去传统的管理模式进行了适应性改进。例如，ISO已将单一的国际标准按照不同的等级形式分解为国际标准（ISO）、技术报告（TR）、技术规范（TS）、公共适用规范（PAS）等不同标准形式。一些国际性的行业组织或协会为适应技术和市场快速发展的需要，不断推出一些事实上的技术标准，其可随着应用的需要及时调整更新。发达国家不仅注重标准的制定，更重视标准的实施及对标准的评估，使标准从制定到实施形成一个良性循环，充分适应了市场的需求。

发达国家强调科研开发政策与标准化政策协调一致，以促进科研人员积极参与标准化研究开发工作。美国政府规定美国国家标准与技术研究院（NIST）进入美国国家标准学会（ANSI）的理事会，为ANSI举办的国际标准化活动提供财政支持，并制定了一系列鼓励科研人员参加标准化活动的措施。日本在其产业技术标准战略和科学基本计划中，将研究开发政策和标准政策紧密结合，实现了标准政策和产业技术政策一体化。

发达国家非常注重技术标准人才的培养，为了参与和有效推进国际标准化活动，会注重培养熟悉ISO/IEC国际标准导则并具有专业知识的人才。在许多发达国家，通过设立技术管理（management of technology，MOT）硕士课程来培养造就标准化专业人才。在美国设置MOT硕士课程的院校已达百余所，欧洲和亚洲各国近年也加快了创建这类院校的步伐。

2. 发达国家与发展中国家采用国际标准的概况

随着贸易全球化和经济一体化的迅猛发展，国际标准在国际贸易中的地位不断提高，尤其是在ISO/IEC与WTO就有关标准化的事项达成协议之后。WTO/TBT协议规定了一个重要的原则，即各国制定技术法规和标准都应以国际标准作为基础，以避免造成贸易技术壁垒。因此，各国政府都将采用国际标准作为一项技术经济政策来实施，而越来越多的企业已意识到采用国际标准是企业社会和经济效益增长的巨大推动力，从而积极采用国际标准和国外先进标准。

采用国际标准有利于消除贸易壁垒。消除国际贸易中的技术壁垒是国际标准化的重要任务之一。采用国际标准能协调国际贸易中有关各方的要求，减少或避免贸易各方的贸易争端，促进国际贸易的发展。采用国际标准有利于促进技术进步。国际标准中包含着许多世界范围内的科技成果，可提供大量技术情报和数据，反映当代发达国家的水平，并与科学技术同步发展。采用国际标准实质上是一种技术转让。这对发展中国家来说尤为重要，通过采用国际标准，可引进先进技术和成果，用于本国的技术革新、技术改造和产品开发，促进技术进步，提高产品质量，增强市场竞争力。采用国际标准有利于提高标准水平，完善标准体系。国际标准是汇集各国有关专家制定的，对各国都有借鉴价值。采用国际标准可以弥补本国标准之不足。对于国内标准数量不足、某些领域尚有空白、标准水平偏低和标准体系有待健全的发展中国家，更具有重要意义。

1）发达国家或地区

一般来说，发达国家的标准化工作有较长的历史和较成熟的经验。其国内标准已自成体系，并且在国际上具有一定的地位和影响，如美国、德国、法国等。他们更加关心和强调的是其本国标准在国际贸易中的应用，投入大量人力、财力于国际标准的制定工作，目的是尽可能地使其国家标准成为国际标准，从而扩大其本国标准的应用范围；或者使所制定的国际标准与其本国标准相协调，以利于出口贸易。因此，大量的国际标准是以发达国家的标准为基础而制定的，充分反映了发达国家尤其是西欧发达国家的利益。

（1）欧洲：欧盟建立了一套完善的农业标准体系。以食品质量标准为例，就有国际统一标准（如 ISO9001）、欧盟统一标准（如 HAC-CP）、国家标准（如 BRC）、行业标准（可以是跨国性的，如 EUREP/GAP）等。欧盟统一农业大市场的一个重要工作就是统一农产品或食品的技术标准，而技术标准在制定过程中必须符合技术指令的基本要求，即如果农产品或食品符合指令基本要求，就可获得"CE"标志（强制性标志）。"CE"标志是欧盟推行的一种产品标志，对欧盟《新方法》指令覆盖的涉及安全、健康和环境保护与消费者保护的工农业产品，统一实施单一的"CE"安全合格标志制度。英国曾一度提出"一次做好、一次做成国际化"的主张，但考虑到国际标准并非全部适用于英国，所以目前英国对采用国际标准采取区别对待的方针。ISO、IEC 标准约有半数被英国标准所采用。为了确保农产品和食品的质量，法国以立法方式确立和完善了对各类农产品质量的认证标准，实行农产品质量识别标志制度。其主要内容是：优质农产品使用优质标签；载入生产加工技术条例和标准的特色产品，使用认定其符合条例和标准的合格证书；以特殊方式生产符合生物农业要求的产品，使用生物产品标志；来自特定产地、具有该地区典型特征的产品，以其产地产品命名。该制度是建立在自愿参与、自觉遵守产品质量承包协议和有第三方监督基础上的，它强调的是对农产品品质真实情况的证明。在产品的规格说明书方面，法国在商标旁边添加有其特征的质量标志，便于消费者识别产品的质量，给生产和经营当事人根据消费者的不同需求去占领市场并宣传其产品质量提供了手段。欧洲面积较小的发达国家，如丹麦、荷兰、瑞典等，其经济实力、自然资源及其本国标准在国际上的影响和权威性，都无法与发达的大国相抗衡，而其对外贸易在国民经济中又占有重要地位，因此他们十分重视采用国际标准并使其本国标准尽量向国际标准靠拢。以丹麦为例，其出口额约占国民生产总值的40%，直接应用国际标准代替本国标准，其等同采用国际标准的比率居世界之冠。瑞典认为，采用国际标准作为本国标准，不仅耗费少而且速度快，是值得各国采纳的措施。

（2）美国：20世纪70年代以来，美国积极参加国际标准化活动，争取承担更多技术组织秘书处工作，目的是尽量使美国标准纳入国际标准，或使国际标准的制定不致损害美国的利益。美国农业标准的特点是：第一，没有独立的技术标准法规体系。美国的技术法规没有单独的体系，其制定、归档、发布、管理和服务等每个环节均包含在联邦法规的统一运作中。在运作中确保技术法规的现行性，使得美国各个领域事无巨细，均有法可依。《联邦法规法典》的农业篇中包含农产品标准（含等级标准）352个。其中仅新鲜水果、蔬菜和其他产品的等级标准就有160个，经加工的水果、蔬菜和其他产品（冷藏、灌装等）的等级标准有143个。第二，标准既有强制执行标准，也有推荐性标准。美国农业相关标准并不是全部强制执行，也有推荐性标准，如农业篇中的等级标准。比较《联邦法规法典》中的标准和美国国家标准可以看出，同一种农产品从不同维度制定其标准。比如，在《联邦法规法典》中有关棉花的标准是棉花的等级标准，而在美国国家标准中是对棉花及棉花相关产品的贮藏及生产过程的要求，两者互不冲突，相辅相成。第三，制定农产品质量分级标准并提供服务。美国农业部（USDA）根据有关法规，主管肉禽制品的强制性检验制度和农产品分级的自愿性检验制度。强制性肉禽检验制度由美国食品安全检验处（FAIS）执行，依据是《联邦畜肉检验法》《禽肉制品检验法》《蛋制品检验法》。自愿性农产品分级制度由美国农业部农产品销售局（AMS）主管，依据《农产品交易法》制定出各种农产品质量分级标准，这些标准是食品加工厂品质管理的基础。分级服务品种包括畜禽肉、蛋、乳、蔬菜、水果及其制品。美国商务部（USDC）的国家海洋及太空总署下的国家海洋渔业局（NMFS）对水产品也提供上述类似的自愿性交费分级检验服务。第四，美国种业拥有成熟的技术标准，在很大程度上实现了标准化生产。美国在种子标签、生产程序上有明确的规定。认证工作一般是由州政府农业厅种子检验室负责，也有一部分是在州立大学的种子检验室操作。种子生产者应提供以下几方面的情况：认证种子的品种名和级别；种子田的位置及大小；前作情况；生产者的姓名和地址及其他有关信息。为了确保种子质量，他们在种子生产中十分注意田间除杂与检查；把好收获关；一律使用专业种子；机械收获、运输和储藏等环节。

（3）日本：日本以贸易和技术立国，为在科学技术上赶超欧美和扩大出口，历来重视采纳国际标准和欧美发达国家标准的先进部分来制定日本标准。例如，日本制定农药残留标准时，主要参考了联合国粮食及农业组织、世界卫生组织联合国际食品法典委员会标准、日本国内标准，以及美国、加拿大、欧盟、澳大利亚、新西兰等发达国家和地区的标准。日本农业标准化使日本成为世界上农产品质量安全水平最高的国家之一。日本对所有ISO、IEC标准进行全面分析，并与日本标准进行对比，根据技术合理性和适用性原则确定对国际标准是否采用及采用的程度。关税及贸易总协定（GATT）第七轮多边贸易谈判成果《技术性贸易壁垒协定》（通称《标准守则》，WTO/TBT协议前身）生效后，国际标准的地位空前提高。日本提出了整合化方针，它包括两方面的内容：积极参加国际标准的制定，使国际标准充分反映日本的意见和要求，并以此为依据制定日本标准；在制定或修订日本标准时，力求与国际标准相协调。日本农业标准（Japan Agricultural Standard，JAS）由"农林物质标准化"和"质量标识标准化"两部分组成，其中JAS标准制度为自愿性标准制度，而质量标织标准化制度为强制性标准制度。

（4）澳大利亚：澳大利亚建立了较完善的市场经济，政府非常重视农业标准化工作，具有以市场为导向、以质量为核心的标准体系和质量管理体系，政府制定了《公平贸易法案》《出口控制法案》等法律，与此对应，还制定了一系列技术法规和强制性标准，促进了农产品质量的提高。澳大利亚农业标准的制定是以提高农产品质量、促进农业发展为目的，以市场为导向，以最大限度满足客户需求为重点，以为农业服务、为市场贸易服务为宗旨。澳大利亚已经建立了较完善的农业标准体系，包括产品品种、质量等级、生产技术规程、运输储运等方面的标准。澳大利亚农业标准分为强制类标准和非强制类标准。强制类标准实际上是政府管理部门颁布的技术法规，是在国家法律的框架下政府部门制定的技术要求规定，主要包括农产品的安全卫生要求，种子、农药和农产品的标识标准等。非强制类标准是由政府委托的或自律性的行业协会制定和管理并普遍得到社会承认的技术和管理要求规范，该类标准是澳大利亚农业标准体系的主体。澳大利亚农业标准有较强的针对性和可操作性，便于标准的贯彻和实施。由于出口的需要，澳大利亚农业标准尽量与国际标准和国外先进标准保持一致。

（5）新西兰：农产品质量标准体系以满足绿色消费为目标，以国民的环保、健康、信誉为基础，以产品采前生产过程质量监控为前提，以先进的采后处理和完备的储运系统为保证，实行采前采后一体化的、先进的、实用的、健全的质量保证体系。新西兰园艺产品普遍采用采后商品化处理，未经清选、分级、包装的产品不能作为商品出售，一般经过手工外观目测清选、分级、包装和机械化清选，单因子（按大小规格或质量）分级、包装流水线两个阶段，出口产品还需要进行产品贮藏保鲜处理。

2）发展中国家

国际标准很少是由发展中国家制定的，它既不完全反映发展中国家的要求，也不可能完全适合发展中国家的现状。但是通过采用国际标准，能了解当前科技水平和发展趋势，掌握一定的先进技术，促进经济发展和完善本国的标准体系。因此，积极采用国际标准已成为发展中国家的共识。

（二）我国农业标准制定与实施的现状

自1949年以来，特别是改革开放以来，随着我国经济和科技的快速发展，我国标准化工作得到长足的发展，为国民经济发展提供了有力的技术保障。截至2009年6月，国家标准全文公开系统数据显示，我国共有国家标准36 208项，现行强制性国家标准为2094项，推荐性国家标准为34 114项。已经初步构建了以国家和行业标准为骨干、团体标准和企业标准为基础、地方标准为补充的农业标准体系框架，形成了以科研、教学、技术推广、质检、管理、生产及经营企业为主体，以标准化技术委员会为骨干的农业标准化队伍，农业标准实施步伐不断加快，监督力度不断加强。

四、我国标准化工作与发达国家的差距

我国加入WTO后，与发达国家相比，技术标准的种种不适应充分体现了出来，主要表现在以下5个方面。

（1）技术标准发展战略研究尚属空白，使我国标准化工作缺乏宏观指导和对全局的把握。既对国际和主要发达国家标准化战略缺乏了解，又没有形成我国成熟的标准化发展战略。无论是标准化管理部门还是标准的制定机构都难以把握我国标准发展的方向和重点，工作中带有很大的盲目性和随机性，严重地影响了我国标准化工作持续健康发展。

（2）技术标准体系难以满足发展市场经济的需要，技术标准支撑体系不配套，技术标准适应性差，技术标准人才匮乏等。

（3）技术研究开发与标准制定脱节，制约了我国技术标准整体水平的提高，也使我国技术标准适应性不强，标准的利用率低。虽有数量巨大的国家标准、行业标准、地方标准、企业标准，但无法满足市场需求。这是当前我国标准化工作迫切需要解决的问题。

（4）我国公众标准化意识不强，标准化工作基础比较薄弱。表现在标准基础教育落后、标准科研经费缺乏、标准有效研究能力不足、地方和企业参与标准化工作的积极性不高、参与国际标准化工作较少等，也直接影响了我国标准工作整体水平的提高。

（5）国家标准整体水平偏低，直接影响到我国参与国际标准的制定。我国虽然是ISO理事会成员、IEC理事局和执委会成员，但很少能提出中国的技术标准提案，主导起草的ISO和IEC国际标准的数量也有限。我国技术标准化工作在许多方面与发达国家存在很大差距，不能适应我国经济发展所面临的经济知识化和贸易全球化的新形势、新任务、新要求。

第三节　农业标准制定与实施面临的形势与任务

当前，我国农业发展面临着资源、需求和环境三重约束。一方面，农产品供给已由短缺转向总量基本平衡或有余，市场需求对农业发展的约束力越来越大；另一方面，水资源短缺，生态环境恶化，基础设施萎缩，农产品中残留的有毒有害物质增加，影响农产品质量和效益的提高，制约着农业的可持续发展。农产品供求关系和生态环境恶化，决定了必须将"生态安全"和"环境友善"作为现代农业标准体系的新内容，健全农业监测体系，提高农业经济安全健康运行质量，促进资源的合理有效利用，推动农业可持续发展。

世界范围内兴起的精准农业标志着农业标准向更高层次发展。随着全球定位系统和农田地理信息系统的广泛应用，近年来经济发达国家精确农业发展迅速。精确农业是采用计算机管理农作物，站在农业整体化高度，对作物投入、作业乃至决策都实行精确控制，使之适应各种类型的土壤，从而实现产出优化。因此，精确农业将农业带入数字和信息时代，是农业标准制定与实施发展的新方向。

一、农业标准制定与实施面临的形势

实施统筹城乡经济社会发展，坚持"多予、少取、放活"的方针，实现"以工补农，以城带乡"的转变，为加快建设现代农业、全面建设农村小康社会带来了前所未有的机遇。加快农业和农村经济结构调整，大力发展产业化，发展优质专用农产品，全面提高农产品质量安全，千方百计提高农民收入是当前农业和农村经济的中心工作，也是农业标准化工作面临的新形势和新任务。

（1）加入世界贸易组织后的机遇：我国加入世界贸易组织是为加快改革开放和社会主义现代化建设做出的重大战略决策，符合我国的根本利益。加入世界贸易组织对我国农业改革也产生了重大而深远的影响。我们面临的机遇是：①充分利用两种资源、两个市场，促进我国农业比较优势的发挥和农业资源的合理配置。②有利于改善农产品出口的国际环境，逐步取消一些国家对我国出口农产品的歧视性限制，扩大优势农产品的出口。③有利于调整农业结构，提高农产品质量，提高产业化水平，从整体上提高农业的国际竞争力。④有利于吸引国外资金、技术和管理经验，加速传统农业改造，推进农业现代化。⑤有利于较快建立健全农产品市场体系和国家对农业的支持保护体系，带动农业和农村经济体制及外贸体制的改革和完善。

（2）面临的巨大挑战：一段时间以来，国际市场农产品成本和价格低，我国农业经营规模小，土地密集型大宗农产品生产（如小麦、玉米、大豆等）受到较大冲击。我国的劳动密集型产品（如园艺产品、畜禽产品）比较占优势，由于质量、卫生安全水平不高，市场开拓能力不强，不仅大规模出口困难，而且国内农产品市场还可能被国外农产品占领。当前我国农业供大于求、相对过剩，若国外农产品大量涌进，会加剧国内农产品的销售难度，影响农民增收和社会稳定。

因此，加快实施农业标准化比以往更紧迫、更重要。提高农产品的国际竞争力，迫切需要相应的、高水平的农业标准化。随着农业的国际化，农产品、技术及信息的相互交流和交换会越来越频繁，竞争的全球化和区域经济一体化的迅速发展，农业标准的国际化和采用农业国际标准，将成为世界农业发展的趋势，代表了现代农业的发展方向。欧洲、美国、日本高度现代化的农业，无不以高度的标准化为基础。农业标准化已成为提高一个国家农产品市场竞争力的重要手段。因此，加强农业标准化工作，提高我国农产品的国际竞争力，已成为我国农业发展的当务之急。农业产业化、国际化也在呼唤着农业标准化。农业产业化、国际化是我国农村生产力发展的内在要求，是农业和农村经济改革与发展的必然趋势。推动农业产业化将是当前及今后农村经济改革与发展的重大课题。农业产业化的实质是市场化和社会化，按照市场需求组织农业生产是产业化农业的发展方向。在我国以家庭经营为主体的农产品生产模式中，如何将市场对农产品的具体需求（种类、包装、质量、标识、品牌等）量化为农民可操作的标准，就成了具体而现实的问题。要使农业产品与工业产品一样成为真正的产业化产品，农业标准化的制定与实施至关重要。

二、农业标准制定与实施面临的矛盾与问题

我国农业标准制定与实施过程中针对农业标准体系、农产品质量标准体系和农业标准的推广实施等工作也面临着一些突出的矛盾和问题。

1. 农业标准体系存在的主要问题

（1）缺乏配套性：随着社会的发展和科技的进步，提高农产品质量已经延伸到农产品生产的产前、产中、产后等过程的各个环节。把标准贯穿到生产物质准备、田间管理、收获、收购、加工、包装、储藏、运输、检验直到销售的整个过程，是提高优质农产品及高产量、高品质、高附加值加工产品的有力保障。目前我国主要农产品生产过程各环节的标准构成与国外同类标准相比仍存在不足。

（2）缺乏系列化：同一作物因品种不同，加工方式不同，食用和使用的方式不同，可获得不同的产品，所有这些产品都需要标准对其质量进行监督控制，对市场加以规范，引导产品的发展，规范企业的生产行为，满足国内、国际两个市场的需求。但我国缺乏相应的系列标准。

（3）缺乏先进性：与国际上同类标准相比，我国一些农产品及其加工产品的标准技术内容落后，随着国际贸易需求的加强而产生的质量指标没有相应的标准内容加以规范；尽管有的界定指标存在，却远低于同类指标的国际标准要求，导致产品失去国际竞

争力。例如，欧盟对进口茶叶的农药残留限量达 56 项、英国 13 项、日本 64 项，这些国家颁布的此类标准主要是保护本国茶叶市场，对外实行贸易壁垒。而我国只规定了两项指标，导致我国国家茶叶卫生标准检验合格的产品，在出口贸易中往往不合格，严重影响了茶叶的出口。

（4）缺乏实用性：我国现有的农产品及其加工产品标准与国际同类标准相比，标准制定往往重科研、轻市场，不能满足国内外贸易的需求，应用程度偏低，导致农产品很难走出国内，国际市场占有率低。

2. 农产品质量标准体系存在的主要问题

（1）不能适应当前市场经济发展的需要。随着人们生活水平的提高，消费者对农产品质量提出了更高的需求，无公害食品、绿色食品、有机食品越来越受到青睐，然而我们还缺乏栽培技术规程、农产品加工等相关配套的标准体系。转基因食品在提高农作物产量和抗病虫性方面起到了很大的作用，但其对人体健康可能存在潜在的危险，许多国家在转基因农产品上都要求有标签标注或加强检疫，然而我国目前还缺乏相应的技术标准。

（2）不能适应农产品市场竞争的需要。由于我国农产品及其加工产品的质量标准偏重国内市场，采用的国际标准和国外先进标准较少，不能适应对外开放的需求，国际竞争能力不强，难以打入国际市场，致使我国许多原本在国际市场上非常有竞争力的特色农产品及其加工产品的创汇潜力难以发挥。

（3）不能适应农产品质量安全监控的需要。目前，我国主要农产品及其加工产品质量安全标准严重滞后于国际同类标准，滞后于国际贸易的需求。粮油、茶叶、水果和蔬菜等主要农产品的农药残留和有毒有害物质，以及畜禽、水产品在兽药残留上还存在很多无标可依现象，其主要原因之一是缺乏相应的质量安全标准。

（4）农产品质量标准技术水平普遍偏低。一是缺少必要的技术内容。例如，菜籽油质量标准中缺少抗氧化剂和增效剂使用限量指标，以及无脂肪酸组成和含量范围规定。二是已有的技术标准内容落后。例如，我国黄曲霉素检测标准仍采用国外早已淘汰的薄板层析法，导致监测数据低于国际先进方法。三是部分内容实用性不强。例如，小麦质量标准中杂质规定的 5 个等级是相同的，而美国标准 5 个等级有 5 个不同的指标。四是标准数量少，体系不健全，特别是缺少农产品加工全过程质量控制的技术标准。

（5）缺少农产品加工过程中的质量安全监控标准。2010～2016 年，农业部组织制定了 387 种农药在 284 种农产品中的 5450 项残留限量标准，使我国农药残留标准数量比之前的 870 项增加了 4580 项。争取到"十三五"末，我国农药残留限量标准数量将增加到 1 万项，形成基本覆盖主要农产品的完善配套的农药残留标准体系，实现"生产有标可依、产品有标可检、执法有标可判"。

（6）农药残留、兽药残留限量标准体系不健全，相关监测方法、标准少。欧盟制定的己烯雌酚残留的最高标准限量是 1μg/kg，而我国的标准是 250μg/kg，是欧盟的 250 倍；美国牛奶中铅的最高限量为 0.01mg/kg，欧盟的限量标准为 0.05mg/kg，不发达国家规定为 0.1mg/kg。我国现有农药残留、兽药残留限量标准远远不够，与之配套的检测方法标准更少。

（7）植物检疫标准体系不健全。随着改革开放的深入、农产品贸易的发展，各种外来有害生物随着贸易产品传入的风险越来越大，植物检疫是防止外来有害生物传入最主要的手段。联合国粮食及农业组织的《国际植物保护公约》负责国际植物检验标准的制定，到 2002 年已发布 17 项标准，而我国仅有 4 项国家标准，远远不能满足需要，加快我国植物检疫标准化工作的步伐迫在眉睫。

（8）采用国际标准的比例低。截至 2013 年底，我国共有国家标准 30 680 项，其中由国际国外标准转化而来的有 12 753 项，占国家标准总数的 41.6%。强制性国家标准共 3712 项，其中 1213 项由国际国外标准转化而来，占强制性国家标准总数的 32.7%；推荐性国家标准共 26 642 项，其中 11 333 项由国际国外标准转化而来，占推荐性国家标准总数的 42.5%；指导性技术文件共 326 项，其中 207 项由国际国外标准转化而来，占指导性技术文件总数的 63.5%。

3. 农业标准推广实施过程中面临的主要问题

（1）标准的数量少，配套性差，导致农业标准的推广实施缺乏足够的技术依据。CAC 已颁布的农药残留限量标准有 3000 多项，美国有 9000 多项，欧盟有 17 000 多项，日本有近 3000 项。而我国已发布的农药残留限量标准仅有 194 项。而且技术标准体系难以满足市场经济发展的需要，技术标准支撑体系不配套，技术标准适应性差，技术标准人才匮乏等。

（2）标准的技术内容陈旧，制修订工作滞后，导致不少农业标准推广实施的可操作性差。随着产业的发展、技术的进步和市场的变化，经 3～5 年就应该对相关标准进行适时调整、补充制定和修订。据不完全统计，我国的农业国家标准、行业标准的标龄在 5～10 年的占 60%，标龄在 10～15 年的占 15%，标龄 15 年以上的占 5%，真正能及时调整和补充制修订的标准不到 20%。"多年一贯制"必然造成标准推广实施的可操作性差。

在采用国际标准方面，20 世纪 80 年代初，英、法、德等国家采用国际标准已达到 80%，日本新制定的国家标准有 90% 以上采用国际标准，而我国的国家标准只有 40% 左右采用了国际标准，还有相当一部分标准与国际标准不一致，甚至有一部分与国际标准相抵触。

（3）国家标准总体水平偏低，直接影响我国参与国际标准的制定。我国是 ISO 理事会成员、IEC 理事局和执委会成员，截至 2010 年底，承担 ISO/IEC 的技术委员会（TC）/分技术委员会（SC）秘书处只有 50 个，正式发布 ISO 和 IEC 国际标准 103 项。截至 2018 年 6 月，承担 ISO/IEC 秘书处只增长到 88 个，主导制定 ISO/IEC 标准 506 项。

（4）农业技术标准发展战略研究尚属空白，使我国标准化工作缺乏宏观指导和对全局的把握。既对国际和主要发达国家标准化战略缺乏了解，又没有形成我国成熟的标准化发展战略。无论是标准化管理部门，还是标准的制定机构都难以把握我国标准发展的方向和重点，致使工作中带有很大的盲目性和随机性，严重影响了我国标准化工作持续健康发展。另外，新农业科技革命的推进迫切要求农业标准理论研究和实践探索有新的突破。随着基因工程、细胞工程、自动化和信息化等现代高新技术在农业中的发展和应用，以生物技术、信息技术等为主支撑的新的农业科技革命已经兴起，这就要求农业标准理论体系研究的领域进一步拓宽。生物技术和农业的结合正在创造一个前景无限的生命科学领域。以前人们不可想象的农产品，已开始进入普通百姓家庭的餐桌。显然，农业高新技术产品要在产业化、商品化的国际竞争中取胜，就必须在通用性、兼容性、可靠性和产品系列等方面借助于农业标准化，才能制定出符合农业高新技术及其产业发展的先进标准。

（5）对标准的宣传贯彻和推广实施的力度不够，导致农业标准化的覆盖面有限。制定标准的目的是推广和应用标准，但以往很多标准在制定过程中没有吸收生产者、经销商和消费者的代表参与，而参与制定标准的一些专家和学者往往仅对学术层面的问题比较重视。而且标准一经发布，很少有人去关注标准的推广、实施和培训。许多农业企业和农民对农业标准方面的知识和技能知之甚少或一无所知，对农业标准的推广实施工作缺乏认同感、责任感，因此按照标准化要求组织生产的农作物面积及其产出量比重较低。

（6）标准制修订和推广实施的职能重叠交叉，部门掣肘，导致推广实施农业标准的政策协调成本高、效率低。农业国家标准、行业标准和地方标准的制定和发布缺乏统筹规划、信息沟通和统一规范，同一种农产品的质量标准及其生产技术规范，三类标准并存，内容重复甚至相互矛盾，使生产经营者无所适从。技术研究开发与标准制定脱节，制约了我国技术标准整体水平的提高，也使我国技术标准的适应性不强，标准的利用效率低。虽有数量巨大的国家标准、行业标准、地方标准、企业标准，但无法满足市场需求。造成我国农业标准推广实施存在诸多问题的原因，主要包括思维理念转变不到位、有关法律法规不完善、管理体制不顺、技术研发和人才培训工作滞后、政府资金投入和政策扶持不够及缺乏有效的组织载体等。

（7）农产品创名牌和农业供给侧改革对农业标准实施提出了新要求。买方市场条件下的农产品竞争的实质是品牌和质量的竞争，而农业标准实施是农产品创品牌和提高质量的必由之路。一个农产品品牌的形成，必然要建立在对资源、市场、科技、生产经营、配套服务体系充分论证的基础上，克服传统农业经济的盲目性和随意性，并要在育种、栽培、植保到产后的加工、贮藏、运销及生产资料的供应和技术服务等环节上，都实现标准化生产与管理。发展品牌农业，提高竞争优势，应成为我国农业标准化发展的一个新视野。

三、加快农业标准制定与实施发展的步伐

针对当前新的形势和机遇，为了实现目标和任务，首先要把握农业标准的发展方向，努力做到以下几点：一是处理好标准数量与标准质量的关系。在弥补我国标准数量不足的同时，注意现有标准的及时清理和修订工作，避免重复；加大采用国际标准的力度，整体提高我国农业标准的科学性、先进性和适用性。二是处理好科学研究与标准制定的关系。切实改变重制定、轻研究的倾向，加强标准技术研究和基础性工作。坚持与时俱进，使标准制修订工作能够反映市场的需求，标准技术内容满足国内外市场的需要。三是处理好全面普及与重点突破的关系。应把标准化工作的重点放在大宗农产品、出口创汇产品及规模化、组织化程度较高的农产品生产经营企业上。同时，加强面向千家万户的培训、普及工作。四是处理好标准推广与标准实施监督的关系。下大力气解决标准推广和监督两个薄弱环节，把标准的宣传贯彻与农业执法监管有机结合起来，与整顿、规范市场经济秩序结合起来。五是处理好政府推动和市场引导的关系。应在强调政府主导

作用的同时，积极组织农户、企业和社会中介机构共同参与，重视发挥农业产业化龙头企业在农业标准化中的带动作用。

其次要明确调整农业和农村经济结构、千方百计增加农民收入是当前农业的主要任务。①优化资源配置，发挥比较优势。通过农业区域布局的调整，优化资源配置，发挥各地的比较优势。②提高质量安全水平，加快优质化、专用化。通过农产品结构调整，全面提高农产品质量和安全水平，加快农产品的优质化和专用化。这是提高农业素质和效益的关键，也是适应国内需求变化和国际市场竞争的要求。要建立科学完善的农产品质量标准体系，改变农产品无标生产、无标上市、无标流通的状态，尽快做到与国际标准接轨。③发展加工业，提高附加值。通过农村产业结构调整，加快发展农产品加工业，大幅度提高农产品附加值，这是结构调整的主要方向。④转移劳动力，拓宽增收渠道。通过农村就业结构调整，加快转移农村劳动力，拓宽农民增收渠道。

针对农业标准化的工作目标和任务，必须抓好以下工作：①进一步加快农业标准的制修订工作，建立健全统一、权威的农产品质量标准体系。②进一步加强农产品质量安全标准的实施，保障消费安全，提高人民群众的生活质量。③进一步扩大农业标准化示范区建设，促进区域经济持续、快速、健康发展。④进一步推行农产品流通领域标准化，建立诚信、高效的农产品市场体系。⑤围绕农业产业化、市场化发展需要，强化龙头企业标准化，全面提升我国农业产业化经营水平。⑥进一步加大采用国际标准和国外先进标准的力度，大幅度提高我国农产品的质量和市场竞争力。⑦合理利用《技术性贸易壁垒协定》、《实施卫生和植物卫生措施协定》（简称"SPS协定"）等非关税贸易措施，保护国家和农民的权益。⑧建立相应的农业标准化技术推广体系。⑨加强农业标准化理论与技术的研究。

四、农业标准体系建设的主要任务

2015年12月，国务院办公厅发布了《国家标准化体系建设发展规划（2016—2020年）》，明确提出推动实施标准化战略，建立完善的标准化体制机制，优化标准体系，强化标准实施与监督，夯实标准化的技术基础，增强标准化的服务能力，提升标准的国际化水平，加快标准化在经济社会各领域的普及应用和深度融合，充分发挥"标准化＋"效应，为我国经济社会创新发展、协调发展、绿色发展、开放发展、共享发展提供技术支撑。到2020年，基本建成支撑国家治理体系和治理能力现代化的具有中国特色的标准体系。标准化战略全面实施，标准有效性、先进性和适用性显著增强。标准化体制机制更加健全，标准服务发展更加高效，基本形成市场规范有标可循、公共利益有标可保、创新驱动有标引领、转型升级有标支撑的新局面。"中国标准"的国际影响力和贡献力大幅提升，我国迈入世界标准强国行列。该规划提出标准体系建设的主要任务如下。

1）优化标准体系

深化标准化工作改革。把政府单一供给的现行标准体系，转变为由政府主导制定的标准和市场自主制定的标准共同构成的新型标准体系。整合精简强制性标准，范围严格限定在保障人身健康和生命财产安全、国家安全、生态环境安全及满足社会经济管理基本要求的范围之内。优化完善推荐性标准，逐步缩减现有推荐性标准的数量和规模，合理界定各层级、各领域推荐性标准的制定范围。培育发展团体标准，鼓励具备相应能力的学会、协会、商会、联合会等社会组织和产业技术联盟协调相关市场主体，共同制定满足市场和创新需要的标准，供市场自愿选用，增加标准的有效供给。建立企业产品和服务标准自我声明公开和监督制度，逐步取消政府对企业产品标准的备案管理，落实企业标准化主体责任。

完善标准制定程序。广泛听取各方意见，提高标准制定工作的公开性和透明度，保证标准技术指标的科学性和公正性。优化标准审批流程，落实标准复审要求，缩短标准制定周期，加快标准更新速度。完善标准化指导性技术文件和标准样品等管理制度。加强标准验证能力建设，培育一批标准验证检验检测机构，提高标准技术指标的先进性、准确性和可靠性。

落实创新驱动战略。加强标准与科技互动，将重要标准的研制列入国家科技计划支持范围，将标准作为相关科研项目的重要考核指标和专业技术资格评审的依据，应用科技报告制度促进科技成果向标准转化。加强专利与标准相结合，促进标准合理采用新技术。提高军民标准通用化水平，积极推动在国防和军队建设中采用民用标准，并将先进适用的军用标准转化为民用标准，制定军民通用标准。

发挥市场主体作用。鼓励企业和社会组织制定严于国家标准、行业标准的企业标准和团体标准，将拥有自主知识产权的关键技术纳入企业标准或团体标准，促进技术创新、标准研制和产业化协调发展。

2）推动标准实施

完善标准实施推进机制。发布重要标准，要同步出台标准实施方案和释义，组织好标准宣传推广工作。规范标准解释权限管理，健全标准解释机制。推进并规范标准化试点示范，提高试点示范项目的质量和效益。建立完善标准化统计制度，将能反映产业发展水平的企业标准化统计指标列入法定的企业年度统计报表。

强化政府在标准实施中的作用。各地区、各部门在制定政策措施时要积极引用标准，应用标准开展宏观调控、产业推进、行业管理、市场准入和质量监管工作。运用行业准入、生产许可、合格评定/认证认可、行政执法、监督抽查等手段促进标准的实施，并通过认证认可、检验检测结果的采信和应用，定性或定量评价标准实施效果。运用标准化手段规范自身管理，提高公共服务效能。

充分发挥企业在标准实施中的作用。企业要建立促进技术进步和适应市场竞争需要的企业标准化工作机制。根据技术进步和生产经营目标的需要，建立健全以技术标准为主体、包括管理标准和工作标准的企业标准体系，并适应用户、市场需求，保持企业所用标准的先进性和适用性。企业应严格执行标准，把标准作为生产经营、提供服务和控制质量的依据和手段，提高产品服务质量和生产经营效益，创建知名品牌。充分发挥其他各类市场主体在标准实施中的作用。行业组织、科研机构和学术团体及相关标准化专业组织要积极利用自身有利条件，推动标准实施。

3）强化标准监督

建立标准分类监督机制。健全以行政管理和行政执法为主要形式的强制性标准监督机制，强化依据标准监管，保证强制性标准得到严格执行。建立完善标准符合性检测、监督抽查、认证等推荐性标准监督机制，强化推荐性标准制定主体的实施责任。建立以团体自律和政府必要规范为主要形式的团体标准监督机制，发挥市场对团体标准的优胜劣汰作用。建立企业产品和服务标准自我声明公开和监督机制，保障公开的内容真实有效，符合强制性标准的要求。

建立标准实施的监督和评估制度。国务院标准化行政主管部门会同行业主管部门组织开展重要标准实施情况监督检查，开展标准实施效果评价。各地区、各部门组织开展重要行业、地方标准实施情况监督检查和评估。完善标准实施信息反馈渠道，强化对反馈信息的分类处理。加强标准实施的社会监督，进一步畅通标准化投诉举报渠道，充分发挥新闻媒体、社会组织和消费者对标准实施情况的监督作用。加强标准化社会教育，强化标准意识，调动社会公众的积极性，共同监督标准的实施。

4）提升标准化服务能力

建立完善标准化服务体系。拓展标准研发服务，开展标准技术内容和编制方法咨询，为企业制定标准提供国内外相关标准分析研究、关键技术指标试验验证等专业化服务，提高其标准的质量和水平。提供标准实施咨询服务，为企业实施标准提供定制化技术解决方案，指导企业正确、有效地执行标准。完善全国专业标准化技术委员会与相关国际标准化技术委员会的对接机制，使企业参与国际标准化工作的渠道畅通，帮助企业实质性参与国际标准化活动，提升企业的国际影响力和竞争力。帮助出口型企业了解贸易对象国技术标准体系，促进产品和服务出口。加强中小微企业标准化能力建设服务，协助企业建立标准化组织架构和制度体系、制定标准化发展策略、建设企业标准体系、培养标准化人才，更好地促进中小微企业发展。

加快培育标准化服务机构。支持各级各类标准化科研机构、标准化技术委员会及归口单位、标准出版发行机构等加强标准化服务能力建设。鼓励社会资金参与标准化服务机构发展。引导有能力的社会组织参与标准化服务。建立以农业院校、科研院所为骨干，各类技术推广组织为补充的农业标准化教育培训体系。充分发挥行业协会等有关中介机构在标准制修订、标准推广、标准实施监督和标准咨询服务等方面的作用。通过行业协会，加强与业内专家、企业代表和用户代表的沟通与联络，提高制修订标准的适用性。同时建立起农业标准化信息网络，健全农业标准化信息收集和发布制度，及时、准确、系统地收集和发布国内外农业标准化信息，开展咨询服务。

5）加强国际标准化工作

积极主动参与国际标准化工作。充分发挥我国担任国际标准化组织常任理事国、技术管理机构常任成员等的作用，全面谋划和参与国际标准化战略、政策和规则的制定修改，提升我国对国际标准化活动的贡献度和影响力。鼓励、支持我国专家和机构担任国际标准化技术机构的职务和承担秘书处的工作。建立以企业为主体、相关方协同参与国际标准化活动的工作机制，培育、发展和推动我国优势、特色技术标准成为国际标准，服务我国企业和产业走出去。吸纳各方力量，加强标准外文版翻译出版工作。加大国际标准跟踪、评估力度，加快转化适合我国国情的国际标准。加强口岸贸易便利化标准研制工作。为高标准自贸区建设服务，运用标准化手段推动贸易和投资自由化、便利化。

深化标准化国际合作。积极发挥标准化对"一带一路"倡议的服务支撑作用，促进沿线国家在政策沟通、设施联通、贸易畅通等方面的互联互通。深化与欧盟国家、美国、俄罗斯等在经贸、科技合作框架内的标准化合作机制。推进太平洋地区、东盟、东北亚等区域标准化合作，服务亚太经济一体化。探索建立"金砖国家"标准化合作新机制，加大与非洲、拉美等地区标准化合作力度。

6）夯实标准化工作基础

加强标准化人才培养。推进标准化学科建设，支持更多的高校、研究机构开设标准化课程和开展学历教育，设立标准化专业学位，推动标准化普及教育。加大国际标准化高端人才队伍建设力度，加强标准化专业人才、管理人才培养和企业标准化人员培训，满足不同层次、不同领域的标准化人才需求。加强标准化技术委员会管理。优化标准化技术委员会体系结构，加强跨领域、综合性联合工作组建设。增强标准化技术委员会委员构成的广泛性、代表性，广泛吸纳行业、地方和产业联盟代表，鼓励消费者参与，促进军、民标准化技术委员会之间相互吸纳对方委员。利用信息化手段规范标准化技术委员会运行，严格委员投票表决制度。建立完善的标准化技术委员会考核评价和奖惩退出机制。

加强标准化科研机构建设。支持各类标准化科研机构开展标准化理论、方法、规划、政策研究，提升标准化科研水平。支持符合条件的标准化科研机构承担科技计划和标准化科研项目。加快标准化科研机构改革，激发科研人员创新活力，提升服务产业和企业能力，鼓励标准化科研人员与企业技术人员相互交流。加强标准化、计量、认证认可、检验检测协同发展，逐步夯实国家质量技术基础，支撑产业发展、行业管理和社会治理。加强各级标准馆建设。

加强标准化信息化建设。充分利用各类标准化信息资源，建立全国标准信息网络平台，实现跨部门、跨行业、跨区域标准化信息交换与资源共享，加强民用标准化信息平台与军用标准化信息平台之间的共享合作、互联互通，全面提升标准化信息服务能力。

农业领域标准化体系建设的重点是：制定和实施高标准农田建设、现代种业发展、农业安全种植和健康养殖、农兽药残留限量及检测、农业投入品合理使用规范、产地环境评价等领域的标准，以及动植物疫病预测诊治、农业转基因安全评价、农业资源合理利用、农业生态环境保护、农业废弃物综合利用等重要标准。继续完善粮食、棉花等重要农产品分级标准，以及纤维检验技术标准。推动现代农业基础设施标准化建设，继续健全和完善农产品质量安全标准体系，提高农业标准化生产普及程度。

标准化体系中的重大工程是农产品安全标准化工程。结合国家农业发展规划和重点领域实际，以保障粮食等重要农产品安全为目标，全面提升农业生产现代化、规模化、标准化水平，保障国家粮食安全、维护社会稳定。围绕安全种植、健康养殖、绿色流通、合理加工，构建科学、先进、适用的农产品安全标准体系和标准实施推广体系。重点加强现代农业基础设施建设，种质资源保护与利用，农产品安全种植，畜禽、水产健康养殖，中药材种植，新型农业投入品安全控制，粮食流通，鲜活农产品及中药材流通溯源，粮油产品品质提升和节约减损，动植物疫病预防控制等领域标准的制定，制修订相关标准 3000 项以上，进一步完善覆盖农业产前、产中、产后全过程，从农田到餐桌全链条的农产品安全保障标准体系，有效保障农产品安全。围绕农业综合标准化示范、良好农业操作规范试点、公益性农产品批发市场建设、跨区域农产品流通基础设施提升等，大力开展以建立现代农业生产体系为目标的标准化示范推广工作，建设涵盖农产品生产、加工、流通各环节的各类标准化示范项目 1000 个以上，组织农业标准化技术机构、行业协会、科研机构、产业联盟，构建农业标准化区域服务与推广平台 50 个，建立现代农业标准化示范和推广体系。

7）推进农产品质量安全认证

以现有的"无公害农产品""绿色食品""有机食品"认证为基础，充分发挥农业科研、教学和检测机构及有关各方的积极作用，以国际接轨为目标建立具有中国特色、统一完善的农产品质量安全认证体系。注重地方农产品质量检测体系的建设，判定农产品是否能够达到标准，环境是否适合动植物的生长发育，农资是否达到适用要求等，这些都需要通过检测检验提供可靠的数据作为支持。

紧紧围绕发展无公害农产品、绿色食品及优势农产品生产和贸易的需要，积极采用最新科技成果，及时跟踪、引进实用的国际标准和国外先进标准，加快农业国家标准、行业标准的制修订进程。积极采用国际标准，要加大参考国际食品法典委员会、世界动物卫生组织和国际植物保护公约的农产品标准力度，努力提高标准技术水平。提高国内检验检测机构的农产品检测能力和检测效率，尽快改变目前农产品质量检测手段略显落后的现状，同时加强对国际标准特别是出口贸易国标准的系统研究，加快研究开发适应于现场快速检测的技术和设备，制定配套的产品质量分析方法，加快农业生产技术规范、农兽药残留限量、生态环境、检测方法等标准的制定和修订进程，为农产品质量安全检验检测体系的快速运行提供强大的技术后盾。最后还应将农业企业纳入农业标准化理论研究队伍中，不但可以增强其标准化意识，而且有利于对农业标准化的监管。

本章小结

标准、农业标准、标准化、农业标准化具有不同的含义。了解国内外农业标准制定与实施的发展历程，理解我国农业标准制定与实施过程中与国外发达国家之间存在的差距，正视我国农业标准制定与实施面临的新的形势和任务，加快和积极推动我国农业标准化的发展。

思考与练习

1. 简述农业标准的含义。
2. 简述农业标准化的特点。
3. 简述农业标准体系、农产品质量标准体系和农业标准推广实施等工作面临的矛盾和问题。
4. 简述农业标准体系建设的主要任务。
5. 比较和分析国内外农业标准制定与实施的发展趋势，明确我国标准化工作与发达国家的差距。

主要参考文献

耿宁，张雯雯. 2016. 我国农业标准化发展历程、路径演变与经验借鉴. 山西农业大学学报（社会科学版），15（12）：845-851

国家标准化体系建设发展规划（2016—2020 年）

何忠伟，陈艳芬. 2003. 入世后中国农业标准化的出路. 世界农业，8：4-6

金少胜，胡亦俊，周洁红. 2010. 日本农业标准化实施体系及对中国的启示. 世界农业，5：1-4

柯庆明，郑龙，陈伟建，等. 2005. 农业标准化效果评价的内容和方法研究. 中国标准化，（1）：56-58

李秉蔚，乔娟. 2008. 国内外农业标准化现状及其发展趋势. 农业展望，4（6）：38-40

李鑫，林晓丽，徐长兴，等. 2009. 中国农业标准化实施模式与途径研究——农业标准化案例与运行机制. 西北农林科技大学学报（社会科学版），9（5）：25-31

刘海凤，佟桂芝. 2004. 中国农业标准化发展现状、存在问题与实施对策. 农业与技术，24（5）：21-24

刘义满，魏玉翔，刘辉，等. 2009. 地方农业标准的研究制定重点与组织管理. 湖北农业科学，48（7）：1790-1792

吕婷婷，王立娟. 2011. 美国农业标准化现状及对我们的启示. 商业文化，（12）：184

沈宝林. 2003. 实施农业标准化的问题分析与对策思考. 决策咨询，（6）：14-15

吴棉国. 2011. 中国农业标准化推广工作中存在的问题及对策. 中国发展，11（2）：66-70

杨文森，柯庆明，郑龙. 2007. 农业标准化生态效果的评价内容和方法研究. 现代农业，（3）：34-36

姚於康. 2010. 浅析中国农业标准化体系建设现状、关键控制点及对策. 江苏农业学报，26（4）：865-869

郑英宁，朱玉春. 2003. 论中国农业标准化体系的建立与完善. 中国农学通报，19（2）：115-118

朱华堂. 1999. 农业标准化规划推动地方标准制定实施. 技术监督实用技术，（5）：19-20

第二章 农业标准化原理

【内容提要】 本章主要介绍农业标准化基本原理、农业标准化方法原理和农业标准系统管理原理共三大体系的农业标准化原理。其中农业标准化基本原理包括顺应生长原理、环境依赖原理、不确定原理、时滞原理、补偿原理、过程多路原理、质量多层原理和互作原理，农业标准化方法原理包括简化原理、统一原理、协调原理和优化原理，农业标准系统管理原理包括系统效应原理、结构优化原理、有序发展原理和反馈控制原理等内容。

【学习目标】 掌握农业标准化的基本原理、方法原理。

【基本要求】 通过本章的学习，了解农业标准化的形式和方法，理解标准化的基本特征和特殊属性，重点掌握农业标准化的简化原理、统一原理、协调原理和优化原理等4个基本原理。

标准化原理是指以标准化实践工作为基础，以总结、概括、提炼出的具有普遍性指导意义的标准化活动为客观规律，并为标准化实践所验证，经受实践的检验。我国在研究国内外标准化原理的基础上，提出了以"简化、统一、协调、优化"为主要原理，推动和指导我国标准化工作的发展。随着我国经济社会的发展，行业分工的细化，技术水平的提高，标准化工作研究的深度不断延伸、广度不断拓展。鉴于标准化理论的广泛需求，研究学者在提炼标准化原理的同时，逐步建立了学科、行业的标准化基础理论知识。标准化原理与方法研究涉及管理学、经济学、法学、数学、统计学和专业技术等层面（学科）；各行业标准化规律性的研究是标准化原理与方法研究的基础。

我国农业科技工作者和标准化工作者对农业标准化原理与方法的研究和探讨已有较长的历史。农业标准化原理（principle of standardization agriculture）是建立在标准化原理基础之上，根据农业特点而产生的农业标准体系中的一般原理；另外，农业过程具有自身突出的特殊性，农业标准化自然就具有了本领域的规律体系与原理机制。农业标准化原理由三个原理体系构成，即农业标准化基本原理、农业标准化方法原理和农业标准系统管理原理。农业标准化原理体系反映了农业领域标准化的复杂性和规律本质。

第一节 农业标准化基本原理

农业标准化基本原理是指人们在农业标准化实践活动中总结出的农业标准化活动的客观规律，并能运用这些规律来指导农业标准化工作。因此，根据农业过程特点和标准化科学要求，农业标准化基本原理应当揭示和体现农业标准化科学的普遍本质和一般规律，成为农业标准化过程的指南和总纲领。农业标准化基本原理是针对农业生产特有的特点归纳而来的，包括了顺应生长原理、环境依赖原理、不确定原理、时滞原理、补偿原理、过程多路原理、质量多层原理和互作原理 8 个方面。了解农业标准化基本原理对于发展农业标准化事业、开展农业标准化工作具有重要的现实意义。

一、顺应生长原理

顺应生长原理是基于农业生产的生物体生长发育过程的本质提出来的。即农业过程的本质是生物生长发育的持续过程，农业标准所能规定和反映的是人的行为在符合生物持续过程基础上的目标性客观推动，制定标准的依据只能是人在研究和认识生物过程本质的基础上的客观规律的反映，即在期望目标和符合生物规律的操作中完成农业过程并使其从标准角度加以格式化和规则化。也就是说，生物产品的质是由生物本身的质所规定的，并且一旦进入生产过程，就会在自身规律的约束下前进，任何措施只能让这种运动放慢或加速。因此，农业标准化既然是对这一过程的客观反映和规则制定，那么就必须顺应这种运动的本质，并且以既定标准促进对生物过程本质更明晰、更精确的发现和反映，其结果便成为修订标准的依据。

二、环境依赖原理

农业生产与工业生产不同的一个方面是环境依赖性。工业生产建厂，考虑环境的依据是原料、能源、产品去向与运输的便利性和低成本等问题。而农业生产具有明显的产地生态性和很强的环境依赖性，在确定了物种（或品种）之后，必须要在适合其生长发育的特定生态环境中生产，才能取得理想结果。否则，即便以高昂代价进行人工环境模拟，其产品的品质和风味也远不如在原适宜优化环境中的结果。所以，环境决定农业生产的质，生物生产的内在质量的高低，取决于该生物对产地生态环境的优适性。农业标准化如果不遵从这一规律，就无法实现其优质的目的。环境依赖原理反映了农业，特别是作物的产量和品质等与环境因子密切相关。环境因子包括光照（太阳辐射、光谱成分、光照强度和光照时数等）、温度（积温、农业界限温度等）、空气（二氧化碳、氧气等）、土壤条件（土壤质地、耕地类型、耕层深度、土壤酸碱度、土壤生物多样性等），以及必需的营养元素。这些环境因子对于促进或抑制作物产量和品质形成均有重要作用。例如，农产品地理标志的形成，一部分原因也是源于环境依赖原理，农产品地理标志标示农产品来源于特定地域，产品品质和相关特征主要取决于自然生态环境和历史人文因素，以及以地域名称冠名的特有农产品标志。例如，橘生淮南则为橘，生于淮北则为枳；部分以富含有益微量元素地区为产地种植出来的农产品就是富含有益微量元素的优质农产品。此外，我国作物品种南北引种（因纬度、光照时间、海拔不同）要遵循的规律也揭示了农业生产中作物品种的环境依赖特性。我国农业部（现为农业农村部）印发的《超级稻品种确认办法》中不同稻区超级稻品种确认的产量水平这一项指标的差异，也反映出品种环境依赖性（表 2-1）。

表 2-1　超级稻品种各项主要指标

区域	生育期/天	百亩①方产量/（kg/亩）	品质	抗性	生产应用面积
长江流域早熟早稻	≤105	≥550	北方粳稻达到部颁2级米以上（含）标准，南方晚籼达到部颁3级米以上（含）标准，南方早籼和一级稻达到部颁4级米以上（含）标准	抗当地1~2种主要病虫害	品种审定后2年内生产应用面积达到5万亩以上
长江流域中迟熟早稻	≤115	≥600			
长江流域中熟晚稻 华南感光型晚稻	≤125	≥660			
华南早晚兼用稻 长江流域迟熟晚稻 东北早熟粳稻	≤132	≥720			
长江流域一季稻 东北中熟粳稻	≤158	≥780			
长江上游迟熟一季稻 东北迟熟粳稻	≤170	≥850			

三、不确定原理

生物的生长发育过程是一个生命过程，这个过程是迄今最为复杂的过程。生物本身的生命过程有既定过程、诱导过程、补偿过程、自调节过程等，而生物对环境多因子应激后的各种反应、反应后的重新调节等，是一个极其复杂的动态系统，具有牵一发而动全身的功效。任何一个措施过程的施入，都会引起多个因素的不同贡献和不同时间上的调整。就措施本身而言，在多次反复的条件下，措施在一个范围中进行，实质上在围绕着一个中心点进行振荡，相当于一组数据的均值而不是同一结果值。此时，农业标准的质，就是确定在这一中心点（真值）位置上的规则过程，而实施这一标准时，会发现按标准的结果有些偏离，这就是不确定性的表现，而这种不确定性正好反映了客观的一面，并非就无法标准化。实质上，农业过程不像工业标准那样呆板，在技术标准和工作标准方面，试图以量化指标卡定操作过程，反而就没有了标准。例如，作物产量和品质的形成在不同季节可能会有偏差，若在某一生长季节遭遇台风、高低温、干旱、涝害等而影响了产量品质，即使按照标准要求进行了实施，产量和品质还是有偏差，这就是不确定原理。

四、时滞原理

农业标准的实施应用，与工业标准化操作后的结果明显不同。一是缓慢表达性，二是结果模糊性。工业标准化应用于产品生产过程中，对其每一个环节上的结果均表现出明确的即时性和同一性，同时显示其过程的明晰进度。而农业标准化的应用结果远非如此，农业操作所加效应的表现会在操作停止后一个时间段逐渐显现，表现的结果也是渐晰过程，作用结果的消失也是渐去过程，不存在即时效应，除非操作是进行生物器官分

---

① 1亩≈666.7m²

离过程，如采收、剪除等，这就是农业标准实施上的时滞现象。例如，氮肥施入农田后，作物的不同生长时期对氮肥的响应快慢不一，但是最终会呈现一个响应状态，如生长旺盛、生育期延长等。

农业标准实施结果的模糊性是指在同样条件下，按相同标准操作后，所获得的结果或产品不像工业品那样用肉眼觉察不出其差异，而是具有明显的相异性，最符合理想目标的产品量不多，最不理想的也不多，中游水平的产品量占多数。当然这种模糊性实质上就是不确定原理的表现。

五、补偿原理

在农业过程中，生物的生长发育对环境表现出很强的适应性和自适应性调节功能，当其在生长发育过程中受到某种因子的"破坏"性作用，如人为修剪、扭心、打尖及一定程度病虫为害、自然有害性因素袭击（如冰雹）时，其生长势不但不会受损，反而可能更加强大，生物学产量会比未受伤的情况下更高，这就是生物补偿现象，这是由生物的自保护机制所致。当生物体受到一定程度的损害时，就会刺激有机体潜在保卫反应系统开始动作，从而诱导生物修补、生化拮抗和受损组织恢复。自我修补任务完成之后，由于原有刺激的持续，新增修补物质比原损失的生物量明显增长，从而引发了宏观产量的增加和抗逆性的提高。例如，果树的环切技术是一种可以控制果树成花和坐果的简单而有效的调节措施。这种补损增益的调节，是因为在引起上述现象或结果的过程中，诱导因子使生物体的激素系统及生化机理发生变化，促进了生物体的自卫性增产反应。这一特点在农业标准制定和实施过程中，称为农业标准化的补偿原理，或者补损增益原理。

六、过程多路原理

每一项农业标准的制定，首先必须遵循标准制定的基本规则；而其所要求的操作过程，必须符合农业过程。农业过程的每一个阶段，应采用相应的标准进行控制，这个过程不可能由一项标准规则完成，而是多项不同标准或技术规程的嵌套、互动和互作的结果。例如，作物灌水过程有其标准方法，灌水过程通常伴随肥料的施用，就需要有肥料施用标准方法，因而实际操作过程中需要两项甚至三项标准或技术规程一同进行，就像灌水时要将化肥同时施入，或者先施肥再灌水等配套措施；但每次所用肥料种类及数量又是完全不同的，其依据作物生长的长相或叶相而定，是既有依据又无明显规律的动态过程。

另外，无论农业过程中哪一种（类）生物生产过程，同一种结果往往会由几种不同的途径实现；相反，同一种措施也会出现不同的结果。即措施过程不同，结果可能相同；而措施相同，结果可能有异。例如，水稻分蘖可以通过控水或通过施肥控制；作物生育期可以通过水肥或光温等途径进行控制。如果把农业过程视为一个交通主干道，把各种措施标准看作主干道上行驶的汽车，在主干道任何一个出入口（阶段或质量控制点）都可能需要新的标准加入和某些标准措施的退出，其依据作物的生长（主干道）状况及环境作用结果预测（主干道上车流量与动态调度）来确定当时所采取的标准。也因为这一农业过程始终处于动态过程，采用一般标准方法衡量时就无法"确定"。所以，当前将农业标准以粗略的"技术规程"来替代，认为制定有固化意义的标准似乎不可能。这正是由农业过程质量控制多路性所造成的。过程多路原理会在农业科学研究水平不断提高的基础上指导传统"粗放"的农业过程走向真正精确的农业过程。

以水稻生产为例，其最终目标是获得高产，而水稻产量构成包括了有效穗数、每穗总粒数、结实率和粒重4个因素，有的水稻品种分蘖能力比较强，有的品种穗比较大，有的品种则籽粒比较重，可通过不同栽培管理措施调控水稻高产。如要提高有效穗数，可以采取增加栽插密度、培育壮秧、湿润灌溉和增施基肥等措施；而提高每穗总粒数则可以通过施用促花肥促进颖花分化和施用保花肥减少颖花退化（图2-1）。

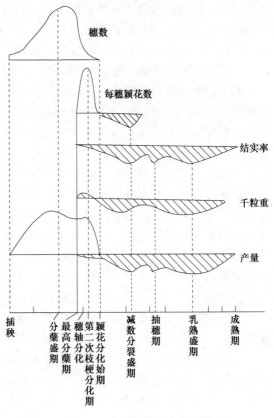

图 2-1　水稻产量形成的调控

七、质量多层原理

农业生产过程的每一个环节的质量都与其最终所需产品的质量有关，但这种相关有时并不是绝对的。例如，在以果实为目标的果树生产管理过程中，生长中期，大量叶片受损或果枝受到一定程度的伤害，可能会对最终产量和质量造成一定的影响；但如果此后一段时期加强管理、措施应用得当，充分调动果树本身的补偿功能，最终产品也不会受到质量损害。

即便是应用一样的标准管理方法和技术过程，农业过程的最终产品也可能出现质量多层现象，不会像工业产品那样，差异只在细微处。所以，农业过程的质量多层现象增加了农业控制的复杂性，同时也体现了过程控制的灵活性，为农业管理者在其生长发育过程中，围绕最终产品目标，选择合适的标准进行动态处理提供了多种选择的机会。

另外，农业产品的最终检出，分级处理极其重要，这与工业产品不同的关键在于工业产品可依据既定质量标准来判定产品的质量等级，而农业产品的最终分级却不一定是质量等级。例如，按果实大小分级，最大果不一定是一级，最小果不一定是等外品等，这需要根据市场认可与需求确定。

质量多层原理表明，农业过程的标准化，落实标准的人的技术水平和农业经验及其相关的综合能力，是农业标准能否在实际中得以严格实施的关键。

八、互作原理

随着其他科学技术的迅速发展及其与农业过程结合、渗透的程度越来越深，农业由自然粗放、参与式管理，向控制性管理、精准化方向发展，农业标准体系中的生产过程将由过去以技术规程形式模糊化向综合式标准规则明晰化发展，逐步缩小传统"大概"高弹性规则，实现农业真正的标准化。在此背景下，农业标准的条目将会迅速增加，过去传统的模糊生产过程将进一步明朗化，传统操作行为中的"差不多"成分将逐渐消失。

　　基于农业标准化基本原理1（顺应生长原理）、原理3（不确定原理）、原理6（过程多路原理），在农业操作过程中，不可能在某一个时间或者某一生育时期只采用一项农业标准，而可能是应用多项标准来规范这一过程，这就出现了标准的互作现象。一是标准本身在产生时就要考虑互作特性，标准之间应具备必要的互联性，而不是相互矛盾；二是多个标准在实施过程中应该注意适时搭配和某一关键节点的主次问题。这就要求操作这一农业过程的所有人员，必须负责自己在实施该过程系统中的应有元素地位，具备农业标准规则下灵敏地随农业过程变化的信息反馈能力，观测农业过程变化并随时传递信息，随时确定不同标准规则的加入和退出，农业标准条目的急用与缓处理，等等。从宏观角度讲，这也是客观上反映农业标准的正向互作性，实现农业标准在复杂过程中实施的高效性和增强性，达到系统论中1＋1＞2的互作效果。例如，我国珠江三角洲地区的桑基鱼塘种养生产是为充分利用土地而创造的一种挖深鱼塘、垫高基田、塘基植桑、塘内养鱼的高效人工生态系统。桑基鱼塘是池中养鱼、池埂种桑的一种综合养鱼方式。从种桑开始，再经历养蚕而结束于养鱼的生产循环，构成了桑、蚕、鱼三者之间密切的关系，形成塘基植桑，桑叶养蚕，蚕茧缫丝，蚕沙、蚕蛹、缫丝废水养鱼，鱼粪等泥肥肥桑的完整的能量流系统。在这个系统里，蚕丝为中间产品，不再进入物质循环。鲜鱼是终级产品，提供人们食用。系统中任何一个生产环节的好坏，也必将影响到其他生产环节。桑基鱼塘种养生产方式包含了池塘养鱼、塘基植桑和桑叶养蚕等多个技术规程或农业标准（图2-2）。此外，稻田养鸭、稻田养鱼等种养方式均是多项农业标准的综合过程，相互间存在明显互作（图2-3）。

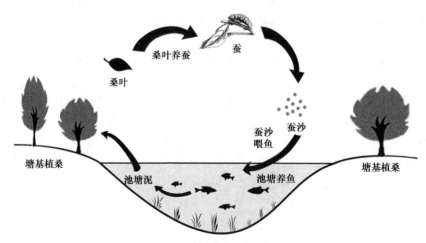

图2-2　桑基鱼塘种养模式

图 2-3　稻田养鸭种养模式

第二节　农业标准化方法原理

农业标准化方法原理（principle of method）是引导和规定农业标准制定及实施过程的更为科学有效的指导原理，是指导农业标准化制定和实施过程科学有效的方法。农业标准化方法原理包括简化原理、统一原理、协调原理和优化原理 4 个方面。

一、简化原理

（一）原理含义

简化是在一定范围内缩减对象（事物）的类型数目，使之在既定的时间内能够满足一般需要的标准化形式。简化是对农业过程中不必要的复杂化事物进行合理缩减和对混乱的事物进行统一的方法。概括起来，简化是指具有同种功能的标准化对象，当多样性的发展规模超出了必要的范围时，消除其中多余的、可替换的和低功能的环节，以保持其构成的精炼、合理，使总体功能达到最佳。简化的基本方法是对处于自然存在状态的农业标准化对象进行科学的筛选，提炼出高效能的能满足农业各项活动全面需要所必需的环节。简化原理是以发展高产、优质、高效农业为目标，通过对农业标准化对象的数量、品质或其他特性进行筛选并提炼，剔除其中多余的、低效能的环节，精炼并确定出能满足农业各项活动全面需要所必要的、高效能的环节，保持整体构成精炼合理，达到省工、节本、增效的目的。

（二）原理解释

农业生产技术和加工技术不断更新，多样化程度异常丰富且最为复杂，农业生产过程处于不断的变化过程中。由于社会需求的不断增加、竞争的日益激烈，加上各种科学技术的不断应用，农业领域从自然到人为、从生产到市场、从一般到奇特都表现出一定的复杂性和多样性。这些能够反映社会生产力的发展水平，但也造成多方面的重复、多余、低效能甚至无用情况的出现，是对农业有限资源的一种浪费，成为农业生产力发展的负面部分甚至产生破坏作用；由于农业特有的复杂性，有些浪费是隐蔽的，损失也是巨大的。以化学农药防治病虫害为例，由于部分使用者对农药的两面性认识不足，对生态系统平衡、生物多样性保护、优美环境维护与改善、农业可持续发展认识不足，只片面地看到喷施农药可以杀死害虫而多次重复过量使用农药，导致农产品药害残留超标，环境受到污染，生态平衡遭到破坏，生物多样性向不利于人类生存的方向逆转等。这些案例表明，在农业领域，多余的重复及其带来的负面作用的危害有时是惊人的。简化就是针对复杂或不必要、不合理的多余重复进行必要的纠正。

简化是对农业过程及其产品类型进行符合客观实际、有意识地自我控制的一种有效形式。农业过程的复杂性、生物自我适应及人的操作多样性在每一个过程均得以体现，但总有一种或少数几种措施是最简单、最有效的，通过简化，选择最有效或最优方法，剔除效率偏低的措施，以最便捷的方式实现农业过程的最终目的。通过简化把不必要的多余环节进行删减，更有利于多样化的发展，才能促进精品农业和品牌农业的发展。

简化一般是事后进行的，是事物多样化已经超出了必要的规模后，才对其进行简化。简化是有条件的，它是在一定的时间和空间范围内进行的，其最终结果应该能够满足一般需要。简化并不是消极的"治乱"措施，它不仅能简化当前的复杂性，还能预防未来产生不必要的复杂性。简化也不是限制多样化。通过简化，消除低效能、不必要的类型，使生产系统结构更加合理，不仅能够提高生产系统功能，而且为新类型的出现、多样化的合理发展扫清障碍。因此，简化是为事物（尤其是生产系统）的发展创造外部条件。

农业标准化的简化表现在两个方面。一是农业品种的简化。由于科学技术、市场竞争和人们生活需求的不断发展，农业产品的品种急剧增多。但由于农业生产受外部环境的影响较大，如光照强弱、日照长短、温度高低、降水多少、降水分布、土壤结构、有机质、地温、养分、酸碱度、地势、坡向等，这就决定了某一地区的优良品种在另一地区栽培种植，就可能变得劣质、低产、低效，造成国家资源和社会生产力的严重浪费。例如，玉米品种有单交种、双交种，有生育期长的品种，有生育期短的品种，有抗病的品种，有抗虫的品种等。这么多的品种给农民的选择带来了麻烦，农业标准化的简化，就是选择在某一地区适合的一两个品种。二是农业技术的简化。农业标准化的对象是农业，农业生产的主体是广大农民，而将复杂的农业技术转化成简单的农业标准，用于指导农民生产，则是农民喜闻乐见的。例如，对产蛋鸡、肉食鸡的饲养，怎样做才能有利于产蛋，如何养有利于长肉，这里边包含着很复杂的饲养技术和科学理论。20世纪90年代，辽宁省质量技术监督局发布了《产蛋鸡饲养管理标准图》《肉仔鸡饲养管理标准图》两项地方标准，规定了不同饲养期的环境温度、湿度、通气时间、光照强度等，以及何时喂水、何时进食和进食量、饲料营养配方等。农民形象地称其为"明白纸""图先生"。

这是将复杂的农业技术简化成标准的典型实例。

（三）原理应用

简化能够体现在农业过程的每个环节。就生产过程而言，从各种基础资料、必要原料、生产过程采用的各种措施，到产品的收获、贮运、加工及市场贸易等过程，都可作为简化对象。简化原理可应用于以下几个方面。

（1）农作物、林木、畜禽、水产品、农用微生物产品等品种、规格的简化。以水稻品种为例，通过品比试验、播期试验、肥料试验、区域试验等因时、因地制宜进行品种简化，把低产、低品质品种淘汰，提高种植效益。

（2）农业生产资料品种、规格的简化，如农膜、化肥、农药、饲料、添加剂、兽药、鱼药等的简化。

（3）农业生产、加工技术和包装等工艺及其相关设备的简化。在推动产业化进程中，根据农产品生产、加工和包装技术要求，对农（工）艺措施、加工方法、包装设计及工艺设备等在优化的基础上加以限制，以达到简化的目的。

（4）管理业务活动中可以作为对象的事物如语言（包括计算机语言）、文字、符号、图形、编码、程序、方法等，都可通过简化减少不必要的重复，提高工作效率。

二、统一原理

（一）原理含义

统一是农业标准化的基本形式，是人类从事农业标准化的开始。统一原理就是为了保证农业发展所必需的秩序和效率，对农业各项管理活动，农产品品质、规格或其他特性，确定适用于一定时期、一定条件下农业标准化对象的形式、功能或其他技术特性的一致性规范，使这种规范与被取代的农业标准化对象在功能上达到等效。统一的前提是等效，把同类对象合并统一后，被确立的"一致性"与被取代的事物之间，必须具有功能上的等效。统一的目的是确立一致性规范。在统一化过程中要恰当把握统一的时机，经统一确立的一致性仅适用于一定时期。

（二）原理解释

统一化是把同类事物两种以上的表现形态归并为一种或限制在一定范围内的标准化形式。从农业现代标准化的角度来说，统一化的实质是使对象的形式、功能（效用）或其他技术特性具有一致性，并把这种一致性通过农业标准确定下来。因此，统一化的概念同简化的概念是有区别的，前者着眼于取得一致性，即从个性提炼共性；后者肯定某些个性同时并存，故着眼于精炼。简化过程中往往保存若干合理的部分，其目的并非简化为只有一种。

统一化的目的是消除由不必要的过程多样化而造成的混乱，为正常农业生产活动建立共同遵循的秩序。由于生产的日益社会化，各生产过程和环节之间的联系日趋复杂，特别是在国际交往逐步扩大的情况下，需要统一的对象越来越多，统一的范围越来越广。统一化分为两类：一是绝对的统一，它不允许有任何灵活性，如制定农业标准化术语标准、农产品质量安全标准等强制性标准所涉及的各种编码、代号、标志、名称、单位、运动方向等；二是相对的统一，它的出发点或总趋势是统一，但统一中具有一定的灵活性，可根据具体情况区别对待。例如，一些有关产品质量的推荐性农业标准对该产品最终质量做了统一规定，但其质量指标允许有一定的灵活性（如分级规定、指标上下限、公差范围等）。

统一化是农业标准化活动中常用的一种形式。运用这种形式要切实遵守适时原则和适度原则。所谓适时，就是把握好统一的时机，统一过早，有可能将尚不完善、不稳定、不成熟的类型以标准的形式固定下来，不利于技术的发展和更优秀类型的出现；统一过晚，低效能类型大量出现并已形成局面，这时统一，不但困难，而且可能付出更大的经济代价。所谓适度，就是要在充分研究的基础上，经过认真分析，明确哪些应该绝对统一，哪些应该相对统一，哪些要有一定的灵活性，合理确定统一到什么程度（水平）。要求过高可能会脱离农业生产实际，在执行过程中造成不必要的损失；要求过低，不利于推动农业生产和技术水平的提高，不能更好地满足用户的需要，不利于市场竞争。这都要求在进行统一化过程中通过各种方式，掌握必要的信息，进行全面的技术经济效益分析，必要时还要进行若干方案的论证和优化。

农业过程中还有一种需要寻找共同点进行统一的现象。例如，不同纬度或不同生态条件下同一种作物播种的时间无法统一；同一作物的种植密度在适宜生境中的不同区域也无法统一。针对这类问题，可寻找其他特点进行统一。如为第一种情况时，在时间尺度无法统一，可采用物候法，寻找指示植物，以指示植物的发育阶段达到统一进行标定；后一种情形可通过国土资源的调查分析归类，结合作物特性做出区域性统一规定。

农业标准化的统一化一般应把握好 4 个原则。

（1）适时原则。统一化是事物发展到一定规模、一定水平时，人为进行干预的一种标准化形式。把握好统一的时机，是搞好农业标准化统一化的关键。以农业部于 2001 年 9 月发布、10 月起开始实施的 NY 5001—2001《无公害食品　韭菜》标准为例。该标准规定了包括六六六、滴滴涕、敌敌畏①、砷和铅等 20 多项农药残留和重金属指标限量。该标准发布实施时，人们的温饱问题基本解决，人们追求的更多的是食物的质量、营养和安全，发布这项标准是合时宜的。如果在人们生活困难时期推出这项（或这类）标准则是毫无意义的。

（2）适度原则。所谓适度，就是要合理地确定统一化的范围和指示水平。对于农业术语标准、农产品质量安全标准等，都是要在全国统一实行的。而对于农作物生产技术田间操作规程，就不宜在全国范围内统一，只适合在某一地区统一。华北的冬小麦，东北、西北的春小麦就是同一种普通小麦在不同地理条件和栽培条件下的结果。

（3）等效原则。任何统一化都不可能是任意的，统一是有条件的，首要的前提条件是等效性。所谓等效指的是同类事物两种以上的表现形态归并为一种时，被确认的"一致性"与被代替的事物之间必须具有功能上的可替代性。例如，我国农业方面的国家标准，许多是在行业标准、地方标准或企业标准基础上，经过一段时间、在一定范围内实施后，认为需要在全国范围统一时，才发布实施的。

（4）先进性原则。等效原则只是对统一化提出了起码的要求，因为只有等效才有统一。而统一的目标是，使建立起来的统一性具有比被淘汰的对象更高的功能。为此，还须贯彻先进性原则。所谓先进性，就是指确定的一致性（或所做的统一规定）应有利于

---

① 敌敌畏目前已被禁止使用

促进生产发展和技术进步，有利于更好地满足社会需求。例如，我们现在大力开展的无公害农产品、有机食品和绿色食品等标准化活动，都充分体现了先进性。

（三）原理应用

（1）一定范围的统一。现代农业的终端不仅是农产品，而且延伸到农产品加工、环境保护等行业。判定农产品优劣涉及相关国家标准、行业标准、地方标准和企业标准，甚至是国际标准、区域标准，限定一个农业标准化对象的标准要在全国相应的范围内统一。

（2）一定程度的统一。统一要先进、科学、合理，也要有"度"。明确规定农业标准中统一的内容和统一的指标。

（3）一定级别的统一。全国范围内统一的对象，必须掌握统一的时机制定农业国家标准。农业企业标准的制定，不能依赖农业国家标准、行业标准或地方标准，以免阻碍农业企业生产、加工和技术的发展。

（4）一定水平的统一。其是指农业标准要求的高度和水平的统一。一般而言，技术指标应以先进、合理、适用为准则。农业标准技术指标要求过高、过严或过低、过宽，不考虑现有农业生产技术条件和水平，就必然会降低采标率，失去其规范农业生产秩序的作用和意义。

（5）一定时间的统一。其是指农业标准的相对稳定期（有效期）的长短。当农业标准落后于农业生产技术，阻碍农业生产发展时就必须适时修订或废止。农业国家标准、行业标准和地方标准的复审周期一般不超过 5 年。农业企业标准的复审周期一般不超过 3 年。

（6）一定理想多数的统一。农业标准中的统一不是统一为一种，而是统一为一定理想的多数，以适应社会的多方面需求。具体而言表现为：各类农业标准中对同一农业标准化对象的规定要一致，农业标准的编写方法要统一，农业标准应用的计量标准要统一。

三、协调原理

（一）原理含义

协调原理是针对农业标准系统，通过协调农业标准内部各要素相关关系，协调一个标准系统中各相关标准间的相互关系，以农业标准为接口协调各部门、各个环境之间的相互关系，解决各相关方连接和配合的科学性及合理性，使农业标准在一定时期保持相对平衡和稳定。协调原理是为了使农业标准系统的整体功能达到最佳，并产生实际效果。

（二）原理解释

协调化就是在标准系统中，只有当各个局部（子系统）的功能彼此协调时，才能实现整体系统的功能最佳。每一个具体的标准都可以看作一个系统，每个标准又跟另外的一些标准密切相关，进而形成更大的系统。一定的系统，具备一定的功能。标准系统的功能取决于各系统功能的发挥及各子系统之间互相适应的程度，为了实现整体功能的最佳，必须对子系统进行协调，使整个标准系统中各组成部分或相关因素之间建立起合理的秩序或相对平衡的关系。农业本身是个大系统，它包括经济、生态、技术和社会等各个子系统。在农业生产中，各个子系统都有其相对的独立性，而各个子系统之间又需要很好地协调以达到有机的结合，任何一个子系统的工作没有跟上去都可能造成整个系统的紊乱，给生产造成不应有的损失。

农业标准系统的功能有赖于每个标准本身的功能，以及每个相关标准之间相互协调和有机联系来保证。为使农业标准系统有效地发挥功能，必须使农业标准系统在相互因素的连接上保持一致性，使农业标准内部因素与外部约束条件相适应，从而为农业标准系统的稳定创造最佳条件。协调就是把各农业部门、各企业及各环节的相互技术联系或技术特性关系用农业标准统一起来，实现各方面的合理连接、配合与协调，使农业生产系统的秩序正常化、最佳化。

（三）原理应用

协调原理在如下方面得到应用。

（1）农业标准内部系统之间的协调。农业系统过程中，结合市场需求预测，如产量高低，市场需求产品的颜色、性状、大小、时期等特性，制订全程生产计划，实施多项标准，做到生产的每一个环节在系统内部相互协调、环节之间衔接性良好，达到整体功能最佳。

（2）相关农业标准之间的协调。农业生产过程如小麦、玉米、水稻等粮食作物的生产，与种子质量、肥水运筹、病虫害防治、栽培管理措施及后续的收获、加工、运输等环节均密切相关，涉及多个标准的实施，这个时序上的生产过程中标准之间的协调十分重要。一般情况下，应当从最终产品的质量要求出发，对各个环节或要素给予必要的规定，从而保证相关标准的标准系统之间的整体功能最佳。

（3）农业标准系统之间的协调。农业生产过程不是孤立的，涉及了交通、农业机械、化肥、水利、电力、教育、信息、管理系统等多个方面，这些标准系统之间的良好协调，会有力地促进农业标准系统的高效实施。

四、优化原理

（一）原理含义

优化原理是指按照特定的目标，在一定的限制条件下，以农业科学、技术和实践经验的综合成果为基础，对农业标准系统的构成要素及其相互关系进行选择、设计或调整，使之达到最理想的效果。

（二）原理解释

优化是对标准系统中的标准与标准之间的相互关系及标准中的具体内容的优化，这种优化必须有明确的特定目标。这种目标可以是标准系统的整个功能目标，也可以是单项标准所要达到的目标。所谓最优化，就是按照特定的目标，在一定的限制条件下，对标准系统的构成因素及关系进行选择、设计或调整，使之达到最理想的效果。例如，种子、种畜、种禽、种鱼等优良育种方式的选择，以及目前大力开展的有机食品、绿色食品、无公害农产品等工作，都是最优化的典型应用。

农业标准化的最终目的是达到特定的目标要求、最理想的效果和获得最佳效益，农业标准化活动的结果能否达到这个目标，取决于一系列工作的质量，因此，农业标准化活动中应始终贯穿着"最优"思想。农业标准化初期阶段，标准制定时往往凭借标准起草和审批人员的有限经验进行决策，方案论证相对较少且论证比较粗略，被确定的方案不能达到最优，尤其是总体最优，这就影响到农业标准化的整体效果。随着科学技术水平的不断提高和生产的迅速发展，农业标准化活动涉及的系统日益复杂和庞大，标准化方案的最优化显得尤为重要，为适应客观发展的需要，提出了优化原理。

农业标准化的这些方法原理都不是孤立存在、单一地起作用，它们之间不仅有着密切联系，而且在实际应用过程中又互相渗透、互相依存，结成一个整体，综合反映农业标准化活动的规律性。

（三）原理应用

常用的"优化"方法有以下几种。

（1）优选法。根据影响因素多样性、生物自身适应性和补偿性等特点，农业生产过程每一个环节的操作管理都会出现多种方案，采用何种方法效果最好，就要采用优选法进行方法筛选和评价。具体的做法可由相关领域的专家与经验丰富的生产者及管理者，在综合分析各种方案之后做出优化决定。这一过程一般不经过计算，通过问题讨论等方式即可以确定。

（2）加权系数法。根据一定要素在整个要素体系中的重要程度，用指标的不同加权系数来控制和影响农业相关方面或标准制定实施对象工作的方向，并对不同的方法进行综合比较，以达到期望的效果。

（3）费用效果分析法。费用效果分析法主要包括：①在费用限额内，选择经济效果最大的方案；②选择经济效果超过某一最低限度，且费用最省的方案；③选择效果与费用比为最大的方案。

（4）成本价格分析法。进行农业生产，实现产品的某项技术指标，必须付出一定的费用，技术指标越高，付出的费用相对越大，产品出售时则优质优价。因此，产品的技术指标与产品的成本和价格有直接关系。通过利用指标的成本曲线与价格曲线比较可选择出最佳指标。

（5）经济阈值分析法。在农业过程中，出现病、虫、草、鼠害的作用时，对农业过程及其产品可能造成不利甚至破坏作用。在这一类有害生物的标准化管理中，衡量过程"最优"的一个有效方法就是用经济阈值（economic threshold）来确定。

在确定了生产水平、产品价格、防治费用、防治效果及社会接受能力的情况下，确定经济允许损失水平（L）[式（2-1）]。

$$L(\%)=\frac{C}{Y \times P \times E} \times 100 \qquad (2\text{-}1)$$

式中：C——防治费用；

　　　Y——单位面积产量；

　　　P——产品价格；

　　　E——防治效果。

第三节　农业标准系统管理原理

农业标准系统是人造系统，这个系统建成之后，需要不断地对其进行管理和调整，才能保持同环境的适应性。农业标准化建设初期，标准系统尚不完备，工作重心更多地放在了标准数量的增加方面。今后一个时期内，农业标准系统管理方面的问题将逐渐显现并日益突出，要求从农业质量方面对标准进行提升，我国农业标准将出现数量增长与质量提升并存，且逐渐向以质量为主的质化转变。这是因为：①经济全球化时代已经到来，农产品国际贸易已经畅通。②各国农业发展状况不一，水平各异，但在市场竞争中的要求不会因各国发展水平的高低而变化。③经济基础雄厚，农业经营以低人口、大面积农庄化方式进行，机械化、信息化应用程度高，操作人员水平高，对农业标准的贯彻落实相对容易。农业标准适合这样的农业模式，其质的发展程度相对较高，市场竞争的潜在优势明显，给非此类条件国家的农业在市场竞争中带来了威胁。④农业不发达国家有明显的自我特征。例如，我国农业在高密度人口、低机械化程度基础上，固然农业标准化建设处在初级阶段，由于市场的不等待性，我们必须缩短起步时间，依据自己的特色，实现跨越式发展，以适应市场发展的需要。所以，制定农业标准和完善农业标准管理体系的工作必须并举，在增加数量的同时，逐渐把工作重心的大部分开始向以调整标准结构为主的系统管理转移，农业标准系统管理原理逐渐被提了出来。

一、系统效应原理

农业标准系统的效应不是直接地从每个标准本身得到，而是从组成该系统的互相协同的标准集合中得到的，并且这个效应超过了农业标准个体效应的总和。这条原理是我们对农业标准系统进行管理的理论基础。由此导出农业标准化的工作原则为：①无论是国家农业标准化还是农场标准化，要想收到实效，必须建立农业标准系统；②建立农业标准系统必须有一定数量的农业标准，但这并不意味着标准越多越好，关键是农业标准之间要互相关联、互相协调、互相适应；③制定每一项单个农业标准时，都必须搞清楚该标准在农业标准系统中所处的位置和所起的作用，以及它与其他农业标准之间的关系，从系统对它的要求出发，才能制定出有利于农业系统整体效能发挥的标准，最后形成的农业标准系统才能产生较好的系统效应。

二、结构优化原理

农业标准系统的结构不同，其效应也会不同，只有经过优化的结构才能产生系统效应。农业标准系统的结构应按照结构与功能的关系，调整处理农业标准系统的阶层秩序、时间序列、数量比例及它们的合理组合。从这一原理中导出的工作原则是：①在一定范围内，农业标准的数量达到一定程度时，标准化工作的重点即应转向对农业系统结构的研究和调整上，要注意防止那种片面追求数量而忽视结构化的倾向，这种倾向会削弱农业标准的系统效应，降低农业标准化效果。②为使农业标准系统发挥较好的效应，不能仅停留在提高单个标准素质方面，应该在保证一定素质的基础上致力于改进整个农业标准系统的结构。③当农业标准系统过于臃肿、功能降低时，应减少标准系统中不必要的要素和某些不必要的结构，可提高系统功能，这可看成是"简化"的理论依据。

三、有序发展原理

及时淘汰农业标准系统中落后的、低效能的和无用的要素，或向系统中补充对系发展有带动作用的新要素，才能使农业标准系统由较低有序状态向较高有序状态转化，推动农业标准系统的发展。由此引申出两项原则：①及时制定能带动整个农业系统水平提高的先进农业标准。②特别注意及时清除那些功能差、互相矛盾和已经不起作用的农业标准。随着农业标准绝对数量的增加，这个问题会越来越突出，如果忽视了农业标准系统的新陈代谢，农业标准化活动可能陷入事倍功半的局面。

四、反馈控制原理

农业标准系统演化、发展及保持结构稳定性和环境适应性的内在机制是反馈控制。由此引申出如下标准化管理原则。

（1）农业标准系统需要管理者主动地进行调节，顺应农业标准化科学发展的规律，才能使该系统处于稳态。没有人为干预或控制是不可能自动地达到稳态的（因为它是人造系统），而干预、控制都要以信息反馈为前提。

（2）农业标准化管理部门的信息管理系统是否灵敏、健全，利用信息进行控制的各种技术的、行政的措施是否有效，对能否实现有效干预关系极大。

（3）农业标准系统的反馈信息要通过农业标准贯彻实施的实践才能得到，如果农业标准管理部门不用相当多的精力注意标准实施，不能及时得到标准在实施过程中同环境之间适应状况的信息，不能及时对失调状况加以控制，农业标准系统便可能逐渐瘫痪，直至瓦解。

（4）为使农业标准系统与环境相适应，除了及时修订已经落后了的农业标准，制定适合环境要求的高水平农业标准之外，还应尽可能使农业标准具有一定的弹性。

五、各原理之间的关系

由以上可以看出，农业标准化原理共有三大体系，16条原理（图2-4）。

农业标准化基本原理是农业标准化原理的精髓，是农业标准制定和实现农业标准化过程的指导思想。农业标准化方法原理规定农业标准的制定在标准的科学规则之内，引导农业标准实施于统一、简捷和高效化水平上，是农业标准产生和应用的方法指南，是农业标准化方法论的理论基础。农业标准系统管理原理是使农业标准体系得以系统优化的基本保障，规定着农业标准系统的有序走向、结构优化和整体增益性，并规定着良好的系统稳定性和科学反馈机制，能够保证农业标准系统运行效益的不断产生，是农业标准系统学的内核。

三大原理体系构成了较为完整的农业标准化原理体系。三者间层次分明，相互辉映，共同显示农业标准化的基本理论核心，奠定了标准化理论研究、农业标准制定和农业标准化的科学基石。

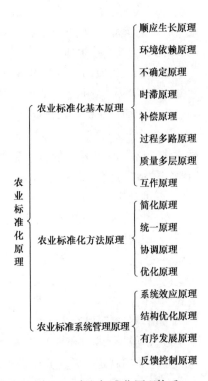

图2-4　农业标准化原理体系

六、农业标准化活动的基本原则

根据农业标准化原理，从事农业标准化活动，应当遵从如下基本原则。

（一）超前预防原则

农业标准化的对象不仅要在依存主体的实际问题中选取，而且更应从潜在问题中选取，以避免该对象非标准化而造成损失。农业标准的制定是以依据科学技术与实践经验的成果为基础的。对于复杂问题，如安全、卫生、环境等方面，在制定标准时，必须进行综合考虑，避免不必要的人身、财产等方面的损失。

（二）协商一致原则

农业标准化的成果应建立在相关各方协商一致的基础之上。

农业标准的定义表明，农业标准在实施过程中有"自愿性"，坚持标准的民主性，经过标准使用各方充分的协商讨论，最终形成一致的农业标准，这个农业标准才能在实际生产和工作中得到顺利贯彻和实施。例如，许多国际标准对农产品质量的要求尽管很严格，但有的国际标准与我国的农业生产实际情况不相符合，这些标准就不会被我们所采纳。

（三）统一有度原则

在一定范围、一定时期和一定条件下，对标准化对象的特性和特征做出统一规定，以便充分实现标准化的目的。

统一有度原则是农业标准化的技术核心，是标准中技术指标的量化体现。技术指标反映标准水平。确定技术指标，要根据科学技术的发展水平和产品、管理等方面的实际情况，遵从统一有度原则。例如，农产品中有毒有害元素的最高限量、农药残留的最高限量、食品营养成分的最低限量的确定等。

（四）变动有序原则

农业标准以其所处环境的变化，相应的新科学成果的出现，按规定的程序适时修订，才能保证标准的先进性、适用性和时效性。农业标准修订的周期长短与多种因素有关，一般而言，国家级标准修订周期为 5 年，企业标准为 3 年。

由此可见，每一项农业标准的诞生都是十分严肃和认真工作的结果。在制定标准的过程中，必须收集充分的科学数据，以最客观化的努力，归纳和总结目标过程的规律，使制定的标准是客观反映的代表、操作程序的映像，富有强大的生命力。

（五）互相兼容原则

农业标准应尽可能使不同的产品、过程或服务实现互换和兼容，扩大农业标准化的经济效益和社会效益。在制定标准时，标准中的计量单位、制图符号等必须统一在公制的认可之下，对一个活动或同一类产品在核心技术上应制定统一的技术要求，达到资源共享的目的。例如，集装箱的外型尺寸统一，可应用于不同行业；某种农药残留最大限量的规定值，适用于各种食品等。

（六）系列优化原则

农业标准化的对象应当优先考虑使其所依存的主体系统能够获得最佳的经济效益。在农业标准的制定中，尤其是系列标准制定过程中，必须坚持系列优化原则，避免人力、物力、财力和资源的浪费，如通用检测方法标准，不同等级的产品质量标准、管理标准和工作标准等。农产品中农药残留量测定方法应适用于不同类型食品的检测，同时也方便不同类型食品测定结果之间的相互比较。

（七）阶梯发展原则

农业标准化活动是一个阶梯状上升的发展过程，是与科学技术的发展和人们经验的累积同步前进的。科学技术的发展与进步，人们认识水平的提高和经验的不断积累，要求相关标准的跟进程度越来越紧密，标准水平必然会像人们攀登阶梯一样不断发展。标准每进行一次较大幅度的修订，就会上升一个新台阶。

（八）滞阻即废原则

当农业标准制约或阻碍依存主体的发展时，应当及时加以更正、修订甚至废止。任何标准都具有二重性，当科学技术水平提高到一定程度，人们的管理、经验再次得到丰富时，已有的标准就可能不符合当前条件的要求，甚至成为阻碍生产力发展和社会进步的因素。这时就要及时进行更正、修订或者废止，制定符合时代要求的新标准。例如，在我国农业标准中，有些可能是在计划经济背景下制定的，加入 WTO 以后，面对国际化贸易和更加严酷的"技术壁垒"，原有的大量农业标准就要遵照滞阻即废原则进行变更。

本章小结

农业标准化基本原理是农业标准化原理的精髓，是农业标准制定和实现农业标准化过程的指导思想。农业标准化方法原理规定农业标准的制定在标准的科学规则之内，引导农业标准实施于统一、简捷和高效化水平上，是农业标准产生和应用的方法指南，是农业标准化方法论的理论基础。农业标准系统管理原理是使农业标准体系得以系统优化的基本保障，规定着农业标准系统的有序走向、结构优化和整体增益性，并规定着良好的系统稳定性和科学反馈机制，能够保证农业标准系统运行效益的不断产生，是农业标准系统学的内核。

思考与练习

1. 了解农业标准化的基本原理。
2. 简述简化、统一、协调、优化的概念。
3. 了解农业标准系统管理原理。
4. 分别就农业领域的简化、统一、协调、优化形式举例。

主要参考文献

黄世瑞. 2001. 创新与进步　广州百年科技发展寻踪. 广州：广州出版社
沈雪峰，舒迎花. 2016. 农业标准化体系. 广州：华南理工大学出版社
唐湘如，潘圣刚，田华. 2014. 作物栽培学. 广州：广东高等教育出版社
张洪程，高辉，严宏生. 2002. 农业标准化原理与方法. 北京：中国农业出版社

第三章 农业标准和农业标准体系

【内容提要】 本章主要介绍农业标准的范畴、种类、级别及农业标准体系。
【学习目标】 通过本章的学习，使学生能够掌握农业标准的种类、级别，明确农业标准体系的构成。
【基本要求】 了解农业标准的范畴，掌握农业标准的种类、级别。

第一节　农业标准的范畴

范畴是指领域和范围，是反映事物本质属性和普遍联系的基本概念。哲学中的范畴概念适用于对所有存在的事物最广义的分类，如时间、空间、数量、质量、关系等都是范畴。分类学中的范畴是最高层次的类的统称。农业标准是在一定的农业标准化空间中发生发展的，这个空间隶属于更大的农业标准化空间，同时又包容下属的农业标准，因此农业标准的范畴可以用波兰的约·沃吉茨基于 1960 年提出的三维空间概念，即领域或对象、内容、级别三维空间组合来表示（图 3-1）。

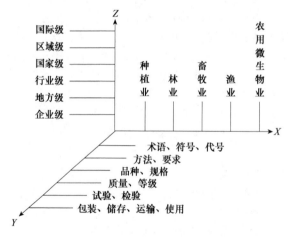

图 3-1　农业标准（化）的范畴
X 维：领域或对象；Y 维：内容；Z 维：级别

农业标准的内容通用性越强，对应的农业标准化对象适用的领域越广，农业标准越重要。农业标准的重要度越大，农业标准化的效果也越大。

一、农业标准的领域或对象

在农业标准范畴的三维空间中，X 维代表农业标准的领域或对象，包括种植业、林业、畜牧业、渔业、农用微生物业，以及在这些行业生产过程中涉及的从播种到收获、加工、所需条件、销售等整个环节所需要的标准。

当前，农业标准涉及的领域越来越广泛，涵盖大农业的各个学科，如农学、林学、畜牧兽医学、水产学、微生物学、生物学、食品科学、环境科学、农业工程、水利工程、安全科学技术等领域，也可以是农业生产过程中的加工、物流、消费、管理、社会服务、人类生活和经济技术活动等领域。

农业标准的对象主要有以下4个方面。

（1）农产品及其加工品（简称农产品）、种子（包括种子、种苗、种畜、种禽、菌种及在生产上用作繁殖后代的器官或部位等，简称种子）的品种、规格、质量、等级和安全、卫生要求。

（2）农产品、种子的试验、检验、包装、储存、运输、使用方法和生产、储存、运输过程中的安全、卫生要求。

（3）农业方面的技术术语、符号、代号、标志。

（4）农业方面的环境条件、资源、机械装备、生产技术和管理技术。

二、农业标准的内容

农业标准范畴的Y维代表农业标准的内容，是农业标准领域或对象更具体的表现形式。其内容更加丰富，包括：①术语、符号、代号；②图形、表格、文件、账目；③量、单位；④品种、规格、等级、类别；⑤性能、质量；⑥包装、标志；⑦开发、试产；⑧环境条件；⑨技术、作业、操作、方法、要求；⑩运输、储存；⑪销售、服务、使用；⑫试验、检验；⑬农具、工具、仪器、设备、机械、条件；⑭安全、卫生、环保；⑮管理规程、管理方法。

三、农业标准的级别

农业标准范畴的Z维代表农业标准的级别，表明农业标准适用的范围。农业标准的级别是按照农业标准的覆盖范围结合集团的管理机构的层次，反映制定和发布农业标准的机构的级别。分别有以下级别的农业标准。

（一）农业国际标准

农业国际标准是指国际标准化组织（ISO）和国际电工委员会（IEC）所制定的标准，以及已被国际标准化组织列入《国际标准题内关键词索引》（*KWIC index*）中的27个国际组织制定的标准和公认的具有国际先进水平的其他国际组织制定的某些标准。

（二）农业区域标准

农业区域标准是适应于一个地理区域的农业标准，由该区域的国家代表组成的区域性农业标准化机构制定。例如，欧洲标准化委员会（CEN）、亚洲标准咨询委员会（ASAC）等制定的农业标准。

（三）农业国家标准

农业国家标准是指对全国农业经济技术发展有重大意义，需要在全国范围内统一的农业技术要求所制定的标准。

（四）农业行业标准

农业行业标准是指对没有国家标准而又需要在全国农业行业范围内统一的技术要求所制定的标准。行业标准是对国家标准的补充，是专业性、技术性较强的标准，但是农业行业标准的制定不得与国家标准相抵触，国家标准公布后，相应的行业标准即行废止。

（五）农业地方标准

农业地方标准是指对没有国家标准和行业标准而又需要在省、自治区、直辖市范围内统一的相关农业标准，地方标准在本行政区域内适用，不得与国家标准和行业标准相抵触，国家标准、行业标准公布后，相应的地方标准即行废止。

（六）农业企业标准

农业企业标准是指企业所制定的产品标准和在企业内部需要协调、统一的技术要求和管理、工作要求所制定的标准。企业标准是企业组织生产、经营活动的依据。

农业标准级别的划分，不代表它们是高级的还是低级的水平，而是一种标准的责任与义务的体现，是一种能够波及或适用范围的交代。表示其制定目的和注意重点有所不同。

农业科学技术手段不断进步，农业标准范畴也会随之继续扩展和升华。

四、农业标准的表现形式

农业标准的表现形式主要是让人们对农业标准的框架和体现有一个直观的理解。

农业标准的主要表现形式有实物、文字、符号等。

实物标准分为样品标准、模型标准和标本标准三类。样品是指要求模仿和复制的实物要与其相同；模型是在原理和关键结构方面与实物相同，而允许实物与模型之间在实用性方面有差异，特别是以模型为样板而模仿出来的实体，必须具有实际使用的结构和功能；标本是对生物类进行研究和探索后选择具有种或群体代表性的个体，被特制成形式样品，用于与其他个体比较的直接参照物。

符号标准分为两类，即图形标志标准和指令标志标准。图形标志标准是指用于表达特定信息的一种标志。它是由标志用图形符号、颜色、几何形状（或边框）等元素的固定组合所形成的标志；它与其他标志的主要区别是组成标志的主要元素是标志用图形符号。指令标志标准是强制人们必须做出某种行为或动作的图形标志。这两类符号标准在现代农业中将会用得越来越多。例如，在休闲农业庄园中会出现大量这种标准。尽管这类标准是一个符号，但其作用却时刻在规范和修正人们的行为，指引着前进的正确方向。

文字标准是农业标准的具体表现形式，很多标准都是由文字进行叙述，配合使用实物和符号。

第二节　农业标准分类方法

农业标准的分类，是依据标准化学科分类体系的总要求，结合农业相关领域自身特点，把实际需要与发展趋势综合的分类结果。

农业系统具有复杂性和区域性，有很多自然复杂性和大量不确定性因素，这些特性要求农业标准必须配合和融合这种特殊性。因此，农业标准的分类就是一类复杂和多变的分类类型。

分类主要是为了方便研究、学习和应用。目的和用途不同，就有不同的分类结果。农业标准按照其目的，有以下分类方法。

一、层级分类法

农业标准按层次划分，也叫层级分类法。一般来说，通用的和公共认可的划分是按照农业标准的覆盖范围结合集团（比如一个国家）的管理机构层次、功能进行划分，主要分为七类：农业国际标准、农业区域标准、农业国家标准、农业行业标准、农业地方标准和农业企业标准。

（一）农业国际标准

国际标准是由国际标准化组织或其他国际标准组织制定，并公开发布的标准。国际标准化组织批准、发布的农业标准是目前主要的农业国际标准，如 ISO 7301:1988《稻谷——规格》、ISO 7970:1989《面粉——规格》、ISO 6478:1990《花生——规格》、ISO 1134:1993《梨——冷藏》、ISO 7563:1998《新鲜水果和蔬菜——词汇》等标准。

国际标准在全球范围内适用。1980 年生效的《技术性贸易壁垒协定》（Agreement on Technical Barriers to Trade，即 GATT/TBT 协议，现为 WTO/TBT 协议，又称为"标准守则"）要求各成员方在制定本国标准时，应以国际标准为基础，把采用国际标准作为消除贸易技术壁垒（technical barriers to trade，TBT）的主要手段。国际谷类科学技术协会（ICC）、国际有机农业运动联盟（IFOAM）等 ISO 认可的国际组织在标准化工作方面均与 ISO 有不同程度的联系与合作，所制定的标准、法规、协议、公约或建议等文献，均被 ISO 视为国际标准性的文献，因此，对世界各国相关领域的标准化工作同样起着指导作用。被 WTO 承认或国际公认的国际标准制定组织主要有国际标准化组织（ISO）、国际食品法典委员会（CAC）、世界卫生组织（WHO）等 20 多个国际组织。

与农业有关的 ISO 技术工作机构是制定农业国际标准的主要力量（表 3-1）。被列入 ISO 所出版的《国际标准题内关键词索引》中的部分国际标准化机构见表 3-2。还有一些国际组织虽未列入《国际标准题内关键词索引》，但其所制定的相关标准也被国际公认，这些也属于农业国际标准，如联合国粮食及农业组织（FAO）、国际羊毛局（IWS）、国际棉花咨询委员会（ICAC）、国际种子贸易协会（FIS）等制定的农业标准。

表 3-1　与农业有关的 ISO 技术工作机构一览表

TC/SC 编号	名称	TC/SC 编号	名称
TC23	农林拖拉机和机具	SC14	操作者的控制、操作符号
SC2	一般试验		及标示、手册
SC3	操作者的舒适与安全	SC15	林业机械
SC4	拖拉机	SC17	手持轻便林业机械
SC5	土壤耕作机械	SC18	排灌设备和系统
SC6	作物保护机械	SC19	农业电子学
SC7	收获机械和贮藏设备	TC34	农产食品
SC9	播种、种植和施肥机械	SC2	含油种子和果实
SC11	饲养场和饲养机械	SC3	水果和蔬菜制品
SC13	草坪与花园用机动工具	SC4	谷物和豆类

TC/SC 编号	名称	TC/SC 编号	名称
SC5	奶和奶制品	SC2	烟叶
SC6	肉和肉制品	TC134	肥料和土壤改良物质
SC7	香料和调味品	SC1	术语和标签
SC8	茶	SC2	取样
SC9	微生物	SC3	物理性能
SC10	牲畜饲料	SC4	化学分析
SC11	动物和植物油脂	TC146	空气质量
SC12	感观分析	SC1	空压站
SC13	水果和蔬菜的干燥和干化	SC2	工作环境的大气
SC14	新鲜水果和蔬菜	SC3	环境大气
SC15	咖啡	SC4	一般特性
TC45	橡胶和橡胶制品	TC147	水的质量
SC1	软管（橡胶及塑料）	SC1	术语
SC2	物理和降解试验	SC2	物理、化学和生化方法
SC3	橡胶工业用原材料	SC3	辐射法
SC4	橡胶杂品	SC4	微生物法
TC55	锯材和原木	SC5	生物方法
SC1	木材物理机械性能试验方法	SC6	取样（一般方法）
SC2	针叶锯材	SC7	精密度和准确度
SC3	阔叶锯材	TC190	土壤质量
SC4	针叶原木	SC1	判据的评价名词术语和样
SC5	阔叶原木		品整理
TC81	农药和其他农业化学品通用	SC2	取样
	名称	SC3	化学方法和土壤特性
TC87	软木	SC4	生物
TC93	淀粉（包括衍生物和副	SC5	物理方法
	产品）	SC6	辐射方法
TC126	烟草和烟草制品	TC191	非折磨性动物捕捉机
SC1	性能及尺寸的试验	TC211	地理信息

表 3-2　ISO 认可的部分国际标准化机构一览表

序号	国际标准化机构名称	机构代号	标准代号	成立年份	地址
1	国际计量局	BIPM	BIP	1875	法国
2	国际食品法典委员会	CAC	CAC	1962	意大利
3	国际乳品联合会	IDF	IDF	1903	比利时
4	国际兽医局	OIE	OIE	1924	法国

续表

序号	国际标准化机构名称	机构代号	标准代号	成立年份	地址
5	国际葡萄与葡萄酒局	OIV	OIV	1955	法国
6	世界卫生组织	WHO	WHO	1946	瑞士
7	国际种子检验协会	ISTA	IST	1924	瑞士
8	国际有机农业运动联盟	IFOAM	IFOAM	1972	德国

注：（1）国际葡萄与葡萄酒局（IWO）机构代号在 1958 年 9 月改为 OIV

（2）国际种子检验协会（ISTA）是一个政府间的国际组织。它的责任是建立国际种子贸易中有关净度、发芽率、活力和批量大小的国际标准。国际种子检验协会的首要目的是建立、采纳和公布种子取样和检验的标准程序，并促进在种子的国际贸易中统一使用这些程序来检验种子

（3）国际有机农业运动联盟（International Federation of Organic Agriculture Movement，IFOAM）成立于 1972 年，到目前已有 110 多个国家 700 多个会员。它制定的标准具有广泛的民主性和代表性，因此许多国家在制定有机农业标准时都参考 IFOAM 的基本标准。IFOAM 的基本标准每两年召开一次会员大会进行修改

（二）农业区域标准

区域标准是"由某一区域标准化或标准组织机构制定，并公开发布的标准"（ISO/IEC 指南 2）。目前，随着区域标准化工作的开展，产生了一系列区域标准化机构，即"只向某一个地理、政治或经济范围内各国中一个有关的国家团体提供成员资格的标准化组织"，如泛美标准委员会（COPANT）、亚洲标准咨询委员会（ASAC）、欧洲标准化委员会（CEN）、非洲地区标准化组织（ARSO）等。

（三）农业国家标准

1. 关于农业国家标准

针对需要在全国范围内统一的农业技术要求，制定国家标准。国家标准是"由国家标准化团体制定并公开发布的标准"（ISO/IEC 指南 2），如中国标准（GB）、美国标准（ANSI）、英国标准（BS）、法国标准（NF）、德国标准（DIN）、日本农业标准（JAS）、澳大利亚标准（AS）等。国家标准在全国范围内适用，其他各级标准不得与之相抵触。

2. 国家标准的标准号

我国国家标准由国家标准化行政主管部门编制计划、组织草拟、统一审批、编号、发布。国家标准分为强制性国家标准和推荐性国家标准，强制性国家标准的代号为 GB，推荐性国家标准的代号为 GB/T。国家标准的编号由国家标准的代号、国家标准发布的顺序号和国家标准发布的年号（发布年份）构成。例如，GB 2001—2003，表示 2003 年发布的第 2001 号国家标准。

示例：标准代号 GB＋顺序号＋年号。

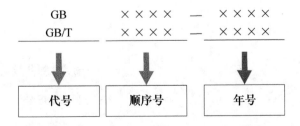

（四）农业行业标准

1. 关于农业行业标准

对没有国家标准，又需要在全国农业行业范围内统一的技术要求，制定行业标准（含标准样品）。农业行业标准是由农业行业标准化团体或主管部门（表3-3）批准、发布并在农业行业范围内统一实施，报国务院标准化行政主管部门备案的标准。行业标准是对国家标准的补充，它的制定不能与国家标准相抵触，如 NY/T 449—2001《玉米种子纯度盐溶蛋白电泳鉴定方法》、NY 5010—2001《无公害食品 蔬菜产地环境条件》、NY/T 767—2004《高致病性禽流感 消毒技术规范》、NY/T 770—2004《高致病性禽流感 监测技术规范》等都属于农业行业标准。

表3-3 我国与农业标准化有关的行业主管部门及工作范围一览表

序号	行业名称	行业标准代号	行业主管部门	行业标准化工作范围
1	农业	NY	农业农村部	种子、种苗、种畜、种禽、菌种、植保、土壤分析、农业生产技术、种植、养殖等
2	水产	SC	农业农村部	水产品及渔药、渔具、渔船、渔业机械等
3	林业	LY	国家林业和草原局	林木种子、木材、林产品、林业机械等
4	商业	SB	国家发展和改革委员会	品质检验人员技能要求、岗位标准等
5	商检	SN	国家市场监督管理总局	检验检疫、监督监管、检验检测等
6	纺织	FZ	中国棉纺织行业协会	棉、毛、麻、丝等
7	化工	HG	国家发展和改革委员会	农药
8	环境保护	HJ	生态环境部	污染物排放控制、监测、评价技术
9	粮食	LS	国家粮食和物资储备局	粮食
10	水利	SL	水利部	水利机械、仪器、安全监测技术
11	卫生	WS	国家卫生健康委员会	食品卫生、疫病防治等
12	海洋	HY	国家海洋局	海洋资源保护、开发与利用，海水鱼捕捞等

2. 行业标准的编号

行业标准代号由国务院标准化行政主管部门规定。行业标准的编号由行业标准代号、标准顺序号及标准批准年号组成；行业标准是推荐性标准（2018年1月1日实施的《中华人民共和国标准化法》规定）。

推荐性行业标准编号：

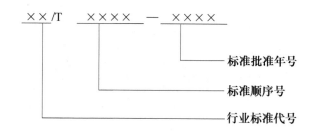

（五）农业地方标准

1. 关于农业地方标准

对没有国家标准和行业标准而又需要在省、自治区、直辖市范围内统一农业产品的安全、卫生要求，可以制定地方标准。我国地方标准化工作一般由省、自治区、直辖市标准化行政主管部门统一管理，并报国务院标准化行政主管部门和国务院有关行政主管部门备案。地方标准在本行政区域内适用，不得与国家标准和行业标准相抵触。国家技术监督局（现为国家市场监督管理总局）发布的《农业标准化管理办法》第六条规定："为贯彻农业国家标准、行业标准，根据地方发展农业生产的实际需要，开展农业综合标准化工作，县级以上各级标准化行政主管部门可以制定农业标准规范，推荐执行（法律、法规规定强制执行的例外）。"

我国农产品质量标准应以国家标准为主，有利于市场经济的发展和农产品品质及安全质量的管理。由于我国幅员辽阔，各地水土资源、气候环境差异较大，适宜种植的农作物、林木及水产品养殖的种类不同，为地方标准（规范）的制定提供了较大空间。地方标准的制定，应以农业生产技术管理规范（规程）为主。对有些名、优、土特产品，难以由国家或行业做出统一规范的，也可以制定地方标准。地方标准的内容主要包括：①农产品的安全卫生要求；②农业种子（种畜、种禽、种苗）标准；③地方名、优、土特产农产品标准；④农业生产环境保护要求；⑤农业生产操作技术规范、规程等。

例如，辽宁省质量技术监督局发布的 DB21/T 803—2003《樟子松人工林二元立木材积表》、新疆维吾尔自治区质量技术监督局发布的 DB65/T 2065—2003《无公害食品 平菇棚室生产技术规程》、内蒙古自治区质量技术监督局发布的 DB15/T 339—2000《牛奶蒸馏酒》等都属于农业地方标准。

2. 地方标准的代号、编号

1）地方标准的代号

汉语拼音字母"DB"加上省、自治区、直辖市行政区划代码前两位数再加斜线，再加"T"，组成推荐性地方标准代号（2018 年 1 月 1 日实施的《中华人民共和国标准化法》规定）。省、自治区、直辖市（含特别行政区）代码见表 3-4。

示例：辽宁省推荐性地方标准代号为 DB21/T。

2）地方标准的编号

地方标准的编号，由地方标准代号、标准顺序号和标准批准年号三个部分组成。

推荐性地方标准编号：

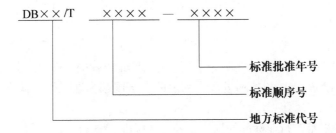

表3-4 省、自治区、直辖市（含特别行政区）代码

名称	代码	名称	代码	名称	代码	名称	代码
北京市	110000	江苏省	320000	广东省	440000	甘肃省	620000
天津市	120000	浙江省	330000	广西壮族自治区	450000	青海省	630000
河北省	130000	安徽省	340000	海南省	460000	宁夏回族自治区	640000
山西省	140000	福建省	350000	重庆市	500000	新疆维吾尔自	650000
内蒙古自治区	150000	江西省	360000	四川省	510000	治区	
辽宁省	210000	山东省	370000	贵州省	520000	台湾省	710000
吉林省	220000	河南省	410000	云南省	530000	香港特别行政区	810000
黑龙江省	230000	湖北省	420000	西藏自治区	540000	澳门特别行政区	820000
上海市	310000	湖南省	430000	陕西省	610000		

（六）农业企业标准

企业标准是对企业范围内需要协调、统一的技术要求、管理要求和工作要求所制定的标准。农业企业标准（QB）由农业企业制定，由企业法人代表或法人代表授权的主管领导批准、发布。

《中华人民共和国标准化法》规定：企业生产的产品没有国家标准和行业标准的，应当制定企业标准，作为组织生产的依据。企业产品标准须报当地政府标准化行政主管部门和有关行政主管部门备案。已有国家标准或者行业标准的，国家鼓励企业制定严于国家标准或者行业标准的企业标准，在企业内部适用。

在工作中，可具体参照修订中的 GB/T 15496—2017《企业标准化工作指南》、GB/T 15497—1995《企业标准体系 技术标准体系的构成和要求》、GB/T 15498—2003《企业标准体系 管理标准和工作标准体系的构成和要求》等系列标准的最新版本要求开展企业标准化工作。

1. 关于农业企业标准

在经济全球化的今天，"得标准者得天下"，标准的作用已不只是企业组织生产的依据，而是企业开创市场、占领市场的"排头兵"。激烈的市场竞争，使很多企业意识到产品质量的重要性。为此，企业在制定产品标准时，都考虑选取可以达到的、较高的技术指标。国家也鼓励企业制定严于上级标准的企业标准。例如，已发布的 SB/T 10412—2007《速冻面米食品》行业标准，其蛋白质指标要求是：肉类产品≥6.0%、含肉类产品≥2.5%；某企业根据自身产品的特点，对该蛋白质指标进行了调整，起草其速冻水饺的企业标准时将该蛋白质指标定为≥8.0%。同类产品的熟制品菌落总数行业标准为≤100 000 个/g；某企业将该指标确定为（出厂时）≤50 000 个/g。

企业标准有以下几种。

（1）企业生产的产品没有国家标准、行业标准和地方标准，进而制定的企业产品标准。

（2）为提高产品质量和技术进步，制定的严于国家标准、行业标准或地方标准的企业产品标准。

（3）对国家标准、行业标准的选择或补充的标准。

（4）工艺、工装、半成品和方法标准。

（5）生产、经营活动中的管理标准和工作标准。

2. 企业标准的代号、编号

企业标准的代号由"企业"汉语拼音字母"Q"或者"QB"加斜线、再加企业代号组成。企业代号可用汉语拼音字母或阿拉伯数字或两者兼用组成，具体办法由当地行政主管部门规定，所以每个地方的企业代号均不同。

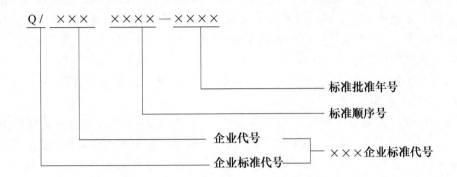

示例：Q/32 1203XMF001—1999 为江苏某面粉厂制定的小麦粉标准；Q/JR 04—2003 为广东某家庭用品制造有限公司制定的水壶标准。

行业标准、地方标准、企业产品标准的制定应在国家标准化行政主管部门的统一指导下进行，坚持科学化、有序化的原则。标准发布后，负责制定标准的部门和单位应在规定的时间内，按规定的要求，向规定的部门备案；受理备案的部门有权对与相关法律、行政法规、上一级标准相抵触的行业标准、地方标准、企业标准提出修改建议，责令备案部门或企业限期改进或停止执行。制定标准的部门，应对标准实施的后果承担责任。

二、对象分类法

对象分类法，又叫内容分类法，是按照农业标准化的对象或内容而进行的分类方法。使用对象分类法可将农业标准划分为术语标准、基础标准、品种标准、产品标准、质量标准、分级标准、包装标准、试验标准、方法标准、安全标准、卫生标准等。

（一）术语标准

以各种专用术语为对象制定的标准称为术语标准。专用于农业标准化工作方面的术语标准既是农业标准化工作者相互沟通的通用语言，同时也是理解和指导农业标准工作的基础依据。术语标准中一般规定术语、定义（或解释性说明）和对应的外文名称，有时还附有注释、图表、示例等。

术语标准的编写要求如下。

（1）术语标准的编写应符合国家有关法律、法规及相关政策，并符合国家在语言文字方面的规定。

（2）术语标准的编写应符合 GB/T 10112—1999、GB/T 16785—2012、GJB0.1—2001（GJB 为国家军用标准）和 GB/T 1.1—2009 的有关规定。向国际标准化组织提出中国的术语作为国际标准草案或将中国的术语标准译成英语、法语和俄语版本时，还应符合国际标准的有关规定。

（3）术语标准的编写应贯彻协调一致的原则。应与已发布的国家标准、国家军用标准协调，与全国科学技术名词审定委员会公布的术语相协调，与相应国际标准的概念体系和概念定义尽可能一致；相同概念的定义和所用术语应一致。

（4）文字表述、符号使用应符合所用语种的习惯和规范。

（5）汉语术语标准中应列入英语对应词，必要时可列入法语、俄语和其他语种的对应词；少数民族语术语标准应列入汉语和英语的对应词，如果需要，也可列入其他语种的对应词。采用外语对应词的依据和首选顺序是：直接采用 ISO 或 IEC 等国际标准中的外语术语；参考采用国际上公认的权威出版物，如 ISO、IEC 文献，或有影响的协会、学会标准，或国外先进标准、辞书、手册等中的外语术语。例如，GB/T 9289—2010《制糖工业术语》、GB/T 8588—2001《渔业资源基本术语（第一部分）》等就属于术语标准。

（二）基础标准

基础标准是指具有广泛的普及范围或包含一个特定领域的通用规定的标准（GB/T 3935.1）。基础标准在一定范围内可以直接应用，也可以作为其他标准的依据和基础，具有普遍的指导意义。一定范围是指特定领域，如企业、专业、国家等。在某领域中，基础标准是覆盖面最大的标准，它是该领域中所有标准的共同基础。按性质和作用不同，基础标准分为以下几种。

（1）技术通则类：如《设计文件编制规则》等。这些技术工作和标准化工作规定是需要全行业共同遵守的。

（2）通用技术语言类：如概念、术语、符号、代号、代码等。这类标准的作用是使技术语言达到统一、准确和简化。

（3）结构要素和互换互连类：如公差配合、表面质量要求、标准尺寸、螺纹、齿轮模数、锥度标准、接口标准等。这类标准对保证零部件互换性和产品间的互连互通、减化品种、改善加工性能等都具有重要作用。

（4）参数系列类：如优先数系、尺寸配合系列、产品参数、系列型谱等。这类标准对于合理确定产品品种规格，做到以最少品种满足多方面需要，以及规划产品发展方向，加强各类产品尺寸参数间的协调等具有重要作用。

（5）环境适应性、可靠性、安全性类（产品质量保证和环境条件标准）：这类标准对保证产品适应性和工作寿命及人身和设备安全具有重要作用。

（6）通用方法类（量和单位标准）：如试验、分析、抽样、统计、计算、测定等各种方法标准。这类标准对各有关方法的优化、严密化和统一化等具有重要作用。

例如，GB/T 17756—1999《色拉油通用技术条件》、NY/T 409—2013《天然橡胶初加工机械通用技术条件》、SC 1065—2003《养殖鱼类品种命名规则》、NY/T 658—2015《绿色食品　包装通用准则》等就是基础标准。

（三）品种标准

在一定的生态和经济条件下，人们根据需要选择、培育、创造的某种栽培植物、饲养动物或农用微生物的一种群体就是品种。它有以下特点。

（1）具有相对遗传稳定性。

（2）经济上具有直接利用的价值，在一定的自然和栽培、饲养条件下才能表现。

（3）具有区域性，在一定的生态条件下形成，也要求一定的生态条件。

（4）具有时间性，即品种利用是有年限的。

（5）是人工创造的重要生产资料。

关于这类群体（品种）的标准就是品种标准，包括种子、种苗、种畜、种禽、菌种等。例如，GB/T 15101.2—2008《中国对虾养殖　苗种》、GB/T 15807—2008《海带养殖夏苗苗种》、GB 4404.1—2008《粮食作物种子　第 1 部分：禾谷类》、GB 4404.2—2010《粮食作物种子　第 2 部分：豆类》等都是品种标准。

（四）产品标准

产品标准是规定一种产品或一类产品应符合的要求以保证其适用性的标准。其是对产品结构、规格、质量和检验方法所做的技术规定。产品标准按其适用范围，分别由国家、行业、地方和企业制定。

产品标准的主要内容包括：①产品的适用范围；②产品的品种、规格和结构形式；③产品的主要性能；④产品的试验、检验方法和验收规则；⑤产品的包装、储存和运输等方面的要求。

产品标准有别于品种标准，品种经过栽培或饲养后形成产品，往往还有产后加工的问题。一个产品标准除了包括适用性的要求外，也可直接包括或以引用的方式包括诸如术语、抽样、试验、包装和标签等方面的内容，有时还可包括农艺或工艺要求。一个产品标准可以是全面的或部分的，依其所规定的是全部的必要要求或只是其中的一部分必要要求而定。例如，GB 10464—2017《葵花子油》、NY/T 288—2012《绿色食品　茶叶》、NY 5098—2002《无公害食品　黑木耳》、GB/T 10463—2008《玉米粉》等就是产品标准。

（五）质量标准

质量标准包括的含义：对饲养动物、栽培植物和农用微生物（香菇）来说，它的质量因素主要包括品种的真实性和纯度。优质种应具有品种的典型特征：纯度高、生产能力强、品质好。农产品的质量因素应包括大小、形状、规格、等级、纯度、色泽、气味、口味、含水量、蛋白质与脂肪的含量和坚实性、柔软性、可靠性（保质期、保鲜期、货架期等）及安全卫生要求等。因此，质量标准就是指在一定时间内对动物、植物、微生物及其产品的每一质量因素，所确定的最佳平均值和允许的上下限，如 GB/T 1535—2017《大豆油》、GB 3097—1997《海水水质标准》、NY/T 388—1999《畜禽场环境质量标准》、GB/T 15517.4—1995《生晒参分等质量标准》、GB/T 15517.5—1995《保鲜参分等质量标准》等。国家需要控制的重要农产品质量标准，如 GB 1350—2009《稻谷》、GB 1351—2008《小麦》、GB/T 17893—1999《优质小麦　弱筋小麦》、GB 1353—2018《玉米》、GB/T 8613—1999《淀粉发酵工业用玉米》、GB/T 17890—2008《饲料用玉米》等标准中均含有若干质量因素。

为保护环境和有利于生态平衡，对环境（水体、土壤、大气等）质量、污染源等的检测方法及其他事项制定的标准是环境质量标准，如 GB 3097—1997《海水水质标准》、NY 5023—2002《无公害食品　热带水果产地环境条件》等。

（六）分级标准

分级标准是根据实际测得的质量因素平均值所规定的分等范围，它是评价农产品质量和确定其经济价值的重要依据，也是合理利用资源的前提条件。合理分级并制定标准，对农业生产和农民收入有促进作用。例如，GB 6142—2008《禾本科草种子质量分级》、NY/T 439—2001《苹果外观等级标准》、NY/T 630—2002《羊肉质量分级》、NY/T 631—2002《鸡肉质量分级》、NY/T 634—2002《草坪质量分级》、NY/T 676—2010《牛肉等级规格》等均为分级标准。

（七）包装标准

包装标准是指为保障物品在贮存、运输和销售中的安全和科学管理的需要，以包装的有关事项为对象所制定的标准。包装标准属于国家的技术法规，具有权威性和法制性。因此，一经批准颁发的包装标准，无论是生产、使用和管理部门及企业单位都必须严格执行，不得更改。GB/T 17109—2008《粮食销售包装》、GB/T 6975—2007《棉花包装》等都是包装标准。

包装标准本身是为了取得物品包装的最佳效果，根据包装科学技术、实际经验，以物品的种类、性质、质量为基础，在有利于物品生产、流通安全和厉行节约的原则上，经有关部门充分协商并经一定的审批程序，而对包装的用料、结构造型、容量、规格尺寸、标志及盛装、衬垫、封贴和捆扎方法等方面所做的技术规定，从而使同种、同类物品所用的包装逐渐趋于一致和优化。

包装标准又分为以下几类。

1. 包装基础标准

包装基础标准是包装的最基本的标准，具有广泛的使用性。它包括名词术语、包装尺寸系列、包装标志和运输包装基本试验四大类。相关标准主要由包装管理标准、集装箱与托盘标准、运输储存条件标准构成。

2. 包装材料标准

包装材料及试验方法标准对各类材料及包装辅助材料均规定了不同的技术质量指标及相应的物理、化学指标，具体的试验测定和卫生标准及检验方法。

3. 包装容器标准

不同的包装材料所制成的各种容器，或用同一材料包装不同的物品容器及试验方法的技术指标、质量要求、规格容量、形状尺寸、性能测试方法等都有具体的规定。

4. 包装技术标准

包装技术对各种防护技术的防护等级、技术要求、检验规则、材料选择、防护药剂、防护方法、防护性能试验等都做了明确的规定。

5. 产品包装标准

产品包装标准是对某一具体的产品的包装用料要求、包装技术、包装含量、包装标志、容器形状、充填要求、捆扎方法等的具体规定。

（八）试验标准

与试验方法有关的标准即试验标准，有时补充一些与试验有关的其他规定，如抽样、统计方法的应用、试验顺序等。例如，GB/T 14613—2008《粮油检验　全麦粉发酵时间试验》、GB/T 17980.1—2000《农药　田间药效试验准则（一）杀虫剂防治水稻鳞翅目钻蛀性害虫》等就是试验标准。

（九）方法标准

方法标准包括两类：一类是以试验、检验、分析、抽样、统计、计算、测定、作业等方法为对象制定的标准，如试验方法、检查方法、测定方法、抽样方法、设计规范、计算方法、工艺规程、作业指导、生产方法、操作方法及包装、运输方法等。GB 3543—1995《农作物种子检验规程》、GB/T 10362—2008《粮油检验 玉米水分测定》、GB/T 12516—1990《肉新鲜度测定》、NY/T 763—2004《猪肉、猪肝、猪尿抽样方法》、SC/T 3016—2004《水产品抽样方法》、SC/T 3023—2004《无公害食品 麻痹性贝类毒素的测定生物法》、SC/T 3024—2004《无公害食品 腹泻性贝类毒素的测定生物法》等就是方法标准。另一类是为合理生产优质农产品，并在生产、作业、业务处理等方面为提高效率而制定的标准。例如，一些行业标准、地方标准中的水稻抛秧技术规程、杂交水稻制种技术规程、"双低"油菜栽培技术规程、猕猴桃生产技术规程、西瓜生产技术规程、桑蚕种繁育技术规程、沼肥养鱼生产技术规程、浮动式海水网箱养鱼技术规范、饲养管理技术要求及生产责任制方面所制定的一些规定等，也属于方法标准。

（十）安全标准

以保护人和动植物的安全为目的，以农药、兽药、渔药、疫苗等方面的安全要求为对象而制定的标准与农产品安全标准，以及农产品生产、加工、物流和消费过程中的劳动安全、运输安全标准，统称为安全标准。安全标准一般有两种形式：一种为专门的安全标准；另一种是在产品标准或工艺标准中列出有关安全的要求和指标。安全标准一般均为强制性标准，由国家通过法律或法令形式规定强制执行。例如，GB 16151—2008《农业机械运行安全技术条件》、NY 5072—2002《无公害食品 渔用配合饲料安全限量》、NY 5099—2002《无公害食品 食用菌栽培基质安全技术要求》等都是安全标准。

（十一）卫生标准

为保护人和动植物的健康，对农产品、食品及其他方面的卫生要求制定的标准，以及农产品生产、加工、物流和消费过程中的卫生要求，统称为卫生标准，如 GB 13078—2017《饲料卫生标准》、GB 2748—2003《鲜蛋卫生标准》、GB 2749—2017《食品安全国家标准 蛋与蛋制品》、GB 7096—2014《食品安全国家标准 食用菌及其制品》、GB 19301—2010《食品安全国家标准 生乳》等。

三、性质分类法

按照农业标准的属性分类，可以把农业标准划分为农业基础标准、农业技术标准、农业工作标准、农业环境标准和农业管理标准等。

1. 农业基础标准

在一定范围内作为其他农业标准的基础并普遍使用，具有广泛指导意义的标准称为农业基础标准，如制粉工业名词术语、碾米工业名词术语、制糖工业名词术语、天然胶乳名词术语等。

2. 农业技术标准

1）农业技术标准的定义

农业技术标准是对农业标准化领域中需要协调统一的技术事项所制定的标准。农业标准化活动最先也是从技术领域开展起来的。农业技术标准量大面广、应用广泛，是农业标准体系的主体。

2）农业技术标准包含的内容

围绕农产品的科研、生产、检验技术方法、农艺技术规程、技术装备、生产环境、安全卫生要求等制定与实施的标准属于技术标准。其主要包括以下内容。

（1）农产品标准：是为了保证农产品的适用性，对农产品应达到的某些或全部要求所制定的标准。农产品标准是用于农产品鉴定、指导生产、签订合同、交货验收和仲裁检验的主要技术依据。农产品标准的内容主要包括农产品的品质（含安全卫生）要求、相应的检验方法、判定规则及包装、运输、贮存要求。编写农产品标准应符合 GB/T 1.1—2009《标准化工作导则　第1部分：标准的结构和编写规则》的规定。

（2）农业技术基础标准：是在一定范围内作为其他农业技术标准的基础并普遍使用，具有广泛指导意义的标准。农业技术基础标准主要包括以下内容：①农业标准化工作指导性标准，即对农业标准化工作的基本原则、具体做法等所做的统一规定，如国家标准《标准化工作导则》等。②通用的农业技术语言标准，如术语、符号、代号等方面的标准，这类标准是为了达到技术语言的统一、简化和准确，便于交流和正确理解。③农业安全卫生标准，如对农产品的安全卫生质量要求所做的统一规定，该标准在制定农产品等标准中被普遍采用。④农业环境条件标准，如各类农产品生产规程中对环境的要求。⑤其他农业基础标准。

（3）农业方法标准：是对各项技术活动的方法所制定的标准。方法标准包括的范围很广，如试验方法、检验方法、分析方法、抽样方法、计算方法、操作规程等。方法标准是实现产品标准和工作标准的重要手段，对于推广先进的工作方法、提高工作效率、保证工作结果必要的准确一致具有重要意义。

（4）农业安全卫生与环境保护标准：农业安全卫生标准是保护人的身体健康，对农产品安全卫生质量及农产品的生产过程进行的规范。环境保护标准是为了保护环境和有利于生态平衡所制定的环境质量标准。

（5）农业采购技术标准：农业采购技术标准是指在农业生产过程中所用的农业生产资料，如种子（种苗、种畜、种禽）、化肥、饲料、农药、兽药、农用塑料薄膜、农机具等的质量要求（试验方法、验收规则、保管注意事项）标准。采购质量要求，应准确规定采购农用生产资料的标准（质量特性、品种、规格、等级），可供签订合同用，也可以供质量检验部门和生产部门使用。采购技术标准可以采用国家标准、行业标准、地方标准、企业标准，也可以直接规定具体的技术要求。

（6）农业物流技术标准：是指对农产品的包装、标识、储运等技术要求制定的标准。主要包括以下几方面：①包装标准，主要是根据各类农产品的不同特点，对包装材料、包装技术所做的规定。②标识标准，是指农产品标签，内容主要包括产品名称、产地、生产企业名称、地址、质量等级、生产日期、保质（保存）期、重量及储运过程中应注意的事项等。③储运标准，是指根据各类农产品的不同特点，对其储存环境（温度、湿度及安全、卫生要求）、场所、储存方式（堆码、离地）、储存期限，运输方式、方法，安全卫生条件及防腐、防霉变措施，与有害有毒物质隔离要求等所做的规定。

（7）农艺（种植、栽培、养殖、饲养）、农产品初加工（加工、宰杀、分割、冷冻）技术标准：是指根据农业产品标准要求，对不同农业行业的生产环境、生产过程的各个环节的农艺规程、农艺指标、加工规范等制定的标准。

（8）农业病虫害防治、疫情疫病防治标准：农业防治标准是指根据不同地区对种植业（含种草）、林业易发生的病虫害及畜牧业、水产业易发生的疫情疫病的防治措施制定的标准。

（9）良种（种子、种苗、种畜、种禽）培育、繁育技术标准：是指对良种培育和繁育过程中的技术要求及其快速检测方法制定的标准。

（10）动植物保护技术标准：是指为了保持生态平衡，对动植物重复性、有效的保护措施制定的标准。

（11）农业原产地保护技术标准：是指对特殊的需要进行原产地保护的农产品的生产环境、条件及产品特定的品质要求制定的标准。

（12）农业能源技术标准：是指以农业能源的合理应用为对象所制定的标准。主要包括：①能源基础标准，包括能源术语、符号、代号、单位等。②能源产品标准。③沼气设施标准、沼气产气工艺及沼气质量标准。④太阳能、风力、小水电利用标准。⑤能源设备及其系统的经济运行标准。⑥农村节能技术与应用标准等。

（13）农业定额标准：是对生产某种农产品或进行某项农业生产建设活动消耗的劳动、物化劳动、成本（或费用）所规定的限额制定的标准。制定并实施农业生产定额标准，对农业生产管理由粗放型向集约化发展有着重要意义。农业定额标准主要包括：①生产资料消耗定额标准。②劳动定额标准。③能源与其他消耗定额标准。

（14）农业职业健康技术标准：是指为消除、限制和预防在从事农业生产或农业建设活动中影响健康和安全的危险及有害因素而制定的标准。主要包括：①农业生产建设中的安全要求。②农机操作的安全防护要求。③农药、肥料施放中的安全要求。④辐射防护标准。⑤生物危险防护标准。⑥安全卫生要求的检测方法和评价方法等。

农业生产职业健康与安全要求往往不被重视，随着农业生产的发展，健康安全工作将逐渐突显出来。

农业技术标准涉及的范围很广，如土壤改造、水土保持、节水灌溉、农业信息测报及传递技术规范等，都属于农业技术标准范畴。各部门、各地区可根据农业生产的实际需要制定并组织实施。

3. 农业工作标准

农业工作标准是指对农业企业（生产单位）生产管理范围内需要协调统一的工作事项所制定的标准。工作事项主要是指在执行相应的技术标准和管理标准时，与工作岗位的职责，岗位工作人员的基本技能、工作内容、要求与方法、检查与考核等有关的重复性事物与概念。岗位工作人员的基本技能是对从事该岗位工作人员的最基本的要求，包括文化水平、操作水平、管理知识等方面的规定。

建立农业企业各类人员的工作标准，便于衡量企业中各部门各类人员完成工作任务的水平和程度，使农业企业（生产单位）管理工作定量化。制定并实施工作标准是增强农业生产管理与操作人员的规则意识，提高工作技能与业务素质，促进农业科学化、现代化管理的重要措施。

4. 农业环境标准

农业环境标准是为保证农业生产的优良自然基础所制定的相关农业标准。这一点和其他标准体系不同。农业的生物生产体系的最终质量与所生产环境的一致性密切相关。适宜的生态环境条件是生物生长结果的质量和数量的基本保证。

5. 农业管理标准

近年来，随着农业科学技术的进步和专业化生产的发展，管理标准已经成为农业企业和生产单位标准体系的重要组成部分，对提高农业企业管理水平有着重要的作用。

1）定义

农业管理标准是对农业标准化领域中需要协调统一的管理事项所制定的标准。

2）涉及内容

农业管理事项主要是指在农业企业管理活动中所涉及的人力资源管理、基础设施管理、生产开发管理、生产过程质量控制、农产品服务监测、环境管理、安全卫生质量管理、农药、化肥等合理施放管理，以及种植、栽培、饲养、养殖、农（林、牧、水）产品初加工管理等重复性的事物和概念。农业管理标准主要在农业企业和农业生产单位中应用。各有关企业根据生产管理的实际需要有选择地组织制定与实施。有关管理部门应注意指导和帮助农业企业和生产单位制定与实施管理标准，不断提高农业生产管理水平。

管理标准内容的核心部分是职责、管理内容与方法、报告和记录。职责是指应明确由哪些部门实施此项活动，并明确其职权和责任；管理内容与方法就是规定管理活动所涉及的全部内容和应达到的要求及应采取的措施和方法；报告和记录，应明确该项管理活动需要形成的报告、记录及格式、签发手续、传递路线和保存期限等。

农业管理标准是在总结已有的科学管理的成果和实践经验的基础上，运用标准化的原则和方法制定的。农业管理标准的制定、审批、发布程序及编写格式和代号编号，都应参照我国企业（工业）标准管理办法和国家标准编写的基本规定进行。

四、效力分类法

根据农业标准实施的法律约束性（强制程度），可以把农业标准分为强制性农业标准和推荐性农业标准。

（一）强制性农业标准

强制性标准是指在一定范围内通过法律、行政法规等强制性手段加以实施的标准。其具有法律属性。强制性标准一经颁布，必须贯彻执行，否则造成恶劣后果和重大损失的单位和个人要受到经济制裁或承担法律责任。

强制性标准是国家通过法律的形式明确要求对于一些标准所规定的技术内容和要求必须执行，不允许以任何理由或方式加以违反、变更。

强制性标准的范围，《中华人民共和国标准化法》规定：对保障人身健康和生命财产安全、国家安全、生态环境安全以及满足经济社会管理基本需要的技术要求，应当制定强制性国家标准。以下几方面的技术要求均为强制性标准。

（1）药品标准、食品卫生标准、渔药等标准。

（2）产品及产品生产、储运和使用中的安全、卫生标准，劳动安全、运输安全标准。

（3）环境保护的污染物排放标准和环境质量标准。

（4）重要的农业标准中通用的技术术语、符号、代号和制图方法。

（5）通用的试验、检验方法标准。

（6）国家需要控制的重要产品质量标准。

（7）与农业有关的产地环境质量国家标准、安全卫生国家标准等是强制性农业国家标准。省、自治区、直辖市政府标准化行政主管部门制定的农业产品的安全、卫生要求的地方标准，在本行政区域内是强制性标准。

强制性标准可分为全文强制和条文强制两种形式：标准的全部技术内容需要强制时，为全文强制形式；标准中部分技术内容需要强制时，为条文强制形式。2000年2月22日，国家质量技术监督局（现为国家市场监督管理总局）颁布了《关于强制性标准实行条文强制的若干规定》（本规定适用于强制性国家标准、行业标准和地方标准），规定了强制性标准的表述方式。对于全文强制形式的标准在"前言"的第一段以黑体字写明"本标准的全部技术内容为强制性"。对于条文强制形式的标准，应根据具体情况，在标准"前言"的第一段以黑体字并采用下列方式之一写明：当标准中强制性条文比推荐性条文多时，写明"本标准的第×章、第×条、第×条……为推荐性的，其余为强制性的"；当标准中强制性条文比推荐性条文少时，写明"本标准的第×章、第×条、第×条……为强制性的，其余为推荐性的"；当标准中强制性条文与推荐性条文在数量上大致相同时，写明"本标准的第×章、第×条、第×条……为强制性的，其余为推荐性的"。标准的表格中有部分强制性技术指标时，在"前言"中只说明"表×的部分指标强制"，并在该表内采用黑体字，用"表注"的方式具体说明。《中华人民共和国标准化法》第十四条规定："对保障人身健康和生命财产安全、国家安全、生态环境安全以及经济社会发展所急需的标准项目，制定标准的行政主管部门应当优先立项并及时完成。"

（二）推荐性农业标准

推荐性农业标准是指国家鼓励自愿采用的具有指导作用而又不宜强制执行的标准，即标准所规定的技术内容和要求具有普遍的指导作用，允许使用单位结合自己的实际情况，灵活加以选用。推荐性农业标准一经接受并采用，或各方商定同意纳入经济合同中，就成为各方必须共同遵守的技术依据，具有法律上的约束性。国家鼓励采用推荐性农业标准。

推荐性标准在以下几种情况下，强制执行。

（1）法律法规引用的推荐性标准，在法律法规规定的范围内必须执行。

（2）强制性标准引用的推荐性标准，在强制性标准适用的范围内必须执行。

（3）企业使用的推荐性标准，在合同约定的范围内必须执行。

第三节 农业标准体系

一、农业标准体系的定义和基本特征

（一）定义

"体系"是指若干事物相互联系而构成的一个整体。这里的若干事物，就是指那些构成农业标准体系的基本单位和要素，如基础标准等。农业标准体系是指一定范围内的农业标准按其内在联系形成的科学的有机整体，是有关标准分级和标准属性的总括，反映了农业标准之间相互联系和相互制约，是农业标准系统工程的基本要素，是农业领域运用系统工程思想来组织农业标准化工作的重要工具。农业标准体系包括现有标准体系和预计应发展标准体系。现有标准体系反映出国家当前的生产水平、科技水平，社会化、专业化和现代化程度，经济效益，产业和产品结构，经济政策，市场需求，资源条件，国防要求等。预计发展的标准体系应展示出标准的发展蓝图，在采用国际和国外先进标准的政策下，促使标准体系与国际标准接轨。

总体上讲，农业标准体系有全国通用综合性基础标准体系、农业国家标准体系、农业行业标准体系及农业行业内各专业标准体系、企业农业标准体系和各种特定系统的农业标准体系。

（二）基本特征

1. 配套性

农业标准体系的配套性是指体系内各种农业标准互相依存、互相补充，形成完整的有机整体，体现了农业标准体系完整性的特征。

2. 协调性

农业标准体系的协调性是指农业标准之间及农业标准向相邻领域的互相衔接、一致、展开和互补，反映了农业标准体系质的统一性与和谐性。

3. 比例性

农业标准体系的比例性是指不同种类的标准之间和不同行业的标准之间存在着的一种数量比例关系。它是对于国民经济和农业经济体系的内在比例关系和农业标准化状况的量的反映。反映了农业标准体系量的统一性。

4. 时效性

农业标准体系也不是一成不变的，在一定的时期内，它与农业科学技术和农业经济发展程度相匹配和相适应。随着时间的推移，农业科学技术和农业经济的发展变化，要求农业标准体系也协调配合并具有前瞻性。

决定农业标准体系时效性的主要因素有：①农业科学技术、农业生产与农业经济的发展程度及其变化；②社会需要的发展变化；③农业标准化原理与方法的发展；④农业标准化活动本身也需要一个时间过程，需要消耗一定的人力、物力、财力和时间周期，因此，在一定的时期内，在一定的限制条件下，只能完成一定量的农业标准化活动；⑤配合农业标准的制定、修订或废止，以新标准替代旧标准；⑥ 农业标准在空间上的因果制约关系，在时间上就表现为先后制约关系。

二、农业标准体系涉及的有关标准

（一）农业标准体系的内容

农业标准体系的内容主要包括以下三个方面。

1. 农业标准的制定主体

由标准化技术委员会负责标准的草拟，参加标准草案的审查工作。标准化技术委员会主要由用户、农业生产部门、农业企业、农业行业协会、农业科研机构、农业学术团体及有关部门的专家组成。未组成标准化技术委员会的，可以由标准化技术归口单位负责标准草拟和参加标准草案的技术审查工作。制定企业标准应当充分听取用户（包括消费者）、科研机构的意见。

2. 农业标准体系的构成

农业标准体系所涉及的农业标准是按照体系的具体要求所选择的。农业标准是在某一具体的农业过程要求下，制定的符合其目的和范围的标准，它只能管理农业生产的某一段内容或范围，而农业生产每一阶段内容的相应标准组合在一起，以叠加或融合方式对接成新的整体，组成农业标准组合，根据需要建成不同层面、不同范围要求上的农业标准体系。当多项农业标准以其必然的联系和实际需要相结合而构成新的整体（具备一定结构与功能）时，这个整体所发挥的作用和作用后所表现出的结果，比单一标准的强许多。

农业标准体系的构成非常复杂，按照农业生产和贸易需要，构建成不同的体系，其中可能由农业国际标准、区域标准、国家标准、行业标准、地方标准与企业标准组合构成；也可以按照生产的产前、产中、产后等流程的相关农业标准构成。

例如，中国稻米业标准体系就包括了从土地选择到种子清选、种植、田间管理、收获、加工、贮藏和销售的整个稻米产业链各个环节相关的标准。从表3-5可以直观地理解标准体系的构建和涉及农业标准的选择。

表 3-5　中国稻米业标准体系

标准类型	标准名称
农田环境质量标准	GB 3095—2012《环境空气质量标准》
	GB 5084—2005《农田灌溉水质标准》
	GB 15618—2008《土壤环境质量标准》
	GB/T 24020—2000《环境管理　环境标志和声明　通用原则》
	GB/T 24041—2000《环境管理　生命周期评价　目的与范围的确定和清单分析》
	GB/T 24050—2000《环境管理　术语》
	NY/T 391—2000《绿色食品　产地环境技术条件》
	NY/T 395—2000《农田土壤环境质量监测技术规范》
	NY/T 396—2000《农用水源环境质量监测技术规范》
	NY/T 397—2000《农区环境空气质量监测技术规范》
	NY/T 398—2000《农、畜、水产品污染监测技术规范》
	NY 5116—2002《无公害食品　水稻产地环境条件》
种子标准	GB 4404.1—2008《粮食作物种子　第1部分：禾谷类》
	GB/T 3543.1—1995《农作物种子检验规程　总则》
	GB/T 3543.2—1995《农作物种子检验规程　扦样》
	GB/T 3543.3—1995《农作物种子检验规程　净度分析》
	GB/T 3543.4—1995《农作物种子检验规程　发芽试验》
	GB/T 3543.5—1995《农作物种子检验规程　真实性和品种纯度鉴定》
	GB/T 3543.6—1995《农作物种子检验规程　水分测定》
	GB/T 3543.7—1995《农作物种子检验规程　其他项目检验》
	GB/T 7414—1987《主要农作物种子包装》
	GB/T 7415—2008《农作物种子贮藏》
	GB 8371—2009《水稻种子产地检疫规程》
	GB 17314—2011《籼型杂交水稻"三系"原种生产技术操作规程》
	GB 17316—2011《水稻原种生产技术操作规程》
生产技术标准	NY/T 145—1990《东北地区移植水稻生产技术规程》
	NY/T 5117—2002《无公害食品　水稻生产技术规程》
	SC/T 1009—2006《稻田养鱼技术要求》
	HJ/T 80—2001《有机食品技术规范》
肥料标准	GB 535—1995《硫酸铵》
	GB/T 2440—2017《尿素》

标准类型	标准名称
肥料标准	GB/T 2945—2017《硝酸铵》
	GB 3559—2001《农业用碳酸氢铵》
	GB 10205—2009《磷酸一铵、磷酸二铵》
	GB 15063—2009《复混肥料（复合肥料）》
	GB 18382—2001《肥料标识　内容和要求》
	GB/T 18877—2009《有机-无机复混肥料》
	GB/T 2946—2018《氯化铵》
	GB/T 10510—2007《硝酸磷肥、硝酸钾肥》
	NY/T 227—1994《微生物肥料》
	NY/T 394—2013《绿色食品　肥料使用准则》
	NY/T 496—2010《肥料合理使用准则　通则》
	NY/T 497—2002《肥料效应鉴定田间试验技术规程》
植保与农药使用标准	GB/T 8321.1—2000《农药合理使用准则（一）》
	GB/T 8321.2—2000《农药合理使用准则（二）》
	GB/T 8321.3—2000《农药合理使用准则（三）》
	GB/T 8321.4—2006《农药合理使用准则（四）》
	GB/T 8321.5—2006《农药合理使用准则（五）》
	GB/T 8321.6—2000《农药合理使用准则（六）》
	GB/T 17980.1—2000《农药　田间药效试验准则（一）杀虫剂防治水稻鳞翅目钻蛀性害虫》
	GB/T 17980.2—2000《农药　田间药效试验准则（一）杀虫剂防治稻纵卷叶螟》
	GB/T 17980.3—2000《农药　田间药效试验准则（一）杀虫剂防治水稻叶蝉》
	GB/T 17980.4—2000《农药　田间药效试验准则（一）杀虫剂防治水稻飞虱》
	GB/T 17980.19—2000《农药　田间药效试验准则（一）杀菌剂防治水稻叶部病害》
	GB/T 17980.20—2000《农药　田间药效试验准则（一）杀菌剂防治水稻纹枯病药效》
	GB/T 17980.40—2000《农药　田间药效试验准则（一）除草剂防治水稻田杂草》
	GB/T 17980.76—2004《农药　田间药效试验准则（二）杀虫剂防治水稻瘿蚊》
	GB/T 17980.77—2004《农药　田间药效试验准则（二）杀虫剂防治水稻蓟马》
	GB/T 17980.81—2004《农药　田间药效试验准则（二）杀螺剂防治水稻福寿螺》
	GB/T 17980.104—2004《农药　田间药效试验准则（二）杀菌剂防治水稻恶苗病药效试验》
	GB/T 17980.105—2004《农药　田间药效试验准则（二）杀菌剂防治水稻细菌性条斑病药效试验》
	GB/T 17980.140—2004《农药　田间药效试验准则（二）水稻生长调节剂药效试验》
	NY/T 393—2000《绿色食品　农药使用准则》
机械化作业标准	GB/T 5983—2013《种子清选机　试验方法》
	GB 10395.6—2006《农林拖拉机和机械安全技术要求　第六部分　植物保护机械》
	GB 16151.12—2008《农业机械运行安全技术条件　谷物联合收割机》
	GB/T 5982—2017《稻麦脱粒机　试验方法》
	GB/T 6243—2017《水稻插秧机　试验方法》
	GB/T 8097—2008《收获机械　联合收割机　试验方法》
	GB/T 15404—1994《喷雾器　试验方法》
	NY/T 111—1989《2ZT-935、2ZT-735 型连杆式机动水稻插秧机修理质量标准》
	NY/T 378—1999《人力打稻机产品质量分等》
	NY/T 498—2013《水稻联合收割机　作业质量》
	NY/T 500—2015《秸秆粉碎还田机　作业质量》
	NY/T 501—2016《水田耕整机　作业质量》
	NY/T 739—2003《谷物播种机械　作业质量》

标准类型	标准名称
稻谷质量（含安全卫生）标准与检测标准	GB 1350—2009《稻谷》
	GB/T 1354—2009《大米》
	GB 2715—2016《食品安全国家标准　粮食》
	GB 2763—2016《食品安全国家标准　食品中农药最大残留限量》
	GB/T 18824—2008《地理标志产品　盘锦大米》
	GB/T 19266—2008《地理标志产品　五常大米》
	GB/T 15682—2008《粮油检验　稻谷、大米蒸煮食用品质感官评价方法》
	GB/T 15683—2008《大米　直链淀粉含量的测定》
	GB/T 17891—2017《优质稻谷》
	GB/T 5490—2010《粮油检验　一般规则》
	GB/T 5492—2008《粮油检验　粮食、油料的色泽、气味、口味鉴定》
	GB/T 5493—2008《粮油检验　类型及互混检验法》
	GB/T 5494—2008《粮油检验　粮食、油料的杂质、不完善粒检验》
	GB/T 5495—2008《粮油检验　稻谷出糙率检验》
	GB/T 5496—1985《粮食、油料检验　黄粒米及裂纹粒检验法》
	GB/T 5497—1985《粮食、油料检验　水分测定法》
	GB/T 5502—2018《粮油检验　大米加工精度检验》
	GB/T 5503—2009《粮油检验　碎米检验法》
	GB/T 5009.113—2013《大米中杀虫环残留量的测定》
	GB/T 5009.114—2003《大米中杀虫双残留量的测定》
	GB/T 5009.134—2003《大米中禾草敌残留量的测定》
	GB/T 17408—1998《大米中稻瘟灵残留量的测定》
	NY 5115—2002《无公害食品　大米》
	NY/T 83—2017《米质测定方法》
	NY/T 419—2014《绿色食品　稻米》
	NY/T 593—2013《食用稻品种品质》
	NY/T 594—2013《食用粳米》
	NY/T 595—2013《食用籼米》
	NY/T 596—2002《香稻米》
稻米贮藏与加工标准	GB/T 8875—2008《粮油术语　碾米工业》
	GB/T 18105—2000《米类加工精度异色相差分染色检验法（IDS法）》
	GB/T 35322—2017《粮油机械　砂辊碾米机》
	GB/T 25231—2010《粮油机械　喷风碾米机》
	NY/T 5190—2002《无公害食品　稻米加工技术规范》
稻米包装与标签标准	GB 7718—2011《预包装食品标签通则》
	GB/T 191—2008《包装储运图示标志》
	GB/T 17109—2008《粮食销售包装》

注：（1）由于标准的制定、修订或废止是动态发展的，因此生产实践中应积极考虑使用所有相关标准最新版本的可能性；

（2）本标准体系仅列出与稻米生产相关的国家标准和行业标准，地方标准和企业标准暂未列出；

（3）本标准体系所列出的标准尚不够准确、全面与完善，仅供学习参考。生产实践中宜结合地方或企业实际采用

3. 农业标准体系的管理

（1）农业标准的信息反馈：任何一个标准体系都必须有信息反馈，反馈包括广泛收集相关体系标准的农业国际标准、国外先进标准与出口目标国标准信息，并及时收集国内标准指标的有效性、存在的问题等信息。标准体系在建立和发展过程中，只有通过经

常的反馈，不断地调节同外部环境的关系，提高系统的适应性，才能有效地发挥系统效应。

（2）农业标准的动态发展：农业标准体系随着农业生产的进步不断发展，是一个相对稳定的系统。因此，在农业标准体系建设过程中，要根据国内外农业和农村经济发展变化及时制定、修订或废止标准。还应尽可能使标准的关键指标具有一定的弹性（幅度），减小农业生产条件变化带来的风险。

（二）农业标准体系的组成

农业标准体系由农业标准体系表、农业标准体系表说明及相关附件构成。

1. 标准体系表

标准体系表是指一定范围标准体系内的标准，按特定形式排列起来的图表。其结构形式有层次结构和序列结构两种。农业标准体系由按某种特定形式排列起来的农业标准体系表表征。农业标准体系表依据其适用范围分别称为农业国家标准体系表、农业行业标准体系表、农业地方标准体系表和农业企业标准体系表。

标准体系表包括标准体系结构图、标准体系明细表、标准统计表和编制说明4个内容，这4个内容缺一不可，一同体现了标准体系表的完整性。例如，中华人民共和国标准体系表的总结构图由三部分组成（图3-2）。

第一部分：全国通用综合性基础标准体系表。这是全国标准体系表的第一层次标准。

第二部分：各行业标准体系表。包括全国标准体系表的第二层次到第五层次。全国标准体系表第二层次到第五层次标准分别是：第二层次——行业基础标准；第三层次——专业基础标准；第四层次——门类通用标准；第五层次——产品、作业、管理标准。

第三部分：企业标准体系表。以技术标准为主体，包括管理标准和工作标准。企业标准体系的组成标准包括企业所贯彻和采用的国际标准、国家标准、行业标准和地方标准，以及本企业制定的企业标准。

2. 农业标准体系表的功能

农业标准体系表主要有以下5个方面的功能。

（1）体现了农业标准体系的整体发展蓝图。农业标准体系是在农业过程、遵照标准定则、抓住农业运行规律、全面分析、系统研究的基础上产生的。它具有认识农业全貌，宏观检验每项农业标准的质量，给出农业标准今后发展趋势，明确工作方向和工作重点，做到胸有全局、事事有序地推进农业标准化的作用（图3-3）。

（2）把握本国农业标准发展在国际中的水平状况。在农业标准体系的编制过程中，要对相关的农业国内、国外标准进行系统的查阅、研究和分析，对照出我国农业标准发展在国际中的水平和差距，对农业标准今后研究和发展具有直接的指导意义。

（3）指导农业标准制定和修订计划的编制。

（4）改造和健全现有农业标准体系。通过编制农业标准体系表，可调整现有的农业标准体系，改造不合理的成分，健全整体农业标准体系，使农业标准体系组成达到系列化、规格化和科学化。

（5）有利于科学研究和生产水平提升。农业标准体系表是每个农业标准身处恰当位

全国标准体系表第一层次标准：全国通用综合性基础标准体系表

分类号	内容名称	分类号	内容名称
A00	标准化法规和通用管理标准体系表	A42/43	通用理化分析标准体系表
A00	质量管理（非数学方法）标准体系表	A51	量和单位标准体系表
A02	动作和时间分析标准体系	A80/90	包装标准体系表
A12	保护消费者利益标准体系表	C50/61	卫生标准体系表
A20	优先数与优先数系标准体系	C65/79	职业安全和工业卫生标准体系表
A21	环境条件与试验方法标准体系表	F00/09	能源基础和管理（含水资源）标准体系表
A22	术语（术语学）标准体系表	J04	机械制图与工程制图标准体系表
A22	图形符号标准体系表	J05	互换性和结构要素标准体系表
A25	人类工效标准体系表	P41	统计方法标准体系表
A40	系统工程（含信息技术）标准体系表	Z00/70	环境保护标准体系表
A40	价值工程标准体系表		

全国标准体系表第二层次到第五层次标准：各行业标准体系表

分类号	行业标准体系表	分类号	行业标准体系表	分类号	行业标准体系表
A10	商业	B80/99	地质	N00/99	仪器、仪表
A14	文献	D20/29	煤炭	P00/99	工程建设
A42	声学	E00/99	石油	Q00/99	建材
B00/09	农业	F55/59	水利、水电	R00/99	交通
B20/29	粮食	F20/29	电力	S00/99	铁路
B40/49	畜牧	F40/49	核工业	T00/99	车辆
B50/59	水产、渔业	G00/99	化工	U00/99	船舶
B60/79	林业	H00/99	冶金	V00/99	航天、航空
C10/29	医药	J00/99	机械	W00/99	纺织
C30/49	医疗器械、医疗仪器与设备	K00/99	电工	X00/99	食品
		L00/99	电子	Y00/99	轻工
D00/19	矿业	M00/99	通信、邮政、广播、电视		

企业标准体系表

图 3-2 中华人民共和国标准体系表的总结构图

置、相互依托、互相支撑的前提和保证，是农业标准能够真正参与农业标准体系有机化环境的基本条件。鉴于农业过程的复杂性，许多农业中间过程还不甚明白，还有许多环节模糊不清，这本身就需要不断地进行科学研究和探索，农业标准体系一方面促进生产效率的提高，另一方面为农业标准体系的科学研究形成了基本的信息来源。良好的农业

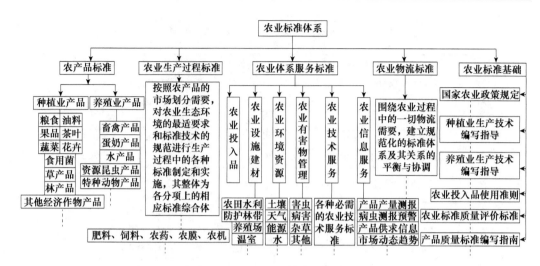

图 3-3　农业标准体系构思表

标准体系，对于农业标准的研究、制定和跟踪国际农业标准前沿技术，以及反过来推动系统高效运行和促进生产水平的提高都有显著的作用。

3. 农业标准体系表说明与附件

农业标准体系在展示出来时，只是一个二维平面的表格性文字表达，就像一张相关农业标准"名录"，不能清楚地展现其内部结构的联系。为了让使用者和读者迅速理解农业标准体系的要害与关键，在短时间内读懂某一个农业标准体系表的结构，就需要简明扼要又能表达清楚的农业标准体系表架构说明。

农业标准体系表说明后的一些附件材料，是对体系表说明的有力支持。附件材料只有被认为对体系表有直截了当的支持说明时才需要附加，否则没有必要。

4. 农业标准体系表的编制内容和要求

（1）农业标准明细表：农业标准明细表应以农业标准体系结构图中排列的标准类别为序，依次编制。栏目应充分反映标准号、标准名称、标准依据及采标程度等信息（表 3-6）。

表 3-6　××市农业标准明细表

序号	标准号	标准名称	标准依据	采标程度	备注
×	×××	×××××	××××	××××	

（2）农业标准汇总表：依据不同的农业标准化管理目的和需要，设计和编制不同内容和格式的农业标准汇总表（表 3-7，表 3-8）。

表 3-7　××市农业标准汇总表（1）

填表时间：　　年　　月　　日　　　　　　　　　　　　　　　　　　填表人：

标准 类别	应有数	现有数					2004 年计划数	"十五"计划数	说明
		总数	国标数	行标数	地标数	企标数			
××	××	××	××	××	××	××	××	××	

注：此表为了了解农业标准体系中各级标准构成及农业标准化工作计划而设计

表 3-8　××市农业标准汇总表（2）

填表时间：　　年　　月　　日　　　　　　　　　　　　　　　　　　填表人：

标准 类别	应有数	2004 年止已有数		采标数		先进标准数		说明
		数量	比率	数量	比率	数量	比率	
××	××	××	××	××	××	××	××	

注：（1）此表为了反映农业标准体系水平而设计；
（2）先进标准是指严于现行上级标准的地方标准、企业标准

（3）编制说明：农业标准体系表主要依据 GB/T 13016—2018《标准体系表编制原则和要求》的规定进行编制。它是农业领域内的标准按其内在联系形成的科学有机整体，是农业标准化的一项基础性工作。农业标准体系表的编制说明应简明扼要，主要说明下列内容：①农业生产经营内容与特点；②各层级农业行业标准体系表状况；③农业标准体系表的基本结构介绍、标准水平分析及一些必要的内容解释；④农业标准体系表的编制依据及有关参考资料等。

农业标准体系表是编制农业标准制定、修订规划和计划的依据之一，是促进农业标准化工作范围内农业标准组成达到科学化、合理化的基础，是一个地区包括现有、应有和预计发展的农业标准的全面蓝图。因此，农业标准体系表的结构存在于时空之中，包含空间结构和时间结构两个方面，而不是按产品过程、服务或管理的特点来划分，也不应将农业标准体系表编成产品、过程、服务或管理的分类表。

总之，农业标准体系表及其编号法的研究至今尚处于初级阶段，对其性能的认识仍较为肤浅。一个能包括全世界现有的、应有的和将来的所有为获取效益而做的统一规定（农业标准甚至法规）的最完整的农业标准体系表模式，不但在当前能适用于编制区域、国家、行业、地方、企业等完整农业标准体系表和不完整农业标准体系表，而且在将来

能适用于编制全人类的农业标准体系表，其体现的作用最为广大，显示的性能最为完全，涉及的农业标准化工作最为全面。表 3-9 为茶叶综合标准体系略表。

表 3-9 茶叶综合标准体系略表

分类	一级项目说明	二级项目说明
基础标准	名词术语标准	
技术标准	1. 茶树种子种苗标准	A. 新品种区域鉴定技术标准；B. 品种标准；C. 良种繁育技术规程；D. 种子种苗检验技术规程；E. 种子种苗包装运输标准
	2. 茶树高产栽培技术规程	A. 双行条播茶叶种植技术规程；B. 密植茶园种植技术规程；C. 产地茶园改造技术规程；D. 茶叶高产栽培气象指导；E. 茶叶产地环境条件
	3. 茶树设施栽培技术规程	A. 茶树大棚覆盖栽培技术；B. 茶树遮阳网覆盖栽培技术；C. 茶树纱网隔虫栽培技术
	4. 茶叶生产技术规程	A. 绿色食品茶叶生产技术规程；B. 无公害食品茶叶生产技术；C. 有机茶生产技术规划；D. 袋泡加工技术规程；E. 茶叶采摘技术规范
	5. 茶叶加工技术规范	A. 绿茶加工技术规程；B. 红茶加工技术规程；C. 花茶加工技术规程；D. 袋泡加工技术规程；E. 茶饮料加工技术规程
	6. 产品标准	A. 根据不同品种，制定不同的标准；B. 实物标准
	7. 茶叶贮藏及冷藏保鲜标准	A. 机械贮藏；B. 人工贮藏
	8. 主要生产物资供应标准	A. 农机具标准；B. 化肥种类及配比；C. 病虫害的综合防治；D. 农药安全使用标准
	9. 茶叶检验标准	
	10. 产品包装标准	
管理服务标准	企业管理标准	A. 技术文件；B. 标准资料等的管理；C. 质量管理；D. 经济合同管理；E. 生产承包合同管理；F. 物料管理；G. 生产活动原始记录管理；H. 加工定额管理

三、如何建立适用、有效的农业标准体系

（一）农业标准体系产生的依据

建立适用、有效的农业标准体系，首先需要明确农业标准体系产生的依据。农业标准体系的构成，不是随意地选取农业标准进行堆积或拼凑，而是以农业标准化基本理论为指导，根据社会需要，制定结构化的农业标准体系。所以，农业标准体系的生成，都是有其依据、过程和结果的。其中依据最为重要，是形成体系的根本。农业标准体系生成的依据一般有以下三个。

1. 社会发展的需要

农业标准因社会科技的不断进步而产生并发展，实施农业标准的目的就是使农业生产中投入最少、过程最简和效果最好，同时，使农业生产过程规范化，生产的农产品有评价的统一尺度和生产销售信息传递便利，提高农产品的质量，降低农产品的销售成本，增加农产品的销售额。建立农业标准体系，这些由单一农业标准反映出来的优势；就会形成强大的系统能和效应流，这种优势会更加明显地表现出来。

2. 农业标准化的需要

农业标准体系比单项农业标准更能够体现出系统效应性。农业标准体系是优化组合而成的农业标准架构，能够更有力地发挥单项农业标准的作用，获得总体最佳的显著效果，也是农业标准化基本目标在系统层次上的体现，更是对农业标准化目标的实现。

3. 农业自然过程的需要

农业生产本身就是一个复杂的有机系统过程，有其农业生产的自然规律性。农业标准体系作为人为的体系规范，既要尊重农业生产的特殊性，又要建立健全农业标准系统布局，把人类智慧性的劳动规范附加到这些系统之上，形成更有效的执行力和生产力。

（二）农业标准体系构成的途径

基于农业标准体系产生的依据，农业标准体系构成的途径有以下两种。

（1）依据对农业生产过程事先划定的范围或者系统界限来架构农业标准体系，即由点到面。农业生产过程有很多环节互相联系和依托，每一个环节相互推进，从这些可操作的局部开始，逐步实现对整体的把握。因此，农业标准体系的基本单位是农业标准，而农业标准是以该标准对应的、事先定好的农业过程中的某一个小段落甚至一个关键点来制定。这些单个的标准应用到农业生产实际中时，一项农业标准往往不能很好地完成任务，需要多项相关联的农业标准共同协作，这种协作就是系统的要求。针对系统的要求，建立对于这些任务的农业标准体系。

这类农业标准体系的建立，是在农业标准化基本原理和思想的约束下进行的，其从成本角度只考虑总体以最小投入和最大利润目的出发，不考虑目前实际的资源有多少限制。这种农业标准体系的架构途径，多以农业自然规律和相关农业标准特性、相互间的联系为主体，架构的农业标准体系较为细腻，向体的无缝化逼近，使既定范围内的所有农业标准均会被全部采纳。

（2）依据市场需要和资源能力架构农业标准体系。由于农业市场的需要，推进农业标准化的基本资源受限，如财力有限、人才资源欠缺等，农业标准化的基本实力不足时，采取应急式、控制关键点的办法，从主体角度考虑架构农业标准体系的做法。很显然，这种农业标准体系与第一种相比较，不是很细腻，而是较为粗糙。

该途径在架构农业标准体系时，对于体系内，多考虑体系架构的关键部位、关键链接和架构整体能够安全运行就好，不追求完美和精致；在体系外，多考虑该农业标准体系架构的农业应急能力和对有限资源得到充分利用下的过程目标能够最大限度地达到就行。显而易见，这种农业标准体系架构的途径，会受至少两个条件的约束，即农业自然规律的要求和当时财力等资源的限制。由此得出，制定的这类农业标准体系本身的稳定性较差（随着经济条件的变化和市场要求，可能常常被修改），这种农业标准体系往往会指导和规定精细、高端的农产品生产过程。

（三）农业标准体系的建立

了解农业标准体系架构的依据和途径，就能够更好地理解农业标准体系的建立程序。

1. 思路设计

在制定某项适用、有效的农业标准体系前，首先从思想上确定，是根据农业生产过程的自然需要制定相应的农业标准体系，还是结合农业过程实际，根据农业社会需要，考虑有限资源的最大化利用而制定。如果是根据农业生产过程的自然需要，首先，要调研建立农业标准体系对应的农业过程自然特征、运行规律和相应的一切农业标准，有不完善的地方需要投入适当的研究力量；其次，研究和搭建农业标准体系的整体架构，剖析和定位其中的体系组织关键点及各关键点的相互位置；再次，根据架构与关键点，分层、分块组织和搭配分类，以逐步细化的方式将所有农业标准分配到确定的位置；最后，对各位置的多项农业标准进行更细致的组合，从各位置、分块组织、分层结构至农业标准体系的整体，均体现一个"简化、优化、协调、一致"的总原则时，建设才到终点。

如果是结合农业自然规律，考虑有限资源的最大化利用，首先，建立包含整体、一级或者二级关键点在内的较完整的农业标准体系架构；其次，根据这些关键点的要求，收集相关标准，组合优化和排序相关农业标准结构，有时需要新制定一些标准加入进来，作为对体系的补充或者暂时性的架构支撑。

农业标准体系建设在资源有限约束下的这一途径，在执行该农业标准体系完成农业标准化时，应属于综合农业标准化的范畴。农业综合标准化是指为达到确定的目的，在有限资源的约束下，运用系统分析方法，建立农业标准综合体并贯彻实施的农业标准化活动。农业标准综合体是指针对农业综合标准化对象及其相关要素建立的，按照相关标准的内在联系或功能要求形成的相关指标协调、优化和相互配合的成套标准。

2. 标准制定与补订

在农业标准体系建设过程中，往往存在农业标准不足的问题。有时农业标准的覆盖空间不能满足农业标准体系的要求；有时农业标准的数量与内容在本标准体系中得不到满足而需要制定或补订；有时因农业标准体系的资源有限，从宏观向微观建立时，现有农业标准不能满足要求，需要对原有农业标准按照新的农业标准体系要求加以明显地修订使用。这些都是在建设农业标准体系过程中可能出现的现象，属于正常现象，也能促进农业标准化过程的质量提高。

3. 构成标准体系

在满足所述目标、范围、限制条件和相关标准数量时，根据整体架构体系提出的要求，不断完善，建立农业标准体系。建设农业标准体系的过程，是对相关农业标准的集成优化和组合简化过程；是使农业标准在农业标准体系不断适合自身的位置和加入整体不断协调的过程；是一种个体到整体、小数量到总体质量升华的过程。建构农业标准体系的过程，实质上是相关农业标准由数量（农业标准的数量不断地加入到标准体系中）到质量（加入体系中的农业标准经过不断的位置与空间的调整、细节上的简化和优化）的提升过程。建构农业标准体系的过程，是要解决农业标准体系建设中的系统理论和科学符合性问题。

4. 标准体系运行检验

通过以上三个步骤，就会建立一个相对科学有效的农业标准体系。这个体系的实用性及其与实际的协调性、一致性还没有得到解决。需要留出一定时间对建成的理论性农业标准体系加以验证和纠偏。要想解决这一问题，需要将农业标准体系的初步结果放到实践中试用，让使用者有目标性地提出试用感受和体会，对试用的优劣性加以评价，再由农业标准体系建设人员进行修改。如此经过2~3次的反复过程，就可以确定这个农业标准体系的形体和结构，在最终修饰的前提下，进行审定，产生正规的、可由公认机构向社会颁布的、先进的、实用的农业标准体系。

我国当前有大量的农业标准化示范县（区），可以结合这些示范的运行，有目标、分阶段布置和参加有关方面农业标准体系的制定，通过示范过程中的实践，使产生的农业标准体系有充分的说服力和应用性。

5. 标准体系的升级

农业标准体系的升级，是在该体系经过充分应用后，可以从生产过程中得到许多修正的建议和意见。同时经过应用时间的推移，可能有更多的农业科学成果和技术成果出现，农业生产水平提高了，社会经济市场的需要改变了，就要对原有的农业标准体系加以变动、充实和提高，从而满足该体系的升级要求。

本 章 小 结

农业标准范畴为三维空间。农业标准的分类是依据标准化学科分类体系的总要求，结合农业相关领域自身特点，把实际需要与发展趋势综合的分类结果，具有不同的分类方法。农业标准体系的主要特征为配套性、协调性、比例性和时效性。依据农业标准体系产生的依据、构成途径建立合理的标准体系。

思考与练习

1. 简述农业标准的种类和级别。
2. 简述农业标准的分类方法。
3. 如何建立适用、有效的农业标准体系？
4. 简述农业标准体系建设的主要任务。

主要参考文献

农业部农村社会事业发展中心. 2011. 农业标准化理论与实践. 北京：中国农业出版社
史豪. 2004. 农业标准化理论与实践研究. 武汉：华中农业大学博士学位论文
张洪程. 2004. 农业标准化概论. 北京：中国农业出版社

第四章 农业标准的制定与修订

【内容提要】 介绍农业标准制修订原则、程序，以及农业标准的要素及其编写要求。

【学习目标】 通过本章的学习，使学生依据标准的制修订原则及一般程序，制定出切合生产实际需求的各种标准。

【基本要求】 掌握农业标准制定的一般程序，农业标准编写的要求、结构、层次及内容，了解农业标准制修订应遵循的宏观和微观原则。

第一节 农业标准制修订原则与程序

农业标准的制定与修订（以下简称制修订）是在遵循一定指导原则的前提下，由农业生产经营的权威部门按照一定的程序对需要制定标准的项目，组织立项、草拟、审批、编号、发布及修订等活动。这是农业标准化的基础工作，也是农业标准化工作的重要起点。

一、农业标准制修订应遵循的原则

农业标准的制修订工作涉及面广，政策性强，是一项技术性和经济性很强的工作。一个科学合理的标准，对农业生产及农业收入起着促进作用，相反则会阻碍生产，降低农业收入，甚至影响农业和农村经济的发展。因此，制修订农业标准，在遵循我国标准化工作基础原则的前提下，必须密切结合我国农业特点，以党和国家政策为依据，以促进对外贸易为重点，从宏观和微观两方面入手。

（一）宏观（非技术性）原则

1. 要符合国家有关法规政策

农业标准是农业生产和市场贸易的技术依据，这就要求农业标准的制定必须符合国家的农业技术和方针政策，同时有利于运用市场机制调整和优化农业结构，进一步扩大国内外市场资源的转变，推进农业生产向专业化、商品化和社会化方向发展。

2. 要符合我国国情和农情

农业标准应反映出当代农业科研成果及农业生产先进技术和实践经验。制修订农业标准要积极采用国内外先进的技术和管理经验，但必须符合国内或当地的自然环境条件、农业资源情况、农村经济条件及经济技术管理水平，做到技术先进、经济合理、切实可行。从国外或外地引进的技术，须经过试验验证和试点示范，符合国内或当地的要求才可制定标准，大面积推广应用。对于先进的测试手段，引进时应纳入标准。在条件不具备的情况下可先纳入标准，作为补充条件，与现有测试手段同时使用，待条件成熟时转入正式文本。同时，测算实施农业标准的有关经济指标须合理可行，有利于推动技术进步，提高农产品的质量和农业效益。经济上合理、技术上先进是制定和评价标准质量的两个重要条件。

3. 要积极采用国际标准和国外先进标准

为了在国际贸易中提高我国农产品的竞争力，要积极采用国际标准和国外先进标准。

这指的是结合国际市场需求和我国国情、农情，经过认真分析对比和试验验证将国际标准和国外先进标准不同程度地转化为我国农业标准。采用方式主要有等同、修改两种。在制定标准时凡是已有国际标准（包括制定中的标准）的，应以其为基础来制定我国相应的标准。对国际标准中有关安全卫生、环境保护的标准，应根据国际市场和我国进出口贸易及经济技术合作的需要优先采用。采用国际标准和国外先进农产品标准时，应同时采用相关配套的标准（如检验方法等），贸易需要的标准应先行采用。对我国特有的农产品应尽快制定出具有先进水平的标准以保持我国优势。

（二）微观（技术性）原则

1. 应结合农业区划，注意生态平衡、环境保护，合理利用资源

中国疆域辽阔，地形不一，使得农业自然资源丰富多样，地区差异十分明显。再加上各地社会经济条件、生产技术水平和劳动者素质不同，农业生产形成了强烈的区域性。要使一种农产品或农业生产模式同时适应各种自然环境条件往往不现实，因此，发展农业生产，必须因地制宜，充分发挥各区优势，扬长避短，实现资源的永续利用和农业的可持续发展。同样，制定农业标准也要密切结合农业区划，注意合理利用国家资源，保护生态环境与安全卫生，提高经济、社会和生态效益。

2. 要充分考虑农业生产的特点

与工业生产不同，农业生产是针对生物体的综合性生产过程，其生产周期长，影响因素复杂，稳定性和可预见性较差。因此，制修订农业标准时要充分考虑农业生产的特点，尤其是生物性、季节性、区域性和连续性等特点。

1）生物性

生物体的最大特点在于其生物性，它是有生命、有序列、有结构、复杂开放的系统。这决定了农业生产的其他特性，如周期性、波动性、复杂性、不可逆性和难控制性等，导致农业生产过程的不确定性和最终产品的变异性。因此，在制修订农业标准时要有一定的灵活性，某些技术指标要允许有一定的变化范围和幅度。例如，大豆品种'沈农8510'的籽粒脐色同时存在白色和黑色（一般品种籽粒脐色为同一颜色），但是其株高、成熟期等农艺性状整齐一致，产量、品质、抗性等较为优良，在生产上推广种植多年，也创造了较高的经济价值和社会效益。

2）季节性

农业生产无论是种植业还是养殖业都占有广阔的时空范围，生产主体对外界温度、光照、水分和养料等自然环境条件有着较为强烈的依赖性。日地运行的规律性变化使自然环境条件形成了春、夏、秋、冬等不同的季节变化，也就使农业生产具有了季节性特点。植物性生产季节性的典型体现是植物的温周期和光周期。例如，麦类作物、油菜等须在日照长于某一时数，而稻类作物、玉米、棉花、烟草等须在日照短于某一时数条件下才能开花；甘蔗的某些品种只有在日照12小时45分时（定日照时数）才能开花。不同作物对温度的要求也表现出类似情况。动物性生产的季节性也很明显，如鱼类洄游、昆虫迁飞、鸟类迁徙等，体现了动物对生活环境的季节性要求。

近年，随着设施农业的出现，部分蔬菜果品生产上实现了"反季节栽培"，但其前提是满足作物的温、光等条件要求，实际上依然体现了作物的季节性要求，只不过是人为改变了季节的时空位置，其本质并未改变。由此可见，制定农业标准、研究农产品综合标准化对象及其相关要素时，应在指标、参数和适用范围上反映季节性特点。

　　3）区域性

　　我国各地区自然条件千差万别，作物分布有着明显的差异性。复杂的气候形成了不同的农业区和农业类型，表现出农业的区域性。

　　就大的范围而言，全国共划分为10个一级区和31个二级区，各区都有其适宜种植的作物种类，形成相对稳定的比较优势和特色。例如，东北盛产大豆、春麦和玉米；西北以优质棉花、瓜果和甜菜著称；北部高原以小杂粮闻名；华南地区则以出产热带水果享誉中外。对同一作物种类来说，在不同地区种植往往有不同的表现和特点。例如，水稻在北方寒冷地区种植，表现为一季单纯粳型，品质优良；在南方种植，则表现为多季籼粳型并存，品质参差不齐。其他作物如棉花、麦类、玉米等也都与此相似，表现出较强的区域特色。

　　从小的范围来说，不同的地区形成了各具特色的原产地域产品，如"新疆细毛羊""天津小站稻""吉林蛟河烟"，以及"南阳牛""沙田柚""莱阳梨"等。这些产品离开了原产地域，就丧失了其独特的品质和风味，有的甚至不能异地生长，表现出了强烈的地区性。因此，制定农业标准在指标、参数和适用范围上要注意反映农业生产的区域特色。这也是我国农业标准体系中设有地方标准的根本原因之一。

　　4）连续性

　　农业自然资源是可以重复使用和连续使用的，因而建立在农业自然资源基础上的农业生产也是一个连续的生产过程。例如，种植业的连续性既反映在同一季作物的各个生长阶段之间，又反映在不同季作物的前后茬之间；既反映在同一年份的不同复种作物之间，又反映在不同年份的年度轮作作物之间。农业生产是一个用养结合的辩证过程，只有把用和养结合起来，把当前利益和长远利益结合起来，才能使农业资源常用常新、经久不衰，使农业生产持续稳定发展。因此，在制定农业标准时，要充分重视农业生产的连续性特点，注意产前、产中和产后的各个环节，做到农业资源的永续利用，防止资源退化和衰竭。

3. 必要时可纳入标准样品（实物标准）

　　文字标准来源于实践，是客观事物的文字表达。但是文字标准比较抽象，对同一标准，人们往往会产生不同的认知结果。特别是对一些农产品的色泽、口味等感官指标，文字标准更是难以确切表达，从而容易使标准的贯彻出现偏差。因此，一些农业标准特别需要制作实物标准，以便顺利地贯彻实施。例如，烤烟的质量是根据叶片的部位特征、成熟度、身份（油分、厚度、叶片结构）、色泽（颜色、光泽）、叶片长度、杂色与残分等技术条件来衡量和定级的。以颜色为例，就有金黄、橘黄、正黄、淡黄、深黄、红黄、青黄、黄多青少、青多黄少等类型。尽管文字表达比较详细，但人们仍很难掌握，而应用比色板标准和烤烟实物标准，就会使这项标准得到很好的表达和实施。所以制定农业标准时，必要情况下须考虑建立实物标准，其制作和审定一般与文字标准同时进行。实物标准又分为基本实物标准和仿制实物标准，二者具有同等效力。对仿制实物标准有争议时，以基本实物标准为准。

4. 要理顺相关关系

　　农业标准涉及面广，技术性和政策性都很强。因此，在制定农产品标准时要有科技、生产、经营、物价和进出口贸易等有关方面人员参加，以便正确处理需要和可行的关系。同时，需要理顺农产品质量与价格的关系，体现优质优价原则；要理顺当前生产水平、技术条件与采用新技术发展生产力的关系；确定农产品质量等级时，要全面考虑生产、加工、经营方面的利益，特别要保证农民增收的问题；制定标准既要满足市场的高档次需求，又要满足广大消费者的一般性要求。

5. 要努力实现生产型向贸易型转变

长期以来，我国标准化工作围绕的是国内市场，现有的众多标准是在计划经济体制下制定的，带有浓厚的计划经济色彩，属于生产型标准。这种标准缺乏必要的自由度和应变性，过分强调企业组织生产的依据，且内容细而严，只考虑生产水平，不考虑市场和消费需求变化，标准使用周期长、更新速度慢，致使我国相当多的产品难以与国外产品抗衡，企业因执行生产型标准而无法出口的情况屡见不鲜。从这个角度来说，必须将生产型标准转为贸易型标准。

我国加入WTO后，参与国际贸易的竞争日趋激烈。各国间互设技术性贸易壁垒已成必然。一个好的标准，既要利于促进国内产品的出口，又要合理限制国外产品的进口。这就要求我们在制定标准时，应在充分了解国外有关标准的基础上，有针对性地制定符合当前国内外贸易形势的标准，也就是要制定贸易型标准。

总之，标准的制定、修订与国际惯例脱节，与贸易技术壁垒协定脱节，与检验检疫的实际情况脱节，与中国国民生活水平提高的状况脱节，就必然导致在贸易中落后于人，受制于人。没有一套适应国际市场的标准体系，对外贸易是不可能发展的。这就要求我们在制定标准尤其是农业标准时，要努力实现从生产型向贸易型的转变。

二、农业标准制修订程序

为确保标准的编写质量，协调各方面的关系，根据我国农业标准化工作的实践经验和农业标准化的特点，制修订农业标准一般按下列程序进行（图4-1）。

1. 确定农业标准制修订计划

我国农业标准涉及的部门较多，农业标准实行统一管理、分工负责的原则。农业标准化行政主管部门列出的当前农业标准制修订项目工作计划一般从三个方面考虑：符合农业生产实践的客观需要、符合农业标准体系表的规定，以及符合农业标准化工作规划和计划的要求。制修订农业标准，由有关标准的主管部门牵头，吸收相关部门参加。当制修订农产品标准涉及几个管理部门时，应由一个部门牵头，联合其他有关部门共同研究制定。

一般来说，农业标准制修订项目工作计划的确定需要经过可行性论证和立项两个步骤。可行性论证的

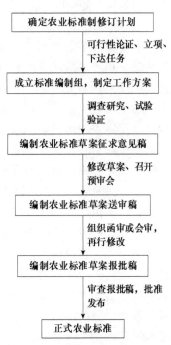

图4-1　农业标准制修订流程图

内容有标准的名称，制修订标准的目的、内容、国内外现状，现有工作基础和工作条件，存在的问题和解决的办法，有关方面对项目的意见，项目所需的技术力量和参加单位，经费预算和项目进度安排等方面。论证内容和项目计划按要求填写在项目任务书中，写明标准名称、进度、项目主管单位、归口单位、负责起草单位和参加单位及采标情况等。可行性论证后，立项由标准化技术委员会或技术归口单位等组织协调，报上级单位审查。国家标准和行业标准的计划分别经标准化行政主管部门和行业主管部门批准下达，农业地方标准经各地标准化行政管理部门批准下达。国家质量技术监督局1991年颁布的《农业标准化管理办法》规定，农业标准化计划应纳入相应各级国民经济和科技发展计划中。

为贯彻农业国家标准和行业标准，根据地方发展农业生产的实际需要，开展农业综合标准化工作，县以上各级标准化主管部门可以制定农业标准规范，推荐执行。这方面的标准计划管理由各地标准化主管部门负责。

2. 成立标准编制组，制定工作方案

农业标准计划下达后，承担制定标准任务的单位应根据制修订标准的工作量和难易程度，组织建立标准编制组。编制组一般由生产、加工、农业院校或科研机构的代表组成，有时根据需要，也需要质检、卫生、外贸、工商等部门的代表加入。这些代表应该是熟悉该农业标准化对象，掌握其专业技术和农业标准化技术的人员。

编制组建立后，根据项目任务书制定工作方案，主要包括项目名称编号，任务要求，国内外相应农业标准及有关农业科学技术成果的简要说明，工作步骤及计划进度，参加的工作单位及分工，制定、修订农业标准过程中可能出现的问题及解决措施，农业标准化经济效果预测，所需经费预算及其他需要说明的问题等。

3. 标准起草

农业标准草案是指批准发布之前的农业标准草案征求意见稿、送审稿和报批稿。一般将某一项农业标准首次起草的文稿称为农业标准草案征求意见稿，根据制定时的难易程度和需要，可分为征求意见一稿、二稿、三稿等。农业标准草案送审稿是在对农业标准草案征求意见稿广泛征求意见的基础上，由工作组认真汇总、研究和修改完善后形成的一种供审查用的农业标准草案。农业标准草案送审稿经审查、修改后即称为农业标准草案报批稿。农业标准草案报批稿是农业标准化课题研究成果的文字结晶，是严格按照课题计划任务书的要求对课题进行研究，经过对标准编排、编写规则、技术内容、文字叙述等方面的最终审查，报请上级主管部门审批发布的正式文本。

这一阶段的工作主要包括编写标准草案讨论稿，形成标准草案征求意见稿，最后确定标准草案送审稿。标准编制组根据项目任务书和工作方案，深入到具有代表性的地区生产第一线和科研、使用、流通环节进行调查研究，收集资料，编写并完成标准草案讨论稿。然后进行必要的试验验证和测算。根据验证测算情况，修改标准草案讨论稿，形成标准草案征求意见稿，并撰写标准编写说明。广泛征求意见后，将反馈意见整理分析，确定取舍，最后形成标准草案送审稿（包括标准编写说明、意见汇总处理表和其他有关资料）。

4. 标准审查

标准编制组将标准草案送审稿报送到制修订主管部门或标准化技术委员会审查。审查内容包括标准起草工作是否按标准计划和标准项目任务书的要求完成的，资料是否符合要求，主要技术问题是否已基本解决，有关方面的意见是否基本一致等。

审查方式包括函审和会审两种形式。审查开始前，要严格按规定的程序和要求进行准备；审查过程中，要充分发扬民主，征求科研、生产、经营和使用等各方面的意见；审查结束后，函审的要形成函审结论，会审的要形成会议纪要，并按审查意见对标准草案送审稿进行修改，形成标准草案报批稿（包括标准编写说明、意见汇总处理表和其他有关资料）。一般农业标准较成熟，各方面分歧意见不大，或者是简单的农业标准采用函审的方式，可以节约人力、财力，有效缩短标准审查时间。内容较复杂、难度较大、争议较多的农业标准，或者是涉及面较广的重要农业标准应采用会审方式。重要的农产品、种子标准的审查常采取会审形式。

5. 标准批准发布

农业标准草案报批稿及有关报批附件准备完毕后，根据农业标准的级别，按《中华人民共和国标准化法》规定的审批权限，报送有关标准化行政主管部门审批、编号和发布，明确农业标准的实施日期。

通常，农产品国家标准和特别重大的农业标准报国务院主管部门审批，由国家标准化管理委员会编号、发布。通用性农业基础方法标准由国家标准化管理委员会审批、编号和发布。专业标准由国务院主管部门审批，送国家标准化管理委员会编号，主管部门发布，并报国家标准化管理委员会备案。地方标准报省、市标准化主管部门审批、编号及发布；重大的报同级人民政府审批，并报上一级标准化部门备案。企业标准由农事企业或主管部门审批、编号和发布，并报当地标准管理部门备案。

农业标准的有效日期是指农业标准文件从负责该文件的机构决定开始生效之日（生效日期）起直到它被废止或代替之日为止的这段时间，又称为标龄。

6. 农业标准文件的修改、勘误和复审

农业标准文件的修改是指在不降低农业标准技术水平和不影响农业标准化对象通用性能的前提下，在农业标准文件内容中的一些特定部分（如标准名称、条文、指标、参数、符号及图、表等）进行改正、增加或删除，而不改变农业标准的顺序号或发布年代。农业标准文件的修改通常采用发单独的标准文件修改单的形式表达。

农业标准文件的勘误则是指从已发布的农业标准文件文本中剔除印刷上、语言上及其他类似的错误，通常采用发单独的勘误页或用新版标准文件的形式表达。

农业标准文件的复审主要是审查农业标准文件以确定是否应再制定、修订或废止。农业国家标准、农业行业标准、农业地方标准的复审周期一般为 5 年，农业企业标准的复审周期一般为 3 年。通常，复审结果有继续有效、修改、修订和废止 4 种。复审结果为继续有效的则说明该农业标准文件无须修改仍可继续使用；修改表示需作少量修改和补充；修订则需作重大修订并更新版本后方可继续使用；废止代表该农业标准文件已经不再适用，予以废止。

7. 农业标准文件的修订、重印和新版

农业标准文件的修订是指对农业标准文件的内容和表达形式作全面必要的修改。修改的结果用发布新版农业标准文件的形式表达。

农业标准文件的重印则是指不加任何改变的农业标准文件的重印本。

新版是指新印农业标准文件，包括对前一版更改的农业标准版本。

第二节　农业标准文本要求

一、农业标准编写的要求

制定标准最直接的目的是促进生产和贸易，即通过编制明确且无歧义的条款供大家在生产或贸易活动中使用以避免不必要的障碍。为此，标准的编写应符合以下要求。

1. 完整性

完整性是指在标准所适用的界限内，标准的内容应按照需要力求完整。即需要什么，就规定什么；需要多少，就规定多少。不应只规定了一部分内容，而另一部分需要的内容却没有规定，或将它们规定在其他的标准中。同样，将不需要的内容加以规定也是错误的。

2. 统一性

统一性是指在某一技术领域的相关系列标准的内部、或一项标准或部分的内部标准的"结构、文体、术语和形式"要保持统一。

结构的统一，是指标准的章、条、段、表、图和附录的排序应一致。起草分为多个部分的标准，其各部分或系列标准中的各项标准应做到结构尽可能相同；各个标准或部分中相同或相似内容的章、条编号应尽可能相同。

文体的统一，是指在系列标准或一项标准内部，相同或相似条款的措辞应相同或相似。

术语的统一，是指在系列标准或一项标准内部，对于同一概念应使用同一个术语，且每个选用的术语应尽可能只有唯一的含义。对于某些相关标准，虽然不是系列标准，但也应考虑相互间术语统一性的问题。

形式的统一，有助于标准内容的理解、查找及使用。例如，标准中可以用黑体字强调无标题条或列项的主题，如果需要强调主题，则某个列项中的每一项或某一条中的每个无标题条都应有用黑体字标明的主题。

3. 协调性

统一性强调的是一项标准内部或一系列标准内部的统一，而协调性针对的是标准之间，它的目的是在一定范围内所有标准整体协调、功能最佳。

为了保证标准间的协调，在编写标准前首先应了解现行的相关基础标准，并与之协调。例如，量、单位及符号方面的基础标准；标准化术语、原理和方法的相关标准；标准对象所涉及的通用性要求标准；类似标准或同位标准；同级或上级的相关标准。

在编写标准需要重复时，可采取用规范性引用文件将相关标准直接引用的方法，避免重复抄录而导致的交叉、矛盾和不协调。

我国也有若干规定来保证标准之间的协调，如《中华人民共和国标准化法》中规定：在公布国家标准之后，相应行业标准即行废止；没有国家标准和行业标准而又需要在省、自治区、直辖市范围内统一的工业产品的安全、卫生要求，可以制定地方标准。

4. 适用性

标准只有被广泛使用才能发挥其作用。因此，所制定的标准应与当前的技术、生产或服务水平相适应，并且标准的各项要求均应易于实施，具有可操作性。例如，制定某一农产品的农药残留限值检测方法的标准时，如果该检测方法难度较高，在全国仅个别实验室能够完成该试验，这样的标准就不具备适用性。农业标准的制定应便于广大农村和农民贯彻执行。

标准之间是鼓励相互引用的，故标准编写结构等方面应注意易于被其他标准、法律、法规或规章所引用。标准的章节应注意完整性、独立性，逻辑层次应清晰。GB/T 1.1—2009 规定的编写规则中就便于引用制定了具体的规定。

5. 一致性

为了促进国际贸易和便于交流，制定我国标准时，在符合我国有关法律、法规的前提下，应尽可能保持与国际文件的一致性。按照 GB/T 20000.2—2009 确定一致程度，即等同、修改或非等效。

基础通用性的标准应尽可能与国际标准等同。由于基本气候、地理因素等原因对国际标准进行修改时，应将差异控制在必要的最小范围内。

如果所依据的国际文件为 ISO 或 IEC 标准，则应按照 GB/T 20000.2—2009 的规定明确标示与相应国际文件的一致程度，还应标示和说明相关差别的信息。

同时，我国出版的不同语种版本的标准，在标准的结构和技术内容上也应保持一致。

6. 规范性

起草标准时，标准文本的编写形式、标准内容的制定原则、标准制定的工作流程等均要遵照与标准制定有关的基础标准及相关法律法规的要求。

在起草标准前，首先应按照 GB/T 1.1—2009 关于标准结构的规定确定标准的预计结构和内在关系，合理安排标准的要素和层次。

为了保证一项标准或一系列标准的及时发布，起草工作的所有阶段均应遵守 GB/T 1.1—2009 规定的编写规则及 GB/T 1.2—2009 规定的标准制定程序。根据标准编写的具体情况还应遵守 GB/T 20000、GB/T 20001 和 GB/T 20002 等系列标准的规范要求。

特定类别的标准起草，除遵照 GB/T 1.1—2009 的规定外，还应遵照 GB/T 20001.1—2001、GB/T 20001.2—2015、GB/T 20001.4—2015、GB/T 20000.7—2006 的相关规定。

此外，还有相关重要的法律、法规文件对标准的编制工作加以规范，主要包括《国家标准管理办法》《行业标准管理办法》《地方标准管理办法》等。表 4-1 给出了标准化工作导则、指南和编写规则系列国家标准。

表 4-1　标准化工作导则、指南和编写规则系列国家标准

标准名称	系列标准
GB/T 1《标准化工作导则》	GB/T 1.1《第 1 部分：标准的结构和编写规则》
	GB/T 1.2《第 2 部分：标准中规范性技术要素内容的确定方法》
	GB/T 1.3《第 3 部分：技术工作程序》

标准名称	系列标准
GB/T 20000《标准化工作指南》	GB/T 20000.1《第 1 部分：标准化和相关活动的通用术语》
	GB/T 20000.2《第 2 部分：采用国际标准的规则》
	GB/T 20000.3《第 3 部分：引用文件的规则》
	GB/T 20000.4《第 4 部分：标准中涉及安全方面内容的编写》
	GB/T 20000.5《第 5 部分：产品标准中涉及环境方面的内容编写》
GB/T 20001《标准编写规则》	GB/T 20001.1《第 1 部分：术语》
	GB/T 20001.2《第 2 部分：符号》
	GB/T 20001.3《第 3 部分：信息分类编码》
	GB/T 20001.4《第 4 部分：化学分析方法》

二、农业标准编写的结构

标准的结构是标准内容的反映，标准内容的特殊性决定了其结构的独特性。构建农业标准的编写结构是正式起草标准之前必不可少的工作，只有合理安排编写结构，才能在此基础上顺利起草相应的标准，并最终编制出高质量的标准文本。

（一）标准的表现形式

标准的表现形式通常有两种，即作为整体出版的单独标准和分为几个部分出版的标准。一般情况下，针对一个标准化的对象应编制成一项单独的标准，并作为一个整体出版。

在一些特殊情况下，可在相同的标准顺序号下将一项标准分为若干个彼此独立的部分，分别出版。例如，标准篇幅过长，后续部分的内容相互关联，标准的某些部分可能被法规、规章引用或拟用于认证等。

目前，在我国国家标准中，单独的标准约占 65%，划分成部分的标准占 35% 左右。

（二）标准的部分划分

当标准化对象具有独立的几个特定方面时，可以分别制定成一项标准的几个部分，且划分出的这几个部分能独立使用。举例如下。

第 1 部分：词汇；

第 2 部分：要求；

第 3 部分：试验方法；

第 4 部分：……

然而，当标准化对象具有通用和特殊两个方面，且特殊方面对通用方面具有修改和补充作用时，两个方面形成的标准的不同部分均不能单独使用。举例如下。

第 1 部分：一般要求；

第 2 部分：产地环境要求；

第 3 部分：生产管理技术要求；

第 4 部分：包装和贮藏运输要求。

（三）单独标准或单独部分的内容划分

要素是标准的基本构成单元，依据不同的原则可将其划分为不同的类别。

1. 依据要素的性质

依据标准中要素的性质，可将标准中的所有要素划分为规范性要素和资料性要素两大类。

（1）规范性要素是"声明符合标准而需要遵守的条款的要素"。其存在的目的就是要让标准使用者遵照执行，遵守某一标准即遵守该标准规范性要素所规定的内容。

（2）资料性要素是"指示标准、介绍标准、提供标准附加信息的要素"。其存在的目的是提供一些附加信息或资料，可提高标准的适用性。

声明符合一项标准时，并不需要符合标准中所有的内容，只需要符合其中规范性要素即可，而资料性要素中的内容无须遵守。

2. 依据要素的性质和在标准中的位置

依据标准中要素的性质及要素在标准中所处的位置，可进一步将标准中的要素划分为4个类型。

（1）资料性概述要素通常有标准正文之前的目录、封面、目次、前言和引言5个要素。其提供概述信息，起"标识标准，介绍内容，说明背景及制定情况以及该标准与其他标准或文件的关系"等作用。

（2）资料性补充要素是标准正文之后的资料性附录、参考文献和索引这三类要素。其作用是提供补充信息，以帮助理解或使用标准。

（3）规范性一般要素一般位于标准正文的前面，即名称、范围和规范性引用文件。其作用是"给出标准的主题、界限和其他必不可少的文件清单等内容"。规范性一般要素不规定技术内容。

（4）规范性技术要素是位于标准正文核心部分的要素，通常有术语和定义、符号、代号和缩略语、要求、规范性附录等要素。其作用是"规定标准的技术内容"。

3. 依据要素是必要的还是可选的状态

依据要素在标准中是否必要的状态可将标准中所有要素划分为必备要素和可选要素两大类。

（1）必备要素是在标准中必不可少的要素，包括封面、前言、名称和范围。

（2）可选要素是在标准中不一定存在的要素，通常其存在与否视标准条款的具体需求而定。除了上述4个必备要素之外，标准中的其他要素都是可选要素。

表4-2给出了综合上述原则划分后得到的各个要素类型、各类型包含的具体要素及它们之间的关系。

表4-2　标准中的要素及其划分

划分原则	要素类型		要素
依据要素的"性质"和"位置"	资料性要素	概述要素	封面、目次、前言、引言
		补充要素	资料性附录、参考文献、索引
	规范性要素	一般要素	名称、范围、规范性引用文件
		技术要素	术语和定义、符号和缩略语、要求……规范性附录
依据要素在标准中是否必备	必备要素	必备要素	封面、前言、名称、范围
	可选要素	可选要素	必备要素之外的所有其他要素

三、农业标准编写的层次

根据标准文体和结构的特点，标准的层次可划分为部分、章、条、段、列项和附录等形式。标准的层次及其名称、编号示例见表 4-3。

表 4-3 标准的层次及其名称编号示例

层次	英文对应名称	编号示例
部分	Part	××××？.1
章	Clause	4
条	Subclause	4.1
条	Subclause	4.1.1
段	Paragraph	［无编号］
列项	List	列项符号，字母编号 a）、b）和下一层次的数字编号 1）、2）
附录	Annex	附录 C

（一）部分

部分是一项标准被分别起草、批准发布的系列文件之一。它是一项标准内的一个"层次"，一个标准内的不同部分具有同一个标准顺序号，它们共同构成了一项标准。示例如下。

GB/T 20000 标准化工作指南

GB/T 20000.1 第 1 部分：标准化和相关活动的通用术语

GB/T 20000.2 第 2 部分：采用国际标准的规则

GB/T 20000.3 第 3 部分：引用文件的规则

一般，部分的编号置于标准顺序号之后，使用阿拉伯数字从"1"开始编号，与标准顺序号之间用下脚点"."相隔。譬如 20000.1、20000.2，其中 20000 为标准顺序号，".1"和".2"是部分的编号。部分编号是一项标准的内部编号，并不是标准序号的组成部分。

对于部分来说，不能再分部分。例如，不能将 GB/T 2000.1 再分成 GB/T 2000.1.1、GB/T 2000.1.2 等。

（二）章

章是标准内容划分的基本单元，是标准或部分中划分出的第一层次。标准正文中的各章构成了标准主题结构的基本框架。

在每一项标准或每个部分中，应使用阿拉伯数字从"1"开始对章进行编号，从"范围"开始直至附录前。

每一章都应有章标题，紧跟于章编号之后。二者单独占一行，并与其后的条文分行。示例：中华人民共和国农业行业标准 NY/T 5517—2002《无公害食品 水稻生产技术规程》

1 范围

2 规范性引用文件

3 术语和定义

4 一般要求

5 栽培技术

6 有害生物控制技术

7 收获、运输、贮藏及副产品处理要求

……

（三）条

条是对章的细分，凡章以下有编号的层次均称为"条"。条的设置是多层次的，第一层次的条可分为第二层次的条，第二层次的条也可分为第三层次的条，一直可分到第五层次。例如，"6.1.1.1.1.1""6.1.1.1.2"等。

条的编号也是使用阿拉伯数字加下脚点的形式。条的标题可根据标准的具体情况决定是否设置，但在某一章或条中，其下一个层次上应保持统一。示例：

3.2 不完善粒（一级条）

3.3.1 虫蚀粒（二级条）

3.3.2 病斑粒（二级条）

3.3.2.1 赤霉病粒（三级条）

3.3.2.2 黑胚粒（三级条）

如果条未设置标题又需强调条所涉及的主题时，可采取将句首中的关键术语或短语标为黑体的方式。同样，在某一条中，其下一个层次上各无标题条是否强调应保持一致。

（四）段

段是对章或条的细分。段没有编号，即段是章或条中不设编号的层次，这也是区别段与条的显著标志。

（五）列项

列项是"段"中的一个子层次，可在章或条中的任意段落里出现。标准条文中，常使用列项的方法阐述标准的内容。

列项常由一段后面跟着冒号的文字引出，各项之前应使用列项符号（破折号"——"或圆点"·"）。如果列项需要识别或者被引用，则在每一项前加上后带半圆括号的小写字母序号进行标示，如 a)、b)、c) 等。在字母编号的列项中，如需进一步细分成需要识别的分项，则应使用后带半圆括号的阿拉伯数字序号，如 1)、2)、3) 等。

示例 1：

在判定因果关系时，如果同时具备下列条件，可认定为污染排放行为与农业生物或农业环境损害之间具有因果关系。

——污染源存在向农业生物或农业环境排放污染物的事实；

——农业生物或农业环境受到污染物的影响，且影响程度可检测；

——农业生物或农业环境中检测出污染物，且含量超出国家、行业、地方标准或对照；

——受害农业生物或农业环境受影响范围内可以排除其他污染源；

……

示例 2：

防护装置应设计成下列两种形式之一。

a）整体防护式，防护装置在机器作业时应始终与地面保持接触。

b）间接防护式，防护装置应满足下列要求：

1）防护装置防护区域内所有间隙的宽度应不大于 100mm；

2）防护装置外缘与工作部件的水平距离至少为 300mm，防护装置与地面的间隙应不大于 200mm。

（六）附录

根据其性质，附录可分为规范性附录和资料性附录两类。每个附录均应在标准的正文或前言中明确提及，其顺序也应按照条文中（从前言算起）提及的先后次序编排。

附录的前三行为我们提供了识别附录的信息。第一行为附录的编号，由"附录＋大写英文字母"组成，字母从"A"开始，即使只有一个附录仍然标识为"附录 A"。第二行，也就是附录编号下方，应标注附录的性质，即"规范性附录"或"资料性附录"。第三行为附录标题，用以指明附录规定或陈述的具体内容。

每个附录中的章、图、表和数学公式的编号都应从"1"开始，由附录编号中表明顺序的大写英文字母后跟下脚点＋数字组成，如"图 A.1""图 A.2""表 B.1""表 B.2"等。

四、农业标准编写的内容

标准编写的内容包括封面、目次、前言、引言、标准名称、范围、规范性引用文件、术语和定义、符（代）号和缩略语、要求、抽样及检验规则、试验方法、标志（签）和包装、规范性附录、资料性附录、参考文献、索引，以及表、图、示例、注等。其中封面、前言、标准名称及范围是完成标准必须编写的内容。只有标准的必备要素编写完成后，一个完整的标准草案才算完成。

（一）封面的编写

封面是每个标准必备的要素，有其固定格式。通常，封面包含的内容有：标准的类别及编号、被代替标准编号、国际标准分类号（ICS 号）、中国标准文献分类号（CCS 号）、备案号（不适用于国家标准）、标准名称（中文、英文）、与国际标准一致性程度的标识、标准的发布和实施日期、标准的发布部门或单位。具体格式见图 4-2 的标识。

1. 标准的类别及标志

封面上部居中位置为标准类别的说明，如"中华人民共和国国家标准""中华人民共和国农业行业标准"等。

封面右上角标注标准的标志，如"GB"代表强制性国家标准，"NY"代表农业标准。

2. 标准分类号

为方便检索标准文献，在编制标准时应按标准所涉及的领域依据《国际标准分类法》（International Classification for Standards，ICS）和《中国标准文献分类法》（Chinese Classification for Standards，CCS）标注标准分类号。

企业自己编写的产品标准（执行标准）则应到当地标准化主管部门（质监局）备案，获得备案号。没有备案的企业标准不具备对外的公效力。

ICS 65.060.80
B 95

中华人民共和国国家标准

GB 19725.2—2014/ISO 11806-2：2011

农林机械　便携式割灌机和割草机安全
要求和试验　第 2 部分：背负式动力机械

Agricultural and forestry machinery—Safety requirements and testing for
portable hand-held powered brush-cutters and grass-trimmers—
Part 2：Machines for use with back-pack power unit
（ISO 11806-2：2011，IDT）

2014-09-03 发布　　　　　　　　　　　　　2015-10-01 实施

中华人民共和国国家质量监督检验检疫总局
中 国 国 家 标 准 化 管 理 委 员 会　　发布

图 4-2　封面的编写格式

3. 标准编号

在封面最终标准类别的右下方为标准编号，由标准代号、顺序号和年号三部分组成。
等同采用 ISO 和 IEC 发布的国际标准时应采用双编号的形式。例如，图 4-2 中的"GB
19725.2—2014/ISO 11806-2：2011"，标示等同采用国际标准 ISO 11806-2：2011。注意：
双编号的形式仅用于封面、页眉、封底和版权页上。

4. 被代替标准的编号

若起草的标准代替了某个或某几个标准，则应在标准编号下方另起一行，标识出所
代替标准的标准编号。应注意，如果起草的国家标准是基于某行业标准时，不属于替代

关系，无须标识。

示例：GB/T 2423.30—2013

代替 GB/T 2423.30—1999

5. 与国际标准一致性程度的标识

当起草的标准与国际标准有对应关系时，应在封面上英文标准名称下面标明与国际标准的一致性程度。与国际标准一致性程度分为：等同（identical，IDT）、修改（modified，MOD）和非等效（not equivalent，NEQ）。

与国际标准一致性程度的标识方法为：对应的国际标准编号＋国际标准名称（英文，当标准的英文译名与国际标准名称一致时应省略）＋一致性程度代号，如"ISO 11806-2：2011，×××××××××，IDT"。

6. 标准的发布和实施日期及标准的发布部门或单位

在标准的发布单位上面应注明标准的发布和实施日期，其中发布日期左对齐，实施日期右对齐，且二者之间的过渡日期宜不少于 30 天。日期按照年（4 位）-月（2 位）-日（2 位）格式编排。

在封面的下部居中部位应标明标准的发布部门或单位。通常，国家标准的发布部门为国家市场监督管理总局，行业标准为各行业主管部门，地方标准为各省、自治区、直辖市标准化行政主管部门，企业标准为各企业。

（二）目次的编写

目次是不同于索引的另一个检索标准内容的可选要素，它具有显示标准的结构框架、引导阅读、方便检索等功能。是否设置目次及目次内容的粗细程度，需根据标准的具体需要来决定。一般当标准的篇幅较长、结构较复杂时，为了清晰显示标准的结构，易于检索和查询标准的正文内容时需设置目次。设置时，目次紧跟于封面之后。

目次中所列的各项内容和顺序如下：①前言；②引言；③章的编号、标题；④条的编号、标题（需要时列出）；⑤附录的编号、性质（即规范性附录或资料性附录，圆括号给出）、标题；⑥附录中章的编号、标题（需要时列出）；⑦附录中条的编号、标题（需要时列出）；⑧参考文献；⑨索引；⑩图（需要时列出）；⑪表（需要时列出）。

具体编写目次时，在列出上述内容时，还应列出其所在页码，且目次中的内容、标题、页码均应与文中完全一致。目次一般在电子文件中自动生成，如此可避免手工编辑目次导致的错漏等问题。

（三）前言的编写

前言是标准的一个必备要素，每项标准或者标准的每一部分都应设置前言，前言不应包含要求、图和表。其作用是陈述本文件与其他文件的关系等信息，如与其他部分的关系、与先前版本的关系、与国际文件的关系等；即前言提供的是与"怎么样"有关的信息。编制时，前言应位于目次（如果有）之后，引言（如果有）之前。前言由特定部分和基本部分组成。

1. 特定部分

前言的特定部分应依据具体情况按下列顺序依次给出各项内容。

1）标准结构的说明

若编制的为系列标准或分部分的标准，则在第一项标准或标准第 1 部分的前言开头就应说明标准的预计结构；在系列标准的每一项标准或分部分标准的每一部分的前言中列出所有已知的其他标准或部分的名称，从而便于人们了解标准各部分的划分情况及相互之间的关系。

2）标准编制所依据的起草规则

由于 GB/T 1.1—2009 是标准编写的基本要求，一般均应提及该项内容。例如，"本标准按照 GB/T 1.1—2009 给出的规则起草。"

3）标准所代替的标准或文件的说明

如果因修订旧标准形成新标准，或新标准的发布代替了其他文件，则在前言中需给出被替代的标准或其他文件的编号和名称，并说明与先前标准或其他文件的关系及主要的技术变化、编辑性修改等。

4）与国际文件或国外文件关系的说明

如果所编制的标准是以国外文件为基础的，则应明确提及与具体国家标准的一致性程度关系（等同、修改或非等效），并按照 GB/T 20000.2—2009 的有关规定陈述与对应国际文件的关系。

5）有关专利的说明

标准可能涉及专利，但又不能确定时，应在前言中声明："请注意本文件的某些内容可能涉及专利。本文件的发布机构不承担识别这些专利的责任"。如果确定不涉及专利，则不必提及。

2. 基本部分

前言的基本部分应视情况依次给出下列信息。

1）标准起草和归口信息的说明

主要包括标准的提出单位、归口单位、起草单位及主要起草人等信息。

提出单位也就是提案建议起草该标准的单位，通常是标准项目的行业主管部门、直属标准化技术委员会或有关部门。

归口单位主要指负责标准的制定、审查、维护、解释等具体技术事项管理的机构。提出单位和归口单位均会在项目计划中明确给出，前言中提出单位也可不提。如果二者相同，此处也可合并一起叙述。

起草单位即标准的编制单位。当有两个或两个以上单位参加该标准的起草时，可指明负责起草单位和参加起草单位。起草单位应列出单位全称。

主要起草人的姓名，主要是为了有利于对标准技术问题的解释、咨询，方便标准起草人与使用者之间的沟通联系。

示例："本标准由 ×××× 提出。"（根据具体情况可省略）

　　　"本标准由 ×××× 归口。"

　　　"本标准起草单位：×××、×××、×××。"

　　　"本标准主要起草人：×××、×××、×××。"

2）标准所替代标准的历次版本发布情况

当编制的标准的早期版本多于一版时，应列出所替代标准的历次版本的全部情况。该信息的提供，可使标准的起草人和使用人员对标准的发布情况有一个全面的了解，并为今后的修订提供方便。

3）有关规定中明确要求的内容

例如，国家质量技术监督局发布的《关于强制性标准实施条文强制的若干规定》中规定强制性标准应在前言的第一段用黑体字写明。例如，对于全文强制性的标准在前言的第一段黑体字写明："本标准的全部技术内容为强制性"。

此外，前言的编写中应注意前言是资料性概述要素，所以不应包含要求、图和表。同样，阐述编制标准的目的、意义或介绍标准的技术内容等也不得写入前言。

（四）引言的编写

引言是一个可选的资料性概述要素，不是标准必须要写的内容。但是，可通过引言介绍标准的背景及制定原因、目的和意义等信息，从而帮助阅读者准确理解标准的内容。即引言的作用主要是陈述与"为什么"有关的内容。例如，为什么要制定这项标准，标准的技术背景如何等。

引言中说明的主要是与文件本身内容密切相关的事项，编制时，其通常置于前言之后、标准正文之前。通常，可给出下列内容：①促使编制该标准的原因；②有关标准技术内容的特殊信息或说明；③如果标准已经识别出涉及专利，则应在此处给出有关专利的说明，如专利持有人的姓名、地址、联系方式等（详见 GB/T 1.1—2009 附录 C 的 C.3）。

编写引言时需注意：①引言不应编号。引言的内容分条时，仅可对条编号，引言的条编为 0.1、0.2 等；②引言中如果有图、表、公式，均应使用阿拉伯数字从 1 开始进行编号，正文中有关内容的编号应与引言中的编号连续；③引言与前言一样，是资料性概述要素，在引言中也不应包含要求、范围等信息。

（五）标准名称的编写

标准名称是一个必备要素，是对标准主题最集中、最简明的概括。标准名称应简练、明确地表示出标准的主题，使之与其他标准区分。标准名称不必涉及不必要的细节，细节性的内容如果需要，可在范围中给出。

标准名称应置于正文首页，且应在标准封面中标示。名称包括中文名称和英文名称，且中文名称和对应的英文名称在分段形式方面也应尽可能一致。标准中文名称的各段之间采用空格分开，对应的英文名称各段之间采用"—"分开。

示例：中文名称《环境试验　第 2 部分：试验方法　试验 XA 和导则：在清洗剂中浸渍》对应的英文名称为"Environmental testing—Part 2: Test methods—Test XA and guidance： Immersion in cleaning solvents"。

标准的名称应注意不要产生歧义，应准确使用农产品的名称，注意学名与地方名的区别，涉及农产品的品种时应使用审定后的品种名称。

标准名称的构成：标准名称应由几个尽可能短的要素按照由一般到特殊的顺序排列组成。通常使用的要素不多于三种，包括：①引导要素（可选）表示标准所属的领域；②主体要素（必备）表示上述领域内标准所涉及的主要对象；③补充要素（可选）表示上述主要对象的特定方面，或给出区分该标准（或部分）与其他标准（或部分）的细节。

具体的名称可以采用一段式、两段式或三段式，其结构形式如下。

一段式：只有主体要素，如《大米》。

两段式：引导要素＋主体要素，主体要素＋补充要素，如《农产品安全质量　无公害蔬菜产地环境要求》。

三段式：引导要素＋主体要素＋补充要素，如《水果和蔬菜　冷库中物理条件　定义和测量》。

名称中各要素的选择：①主体要素必不可少。每个标准名称都应有表示标准化对象的主体要素，在任何情况下，主体要素都不能省略。②引导要素和补充要素是否需要则应视具体情况而定。如果标准名称中没有引导要素，主体要素所表示的对象不明确时，则应有引导要素来明确标准化对象所属的专业领域。如果标准所规定的内容仅包含主体要素的一个或少数几个方面（不是全部）时，则需要用补充要素进一步指出标准所涉及的那一个或几个方面。③当标准分部分出版时，则名称中应有补充要素，且各部分中的补充要素应保持不同，以区分和识别各个部分。对单独的标准，名称中的补充要素是可选要素，但是对分部分出版的标准的各个部分，补充要素则是一个必备要素。名称的主体要素应保持相同，且如果有引导要素，引导要素也应相同。

（六）范围的编写

范围是标准的一个必备要素，每一项标准的第一章即为范围。

范围的编写内容主要有以下两个方面：①界定标准化对象和涉及的各个方面，通常为第一段。只有在特别需要时才补充陈述不涉及的标准化对象。②标准或其特定部分的适用界限，通常为第二段。只有在特别需要时才补充陈述不适用的界限。

范围的编写应注意：①范围的内容通常应比标准名称更具体，而不可能比标准名称简单。②如果标准分为若干各部分，通常每个部分的范围只应界定该部分的标准化对象的特定方面。③范围是规范性一般要素，任何对标准化对象提出的技术性要求都不应在范围一章中涉及。④为了便于标准中的叙述，在范围一章中可对标准中名称较长的、标准中重复使用的术语给出简称。

范围中关于标准化对象的典型表述方式有："本标准规定了……的方法""本标准规定了……的尺寸""本标准规定了……的特征""本标准确立了……的系统""本标准确立了……的一般原则""本标准给出了……的指南""本标准界定了……的术语"。

在给出上述陈述之后，应另起一段给出标准适用性的陈述。如有必要，还可给出标准不适用的范围。典型的表述形式有："本标准适用于……""本标准适用于……也适用于……""本标准适用于……不应适用于……""本标准适用于……也可参考（参照）使用""本标准不适用于……"。

（七）规范性引用文件的编写

规范性引用文件是标准的一个可选要素，通常为第二章，主要是列出标准中规范性引用的文件一览表。

编制标准时常常需要重复本标准或现行标准中的内容，为了减少不必要的重复或抄写错误，避免标准篇幅过大，更好地提高标准之间的协调性，以及利用其他专业领域已经标准化的成果，可采取引用的方式将这些内容纳入起草标准的规范性内容中。

该章具体内容的表达方式相对固定，由"引导语＋文件清单"组成。

1. 引导语

规范性引用文件一章必须由如下一段固定的引导语引出：

"下列文件对本文件的应用是必不可少的。凡是注日期的引用文件，仅注日期的文件适用于本文件。凡是不注日期的引用文件，其最新版本（包括所有的修改单）适用于本文件。"

2. 文件清单中文件的引用方式

（1）注日期引用。即在引用时指明了所引文件的年号或版本号，并且只使用所注日期的版本，其后被修订的新版本，甚至修改单（不包括勘误表）中的内容均不适用。在标准中引用其他文件时，一般首选注日期引用的方式。通常，不能确定是否能接受所引文件将来的所有变化，或引用其他文件时指明了被引文件的特定章、条、图和表时，引用文件时应注日期。

（2）不注日期引用。即在引用时不提及所引文件的年号或版本号，对所引文件将来的所有改变均能接受，在实施时均使用其最新版本。

对于注日期引用文件，只是指定的版本适用于引用它的标准，但只要可能，鼓励使用注日期引用文件的最新版本。例如，NY/T 391—2000、NY/T 394—2000 两个标准文件编号中均注有年号"2000"，即为注日期引用文件，其版本均为 2000 年版。随着时间的推移，可能有针对这两个标准的修改单发布，也有可能对其进行修订发布新的版本（假设分别为：NY/T 391—2015、NY/T 394—2015），则这些新发布的修改单和新版本的内容，均不能自动适用于引用它们的标准。但鼓励人们在引用这两个标准时，对可否采用其最新版本内容的问题进行探讨。

3. 引用文件的排列顺序

对于不注日期的引用文件，其最新版本适用于引用它的标准。例如，NY/T 393 和《中华人民共和国农药管理条例》两个文件均未注明发布年号，即为不注日期引用文件。这表明，不论这两个文件的内容如何更新，或以什么样的版本发布，其最新版本的内容都自动适用于引用它的标准。

文件清单（一览表）中应按照先排国内标准、后排国内文件，再排国际标准、国际文件的顺序进行排序，即国家标准（含国家标准化指导性技术文件）、行业标准、地方标准、国内有关文件、ISO 或 IEC 标准、ISO 或 IEC 有关文件［如技术规范（TS）、导则（directives）、指南（guide）等］、其他国际标准及其他国际有关文件。

国家标准、国际标准按标准顺序号从小到大排列。行业标准、地方标准、其他国际标准先按标准代号的英文字母和（或）阿拉伯数字顺序排列，再按标准顺序号由小到大排列。

4. 标准条文引用的具体方式

1）提及标准本身

在标准条文中，需要将标准本身作为一个整体提及。此时，应采用如下适用表述形式："本标准……""本部分……""本标准指导性技术文件……"。

2）引用自身标准中的条文

规范性提及标准中的具体内容，也就是提及自身标准中的某条具体条文时，可参考如下表述。

（1）引用的是规范性内容时："按照第 4 章的要求""符合 4.1 的规定""按 4.1 b）的规定""遵循 4.1 b）2）的原则"。

（2）引用的是资料性内容时："参见附录 A""如图 3 所示""见公示（2）""参见表 5.5.1 的示例 3"。

5. 标准中引用其他文件的具体方式

在标准中提及其他标准时可参考如下表述形式："……按照 GB/T ××××.1—2016 进行试验……"（特定部分）；"……遵照 GB/T ××××—2017 中第 3 章……"（特定的

章）；"……应符合 GB/T ××××.2—2011 表 3 中规定的……"（特定的表）。

6. 不宜引用的文件

不宜引用的文件主要有以下几类：①法律、法规和其他政策性文件；②含有专利等具有一定限制性的文件；③很难获得或不能公开获得的文件；④资料性引用文件；⑤标准编制过程中参考过的文件。

（八）术语和定义的编写

术语和定义在非术语标准中是一个可选要素，其作用是给出为理解标准中某些术语所必需的定义，从而解决对某些概念的统一理解问题，以免发生误解。

选择术语定义的前提条件是需符合下列要求：①标准中多次出现的专业词汇；②标准对象的专业领域范围内的术语；③比较生僻的，或理解不一致的术语；④无定义或需要改写已有定义的术语。

如果需要定义的术语已在现行的标准中被定义，可以采取引用的方式。如果不得不改写已经标准化的定义，则应同时在改写的定义后面加"注："说明。对于不是标准对象的专业领域内的术语，又没有检索到相应的标准化定义可供引用时，可采取在标准的相关条文中说明其含义的方式。

"术语和定义"这一要素的表述方式相对固定，为由"引导语＋术语条目"的形式构成。通常，这些术语条目最好按照概念层级进行分类编排，一般概念的应安排在最前面。

在给出具体的术语和定义之前应有一段引导语。根据情况不同，引导语主要有以下几种形式。

（1）仅本标准中界定的术语和定义适用时："下列术语和定义适用于本文件"。

（2）除了本标准中界定的术语和定义外，其他标准和文件界定的术语和定义也适用时："GB/T ×××× 界定的以及下列术语和定义也适用于本文件"或"GB/T ×××× 界定的以及下列术语和定义也适用于本文件。为了便于使用，以下重复列出了 GB/T ×××× 中的一些术语和定义"。

（3）仅其他文件界定的术语和定义适用，本标准中没有界定术语和定义时："GB/T ×××× 界定的术语和定义适用于本文件"或"GB/T ×××× 界定的术语和定义适用于本文件。为了便于使用，以下重复列出了 GB/T ×××× 中的一些术语和定义"。

术语条目应包含 4 个必备内容：条目编号、术语、英文对应词、定义。根据需要可增加以下附加内容：符号（包括缩略语、量的符号）、专业领域、概念的其他表述形式（包括公式、图等）、示例、注等。这些内容的排序通常为：条目编号、术语、英文对应词、符号（包括缩略语、量的符号）、专业领域、定义、概念的其他表述形式（包括公式、图等）、示例、注。

（九）符号、代号和缩略语的编写

符号和缩略语在非符号、代号标准中是可选元素，其作用是给出为理解标准所需的符号和缩略语一览表。当第八项和第九项内容较少时，可合并为一项来写。

"符号、代号和缩略语"这一要素的表述方式也相对固定，为由"引导语＋清单"的形式构成。

1. 引导语

常用的引导语有以下几种形式：①"下列代号适用于本文件"。②"下列符号适用于本文件"。③"下列缩略语适用于本文件"。④"下列代号和缩略语适用于本文件"。

2. 清单

通常，符号、代号和缩略语清单宜按照下列规则以字母顺序编排：①大写英文字母位于小写英文字母之前（A，a，B，b等）；②无脚注的字母位于有脚注的字母之前，字母的脚注位于数字的脚注之前（A，a，B，B_a，B_1，b，C，c，d_{ext}，d_{int} 等）；③希腊字母位于英文字母之后（A，α，B，β等）；④其他特殊符号或文字（@，#，* 等）。

只有在反映特殊的技术准则需要时，才将其以特定的次序列出，如先按学科的概念体系，再按照产品的结构等，再按字母顺序编排。

对于缩略语清单，应在缩略语后给出中文解释，也可同时列出全拼的外文。例如，RNA核糖核酸，或RNA核糖核酸（ribonucleic acid）。

（十）要求的编写

要求是可选要素，在众多规范性技术要素中的使用频率最高。在标准中，要求是针对标准化技术特性提出的。相关技术特性的选择有三个原则：编制标准的目的性原则、可证实性原则、性能原则。这是由于不能将所有相关的技术事项都写入标准，因此在编制标准时常根据以上三个原则选取若干技术内容。

1. 要求的技术特性选取原则

1）目的性原则

标准的制定除了指导生产外，还可能是因为贸易的需求，以及安全环保等。在市场经济环境中，市场需要用标准进行各种规范，从而保障公平竞争，防止欺诈，方便交易。因此，在制定标准时就需要考虑如何保护消费者安全使用、如何防止国内外伪劣产品进入市场等。同时，还应考虑健康、安全、环保等方面的内容，避免因某产品要求过低，使国外产品容易进口到我国，带来市场冲击、安全隐患和环境污染等问题。此外，制定标准准确界定专业词汇代表的含义、技术指标的测试方法等能够为人们在技术、经济活动中的交往提供技术基础平台，避免因理解不同或者操作细节的差异带来误解。

2）可证实性原则

可证实性原则又称可检验性原则，即标准的"要求"中要求的条款都是能够通过检验得到证实的，无论是通过"测量、测试和试验"的方法，还是通过"观察和判断"的手段。

因此，在规定技术要求时，要充分考虑到所规定的内容是否能够得到验证。不能得到验证或者验证经费过高、时间过长，以及不能量化的要求，都不应列入标准。在产品标准中，如果产品的某些质量指标很难测定，此时就应规定采取能够反映产品性能的指明方式。

通常体现可证实性原则的具体形式有下列几种。

（1）采用具体数值的形式。用数值的形式给出某项要求应达到的具体指标是标准中最常见的形式。

（2）通过实验得出结论的形式。定量的要求不一定都是用具体数值体现。例如，标准中包装要求部分可以规定某产品的包装通过某项跌落试验后，其包装仍然完好。

（3）比较直观的具体要求。标准中有些要求非常直观，不用试验就能够被证实。例如，从事食品加工的人员应持有健康证明。

3）性能原则

通过可证实性原则确定了需要标准化的技术特征后，就需考虑如何对这些特性进行标准化。性能原则就是解决"如何对已经选定的技术特征进行标准化"的问题。

在解释性能原则前，先介绍两个特性：性能特性和描述特性。性能特性指的是与产品的使用功能有关的特性，是那些在产品使用后才显现出来的特征，如某些农产品食用后所产生的功效等。描述特性指的是产品的具体特征，是那些在实物上显示出来的特性，如外观、尺寸规格等。

性能原则指的是要求首选性能特性来表达，而其次才是描述特性，这样可以给产品的生产及技术发展留有最大空间。因为达到产品"结果"的实现"过程"是多种多样的，不同品种、产地也存在着差异，各企业可以通过各自的途径提供相同的"结果"（产品或服务）。因此，性能特征优先的原则也称为最大自由度原则。

然而，有时用性能特性表达要求也可能引入既耗时又费钱的复杂实验过程，具体是选择性能特性还是描述特性需要权衡利弊。基于描述特性直观、间接，有些产品或特性会采用描述特性，如农产品，一般情况下其性能特性检测费时、费力，不如用描述特性方便。

2. 要求的表述

要求通常由若干需要证实的要求型条款组成，要求型条款由祈使句或包含助动词"应""不应"及其等效表述形式的词句构成。由于要求型条款需要规定相应的证实方法，因此其表达形式具有特殊性，而这特殊性又与表达的是"结果"还是"过程"有关。

1）表达"结果"的要求型条款

通常，表达"结果"的要求型条款包含 4 个要素：特性、证实方法、助动词"应"和特性的量值。其典型句式为："特性"按"证实方法"测定"应"符合"特性量值"的规定，但其表述根据不同情况可略有不同。

当证实方法简单时，可直接写在条文中。例如，"气密性要求产品在水深 10cm 处，保持 2min 应无气泡逸出"。当证实方法复杂时，可将其安排在另一"条"中，再采用提及的方式。例如，"二氧化硫含量按 4.5 的规定测定应不大于 10mg/kg"。如证实方法篇幅较大，可将其作为规范性附录，再采用提及的方式。例如，"二氧化硫的含量按附录 B 的规定测定应在（10±1）mg/kg 的范围内"。而已有适用的试验方法标准时，可采取引用标准的方式。例如，"二氧化硫的含量按 GB/T 2912.1—2009《纺织品甲醛的测定　第 1 部分：游离和水解》的规定测定应不大于 10mg/kg"。

当要求型条款较多时，适宜用表格形式表示。表头常包括：特性、特性量值和相应的试验方法（可用章条编号或标准标号代号）。

2）表达"过程"的要求型条款

表达"过程"的要求型条款通常包括三个元素："谁"（有时省略）、助动词"应"和"怎么做"。对于过程的要求，多是针对个人是否进行某项行动或从事某项行动的程度提出要求。例如，"农药施用前，喷药人员应佩戴好防护服、佩戴防毒面罩""开始喷洒农药时，应从施药地的一边，开始向另一边逐行喷施农药"。

在编写标准时，须根据产品标准、生产技术规程、试验方法等标准类型的不同运用不同的表现形式和表达方式。地方标准的编写过程中还应注意当地的经济条件、生产实际及语言等情况。

3. 农产品质量特性的技术指标

（1）感官指标：光泽度、颜色、整齐度、味觉、嗅觉等。

（2）营养指标：蛋白质、脂肪、淀粉、纤维素等含量。

（3）理化指标：代表产品特性的理化指标。

（4）卫生指标：致病菌（沙门科）、重金属限量等。

（5）产品分级：以分级的形式分别给出技术指标要求。

（十一）抽样及检验规则的编写

抽样及检验规则为可选要素，其作用是规定抽样或检验的规则和方法，以判定产品是否合格。

抽样是从一批产品中随机抽取少量产品进行检验，并判断该产品是否合格。而检验规则则属于合格评定的范畴，可在贸易双方的合同中规定，并按照这个规则决定是否交收。企业标准中也可以规定如何评定产品是否合格。

抽样方案可以有一次抽样方案和多次抽样方案等多种形式。一次抽检方案是最简单的计数抽样检验方案，即从批量为 N 的一批产品中随机抽取 n 件进行检测，并且预先规定一个合格判定数 A。如果 n 件中有 b 件不合格，当 $b \leqslant A$ 时，则判定该批产品合格，予以接收；反之，不合格，予以拒收。抽样方面的标准有许多，最常用的是 GB/T 2828.1—2012《计数抽样检验程序 第 1 部分：按接收质量限（AQL）检索的逐批检验抽样计划》。

检验方式则通常有交接（或称为出厂）检验或型式检验。一般，型式检验是对产品各项质量真值表的全面检验，以评定产品质量是否全面符合标准。交接检验是型式检验项目的一部分，它是产品在交货时必须进行的最终检验。产品经交接检验合格，才能作为合格品交货。

（十二）试验方法的编写

试验方法是对产品标准中所列的各项指标要求进行检测所做的统一规定，已有现行标准且适用时，一般引用已颁布的试验方法。如果没有现行的试验方法，则需要对各项指标的检测方法做出科学的规定。

（1）试验方法涉及的内容通常包括：①原理；②试剂或材料；③装置；④试样和试料的制备和保存；⑤程序；⑥结果的表述，包括计算方法、测试方法的精密度；⑦试验报告。

（2）化学分析方法涉及的内容通常包括：①原理；②反应式；③试剂和材料；④仪器；⑤采样（取样）；⑥分析步骤；⑦结果计算；⑧精密度；⑨质量保证和控制；⑩特殊情况；⑪试验报告。

（3）编写试验方法时应注意的事项：①标准中的每项要求均应有相应的试验方法，且二者的编排顺序应尽可能对应；②原则上，对每项要求规定一种试验方法，且该方法具有再现性。当有多种方法时，应指明仲裁法或声明几种方法具有同等效力；③在规定试验用仪器、设备时，需规定仪器、设备应有的精度和有关的性能要求；④对于可能有某种危险或危害的试验方法应加以明确说明，并给出预防措施。

（十三）标志、标签和包装的编写

这部分内容编写的目的是便于产品在制成到交付过程中的识别，并保证产品在运输、贮存过程中不受损失，保持所具备的质量，完好无损地交付用户识别。

1）产品标志的内容

产品标志通常涉及以下内容：①产品名称及商标；②产品型号或标记；③执行的产品标准编号；④生产日期（或编号）或生产批号；⑤失效（或截止）日期或保质期；⑥产品的主要参数或成分及含量；⑦质量等级标志；⑧使用说明及使用警示标志或中文

警示说明；⑨商品条码；⑩产品产地、生产企业名称、详细地址、邮编、电话；⑪其他需要标志的事项，如质量认证合格标志。

2）包装标志的内容

包装标志通常涉及如下内容：①收发货标志；②包装储运图形标志；③危险货物包装标志（适用时）；④其他标志，如质量认证合格标志。

3）包装章节包括的内容

包装章节通常涉及如下内容：①包装技术与要求，指明产品采用何种包装（箱装、盒装、袋装等）及防震、防潮等措施；②包装材料与要求，指明采用何种包装材料及其性能等；③对内装物的要求，指明内装物的摆放位置和方法、预处理方法及危险物品的防护条件等；④包装试验方法，指明包装或包装材料有关的试验方法；⑤包装检验规则，指明对包装进行各项试验的规则（仅适用于包装要素作为产品标准的一个独立部分指定时）。

以上是标签、标志和包装通常涉及的内容，对具体的标准可根据产品的具体情况适当增删。

（十四）规范性附录的编写

规范性附录是构成标准整体的不可分割的组成部分，其作用是给出标准正文的附加或补充条款。附加条款是标准中特定的情况下要用到的，但不属于主要技术内容的条款。补充条款是对标准正文中某些技术内容进一步补充和细化的条款。这样做可以合理安排标准结构，使标准的层次更加清楚，主题更加突出。

附录的规范性的性质（相对资料性而言）应通过下述方法加以明确：①在附录编号下面用圆括号标明性质，如"附录A（规范性附录）"；②条文中提及时的措辞方式，如"遵照附录A的规定""见附录C"等；③在目次中标明，如"附录D（规范性附录）×××"；④在前言中陈述附录的性质。

需注意的是，一些方面的内容，如允许使用和禁止使用的农药等涉及农产品安全卫生等作为规范性附录时，应当注意其时效性，编写得更加全面和准确。

（十五）资料性附录的编写

资料性附录为可选要素，其设置与否需根据标准的具体条款来确定。其作用是给出对理解或使用标准起辅助作用的附加信息。因此，资料性附录中仅限于提供一些参考的资料，包括标准中重要规定的依据和对专门技术问题的介绍、标准中某些条文的参考性资料和正确使用标准的说明等，而不应包含声明符合标准要遵守的条款。

资料性附录的性质也应像规范性附录那样在标准中明确。

（十六）参考文献的编写

参考文献是可选要素，其作用是列出标准编制过程资料性引用的所有文件，以及标准编制过程中参考过的文件。如有参考文献，则应置于最后一个附录之后。

参考文献的编排应按照GB/T 7714—2015的有关规定。在文献清单的每个参考文献前应用方括号给出序号（如［1］［2］［3］等）。参考文献中的国内、国外标准或其他国内、国外文献应直接给出原文，无须翻译。我国的标准名称，其后不用标示与国际标准一致性程度的标识。如果参考文献有网络版本，可考虑给出查询文件完整的网址。

（十七）索引的编写

索引也是可选要素，它可提供一个不同于目次的检索标准内容的途径，从另一个角度方便标准的使用。如果有索引，则应作为标准的最后一个要素。

建立索引时，非术语标准检索的对象应为标准中的"关键词"，术语标准则为相关术语，符号标准为符号名称或含义。索引的排序依照关键词的汉语拼音首字母顺序排列。与目次一样，电子文本的索引应自动生成。

（十八）其他要素的编写

1. 注和脚注

在注和脚注中可以对标准的规定给出较广泛的解释或说明，由此起到对标准的理解和使用提供帮助的作用。

条文的注一般是对标准中某一章、某一条或某一段做注释。注释通常置于涉及的章、条或段的下面。只有一个注时，应在注第一行文字前标明"注："；有多个注时，应标明"注 1："注 2："注 3："等。

条文的脚注一般是对条文中某个词、符号的注释，以提供附加信息。一般置于相关页面的下边，并由一条位于页面左侧 1/4 版面宽度的细实线将其与条文分开。通常，脚注的编号使用后带半圆括号的阿拉伯数字从"1"上标开始编排序号。同时，在需要注释的词或句子后以相同的上标数字标明脚注。在有些情况下为了避免混淆，可用一个或多个星号，即用"*，**"等代替"1），2）"等。

2. 示例

在示例中可以给出现实或模拟的具体例子，以此帮助标准使用者尽快掌握条款的内容。示例可以存在于任何要素中，都属于资料性的内容。但是示例只能给出对理解标准或使用标准起辅助作用的附加信息，不应包含陈述、指示、推荐和要求条款。

示例一般置于涉及的章、条或段的下面。只有一个示例时，在示例的第一行文字前标明"示例"；有多个示例时，则应标明"示例 1："示例 2："示例 3："等。

3. 图

图是标准中除文字外表达技术内容的重要手段之一，可以说它是文字内容的一种"变形"。在一些情况下，如对实物进行空间描述时，用图会间接、直观，达到事半功倍的效果。在标准中，通常用图来反映标准化对象的结构型式、形状和组织结构等。

1）用法

在用文字说明比较困难或用图提供信息更有利于标准理解时，则宜用图。每幅图在标准条文中均应明确提及，且仅允许对图进行一个层次的细分。例如，图 1 可分成 a）、b）、c）等。

2）编号

每幅图均应有编号，使用阿拉伯数字从"1"开始连续编号，直到附录之前，即"图 1""图 2""图 3"……只有一幅图时，也应标注为"图 1"。附录中图的编号，应在阿拉伯数字编号之前加上标识该附录的字母，字母后跟下脚点，每个附录图的编号重新从"1"开始，如"图 A.1""图 A.2""图 A.3"等。

3）图题的编排

图题即图的名称，应置于图的编号之后。一个标准中有无图题由标准编写者自定，但应统一。图的编号和图题应置于图下方居中的位置。

4）图注

图注应位于图题之上及图的脚注之前。每幅图中的图注应单独编写。图注不应包含要求。与标准的注一样，只有一个时，则在注第一行文字前标明"注："；若有多个注时，应标明"注1："、"注2："、"注3："等。

5）图的脚注

图的脚注位于图题之上，并紧跟图注。图的脚注应以从"a"开始的小写英文字母上标区分，在图中也应以相同的小写英文字母上标注明。图的脚注可包含要求。因此，在起草图的脚注时，应使用GB/T 1.1—2009附录E中适当的助动词，来明确区分不同类型的条款。

4. 表

表也是标准中除文字外表达技术内容的重要手段之一。在适当情况下，用表表达标准的技术内容可达到简明、易对比的效果。在标准中，表常用来反映标准化对象的技术指标、参数、统计数据、分类对比等。

1）用法

用表提供信息更直观且利于理解时，则宜使用表。每个表在条文中均应明确提及，且表应该是封闭的，不允许表中有表，以及对表再进行分级。

2）编号

每个表均应有编号，使用阿拉伯数字从"1"开始连续编号，直到附录前。例如，"表1""表2""表3"……只有一个表时，也应标为"表1"。附录中表的编号应在阿拉伯数字前加上识别该附录的字母，字母后跟下脚点，如"表A.1""表A.2""表A.3"。

3）表的编排

（1）表题：表题即表的名称，应置于表的编号之后。每个表有无标题由编写者自定，但标准中应统一。表的编号和标题应置于表上方居中位置。

（2）表头：每个表都应有表头。表栏中使用的单位一般应标在该栏表头中物理量的名称之下。如果表中所有单位都相同，则可在表右上角用同一句话适当陈述（如"单位为克"）代替各栏中的单位。

不允许使用斜线在表头中区分项目的名称，此时应对表头进行调整。

（3）表的接排：如果某个表需要转页续排时，在随后的各页上应重复表的编号。编号后跟表题（可省略）和"（续）"。续表均应重复表头及与单位有关的陈述。

4）表注及表的脚注

表注位于有关表格中及表的脚注之前，表的脚注紧跟表注。表注不应包含要求，而表的脚注可以。

表中只有一个注时，应在注第一行文字前标明"注"；有多个时，应标明"注1""注2""注3"等。每个表中的注应单独编号。

表的脚注则应由从"a"开始的小写英文字母上标来区分。在表中应以相同的小写英文字母上标在需要注释的位置标明脚注。

本 章 小 结

制修订农业标准应遵循宏观和微观两大原则。其中，宏观原则包括：要符合国家有关法规政策；要符合我国国情和农情；要积极采用国际标准和国外先进标准。微观原则包括：应结合农业区划，注意生态平衡、环境保护，合理利用资源；要充分考虑农业生产的特点；必要时可纳入标准样品（实物标准）；要理顺相关关系；要努力实现生产型向贸易型转变。

农业标准制修订的一般流程包括：确定标准制修订计划，成立标准编制组，制定工作方案。标准的起草、审查、批准发布，农业标准文件的修改、勘误和复审，以及农业标准文件的修订、重印和新版。

农业标准要求有完整性、统一性、协调性、适应性、一致性和规范性。

标准的要素依据性质可划分为资料性要素和规范性要素，依据性质和位置可进一步划分为资料性概述要素、资料性补充要素、规范性一般要素和规范性技术要素。按照要素在标准中是否必备可划分为必备要素和可选要素。

标准的层次可划分为部分、章、条、段、列项和附录等形式。

标准编写的内容包括封面、目次、前言、引言、标准名称、范围、规范性引用文件、术语和定义、符（代）号和缩略语、要求、抽样及检验规则、试验方法、标志（签）和包装、规范性附录、资料性附录、参考文献、索引，以及表、图、注等其他要素的编写。

思考与练习

1. 农业标准制修订应遵循的原则有哪些？
2. 试述农业标准制修订的一般程序。
3. 农业标准编写的要求有哪些？
4. 标准的要素包括哪些？
5. 标准的层次如何划分？
6. 农业标准编写的内容有哪些，其作用各是什么？
7. 农业标准各内容编写的注意事项有哪些？

主要参考文献

国家标准化管理委员会. 2014. 现代农业标准化. 北京：中国质检出版社，中国标准出版社

李春田. 2008. 标准化概论. 5版. 北京：中国人民大学出版社

李春田. 2011. 现代标准化方法：综合标准化. 北京：中国标准出版社

李鑫，刘光哲. 2016. 农业标准化导论. 北京：科学出版社

滕葳，李倩，孔巍，等. 2017. 现代种植业标准化研究. 北京：化学工业出版社

张洪程. 2008. 农业标准化概论. 北京：中国农业出版社

第五章 农业标准制定实例

【内容提要】 介绍品种标准、产品标准、栽培（养殖）技术规程及试验方法标准的一般结构和编写实例。

【学习目标】 通过本章的学习，使学生掌握不同农业标准的制定方法。

【基本要求】 了解农业标准的分类及其重要性，掌握品种标准、产品标准、栽培（养殖）技术规程及试验方法标准的一般结构，熟悉不同标准包含的内容，掌握不同农业标准的编写规则。

第一节　品种标准编写

一、品种的概念及品种标准的重要性

品种是生物资源中最宝贵的种质资源，是农业生产中最重要的生产资料。无论是种植业还是养殖业，一个优良品种的推广应用都会带来巨大的经济效益、社会效益和生态效益。

作物品种起源于野生植物，是人类在一定的生态和经济条件下，根据自己的需要而创造的具有一定特点、适应一定自然条件和栽培条件的作物群体。它包括三个方面的内容：①品种是人类长期进行生产劳动的产物；②品种应具有遗传上的相对稳定性和生物学、生态学上的相对一致性；③品种在一定的地区和条件下栽培，其产量、品质及适应性等应符合生产的需要。

与作物品种相类似，畜禽品种是指在一定的生态和经济条件下，人们根据需要选择、培育和创造的某种饲养畜禽的一种群体。畜禽品种是畜牧业生产的起点，它直接影响畜禽产品的数量和质量。畜禽品种应具备下列特征：①血统来源相同，且具有遗传上的相对稳定性；②性状和适应性相似；③利用价值高；④具有足够的数量。

现代育种技术的进步和农业产业化的发展，使优良品种的选育效率越来越高，从而对品种的推广普及和快速高效利用提出了更高的要求，而对品种的特征特性进行准确的描述和定义则对品种发挥作用至关重要。品种标准是规定和描述品种特征特性的主要载体和手段，对充分发挥品种生产潜力具有重要意义。因此，可以说品种标准是农业标准的一个重要组成部分。

本节介绍品种标准的一般结构及编写实例。由于不同类型的生物品种具有不同的特点，因此制定品种标准时不宜套用同一模式，各要素可根据情况进行选用编排。

二、品种标准编写实例

1. 品种标准的一般结构

品种标准的一般结构如图 5-1 所示。

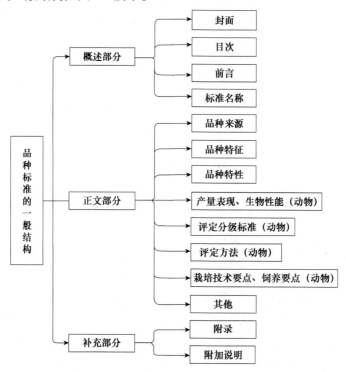

图 5-1　品种标准的一般结构

2. 编写实例

太湖猪 GB 8130—2006

封面见图 5-2。

前　　言

本标准全部技术内容为强制性。

本标准代替 GB 8130—1987《太湖猪》。本次修订遵照 GB/T 1.1—2000《标准化工作导则　第 1 部分：标准的结构和编写规则》。

本标准与 GB 8130—1987 相比主要变化如下：

——删除了原标准中开头的悬置段，增加了"范围"，把原标准中开头的内容部分放到"范围"内，部分放到本标准后面去叙述。在本标准中加了"种猪等级评定标准和方法、种猪出场条件"等内容。（1987 年版的开头的悬置段，本标准第 1 章）；

——将原标准中"太湖猪是分布于……"改为"太湖猪原产于……"（1987 年版的开头的悬置段，本版的 2.1）；

——删除了原标准中提到的"横泾猪"。增加了"目前以梅山猪、二花脸猪、嘉兴黑猪较多。"等内容（1987 年版的开头的悬置段，本版的 2.2）；

——增加了"类群划分"，明确了"太湖猪按成年体重可分为大、中、小三种类型，其中：中

ICS 65.020.30
B 43

中华人民共和国国家标准

GB 8130—2006
代替 GB/T 8130—1987

太 湖 猪

Taihu pig

2006-09-04 发布 　　　　　　　　　　2006-12-01 实施

中华人民共和国国家质量监督检验检疫总局
中国国家标准化管理委员会 发 布

图 5-2 《中华人民共和国国家标准　太湖猪》封面

梅山猪为大型，二花脸猪、枫泾猪、沙乌头猪为中型，小梅山猪、嘉兴黑猪、米猪为小型。"（本版 2.2）；

　　——删除了原标准 1.1 中"凡有严重遗传损症者……"（1987 年版的 1.1）；

　　——删除了原标准中有关生长发育的描述，增加了"60 日龄仔猪个体重"，并将原标准中"6 月龄后备猪"改为本标准中的"120 日龄"，增加了成年种猪体重测量的时间（1987 年版的 1.2，本版的 2.4）；

　　——删除了原标准中"育成仔猪数……，45 日龄断奶窝重……"等内容，增加了"窝总产仔数"及其"头胎母猪"的产仔情况，增加了母猪初情期（1987 年版的 1.3，本版的 2.5）；

　　——修改了肥育猪的营养表示方法及其屠宰率、膘厚、瘦肉率三个指标（1987 年版的 1.4，本版的 2.6 和 2.7）；

——种猪等级评定阶段增加了"60日龄"及其"必备条件"（本版的3.1、3.2和3.3）；

——删除了原标准中的一些公式和表格以及成年猪的生长发育性能鉴定以体长为标准。将后备种猪评定指标从"体重与体长"两个指标，改为"体重"一个指标；根据各类群猪体重的大小，增加了各类群猪的分类及其校正系数（1987年版的2.1和2.2，本版的3.4）；

——简化了原标准中种母猪等级评定公式和方法，仅按经过校正后的"窝总产仔数和窝产活仔数"的高低评定；修改了母猪营养需要的表述方法（1987年版的2.3.1、2.3.2和2.3.3，本版的3.4）；

——增加了种猪出场条件（本版第4章）。

本标准由中华人民共和国农业部提出。

本标准起草单位：江苏省畜牧兽医总站、南京农业大学、扬州大学、江苏省农科院、苏州市畜牧兽医站、无锡市畜牧兽医站、昆山市畜牧兽医站、江苏农林职业技术学院、常熟市畜禽良种场、锡山市种猪场、常熟市家畜改良站、昆山市种猪场、浙江省畜牧管理站。

本标准主要起草人：许秀平、王林云、孙宏进、经荣斌、王勇、葛云山、陆耿胜、张建生、肖玉琪、孙元鳞、钱利增、李定国、余良保、胡培全、戴志刚、陆建定。

太 湖 猪

1 范围

本标准规定了太湖猪的品种特征特性、种猪等级评定和种猪出场条件。

本标准适用于太湖猪品种鉴别和种猪等级评定。

2 品种特征特性

2.1 原产地和主要特点

太湖猪原产于长江下游和太湖流域，具有性成熟早、繁殖力高、肉质优良等优点。

2.2 类群划分

太湖猪分为梅山猪（包括中梅山猪和小梅山猪两类）、二花脸猪、嘉兴黑猪、枫泾猪、米猪、沙乌头猪等类群。目前以梅山猪、二花脸猪、嘉兴黑猪较多。太湖猪按成年体重可分为大、中、小三种类型，其中：中梅山猪为大型，二花脸猪、枫泾猪、沙乌头猪为中型，小梅山猪、嘉兴黑猪、米猪为小型。

2.3 外貌特征

头大额宽，面微凹，额部皱褶明显，耳大下垂，腹大下垂而不拖地，臀斜，腿瘦，皮厚，被毛稀疏，但各类群间有一定差别。乳房发育良好，有效乳头16个以上。二花脸猪、嘉兴黑猪、枫泾猪、米猪为全黑或青黑色；梅山猪、沙乌头猪为完全或不完全四脚白；部分猪有玉鼻，下腹皮肤呈现白色或紫红色。

2.4 生长发育

60日龄仔猪个体重不小于10kg，120日龄后备种猪体重（m_1）以及成年种猪体重（m_2）（成年公猪指24月龄，成年母猪指三胎以上，怀孕两个月）见表1。

表1 120日龄后备种猪体重及成年种猪体重　　　　　　单位为千克

类　　型	120日龄后备种猪体重（m_1）	成年种猪体重（m_2）
大　　型	$m_1 \geqslant 40$	$m_2 \geqslant 150$
中　　型	$40 > m_1 \geqslant 32$	$150 > m_2 \geqslant 125$
小　　型	$32 > m_1 \geqslant 24$	$125 > m_2 \geqslant 100$

2.5　繁殖性能

母猪初情期 60 日龄～120 日龄，适配期 100 日龄～160 日龄。头胎母猪总产仔数平均不少于 11 头，产活仔数平均不少于 10 头；母猪 3 胎～7 胎总产仔数不少于 14 头，产活仔数不少于 13 头。

2.6　肥育性能

生长肥育猪 20kg～75kg，或从 85 日龄开始，饲养 135d～140d，在日粮含消化能 11.5MJ/kg～12.0MJ/kg、粗蛋白质 13%～14% 的条件下，日增重不少于 400g。

2.7　胴体品质

在体重 70kg～75kg 屠宰时，屠宰率 63%～65%，第 6 肋与第 7 肋间背膘厚 35mm～38mm，胴体瘦肉率 38%～45%。

3　种猪等级评定

3.1　必备条件

3.1.1　体型外貌符合本品种特征。

3.1.2　生殖器官发育正常。

3.1.3　无遗传疾患。

3.1.4　健康状况良好。

3.1.5　血缘清楚。

3.2　60 日龄仔猪合格评定

3.2.1　双亲的等级评定均不低于三等。

3.2.2　体重不低于 10kg。

3.3　120 日龄后备种猪等级评定

3.3.1　后背种猪应符合 3.1 规定。

3.3.2　120 日龄后备种猪的等级评定以体重（m）为依据，划分为特等、一等、二等和三等（见表 2）。本阶段体重采用类群校正系数将各类群体重校正后再评定等级。各类群体重的校正系数：二花脸猪、沙乌头猪、枫泾猪为 1.0，中梅山猪为 0.85，小梅山猪、嘉兴黑猪、米猪为 1.2。

表 2　120 日龄后备种猪等级评定标准　　　　　单位为千克

等　　级	后备种猪体重（m）	等　　级	后备种猪体重（m）
特　　等	$m \geqslant 38$	二　　等	$32 \leqslant m < 34$
一　　等	$34 \leqslant m < 38$	三　　等	$27 \leqslant m < 32$

3.4　成年种猪的等级评定

3.4.1　参与评定的种猪应是通过 120 日龄评定为二等以上的公猪和三等以上的母猪。

3.4.2　种母猪的等级评定以窝总产仔数和产活仔数的综合指数为标准，指数按式（1）计算：

$$I = \frac{（窝总产仔数+窝产活仔数）}{2} \times L \qquad\qquad （1）$$

式中：

I——综合指数；

L——胎次的校正系数（1 胎为 1.33，2 胎为 1.09，3 胎～7 胎为 1.00，8 胎以上为 1.02）。

3.4.3　种公猪的等级评定用至少 5 头与配母猪的平均成绩计算。

3.4.4　等级评定标准：在母猪怀孕期日粮含消化能 11.42MJ/kg～12.12MJ/kg、粗蛋白质 12%～12.5%，哺乳期日粮含消化能 11.83MJ/kg～12.43MJ/kg、粗蛋白质 14%～14.5% 的条件下，按综合指数分为四等（见表3）。

表3 成年种猪等级评定标准

等　　级	综合指数（I）	等　　级	综合指数（I）
特　　等	$I \geqslant 18$	二　　等	$13 \leqslant I < 16$
一　　等	$16 \leqslant I < 18$	三　　等	$10 \leqslant I < 13$

4 种猪出场条件

4.1 经过60日龄评定为合格或120日龄评定不低于三等。

4.2 健康无病并经过免疫注射。

4.3 有种猪系谱卡和出场合格证。

第二节　产品标准编写

产品标准是规定一种产品或一类产品应符合的要求以保证其适用性的标准。农业生产不同于工业生产，其生产过程的影响因素众多，生产层次复杂多变，最终结果——农产品的种类规格和质量也因此参差不齐、优劣不一，这在很大程度上限制了农业经济效益的提高。因此，有必要运用标准化手段，对农产品进行规划和管理。这样既能使生产具有目的性、目标性，提高农产品质量，又有利于农产品在国内外市场，特别是国际市场上进行贸易交流，从而促进对外贸易发展，进一步提高产值和效益。这在我国已经加入WTO的形势下，更加显得意义重大。

制定产品标准是对农产品实行标准化管理的重要方式。产品标准是对农产品的结构、规格、性能、质量和检验方法所做的技术规定，产品标准是农业标准的重要方面，它是农产品生产、检验、验收、使用、维修和洽谈贸易的技术依据。其中，产品质量标准是核心，它对保证和提高产品质量、提高生产和使用的经济效益具有重要意义。

在当前我国社会主义市场经济大发展和全球经济一体化的形势下，产品质量标准化管理重要内容之一，就是要使产品质量标准由过去的生产型向适应对外贸易的贸易型转变。为此，制定农产品质量标准时既要了解影响农产品质量的因素，又要了解贸易型标准的特点。本节以产品质量标准为例，介绍产品标准的编写及相关内容。

一、影响农产品质量的因素

如前所述，种植业生产是利用自然环境及与人为种植技术相结合的开放式生产。因而，影响产品质量的因素可大致归纳为以下三点。

1. 品种本身的影响

品种是影响产品质量最主要的因素。例如，素以"园艺之母"而闻名于世界的我国水果类产品，就因色泽、大小、风味、质地和病斑的有无等感官（形状、大小、果皮着色程度等）和内在质量（肉质、风味、果糖等）不符合国际标准要求，缺乏在国际市场上的竞争力；我国大豆虽货源充足，但因含油量和蛋白质含量不如美国同类产品好，对日本的出口量也一直徘徊在较低的水平。我国的绿茶出口目前虽仍居世界之首，但近几年来我国的出口地位逐步受到后起出口国的竞争压力。可见，品种本身固有的品质是影响种植业产品质量的关键因素。

2. 自然环境的影响

不同的生育环境不仅会影响产品数量，同时也会影响产品质量。低温、干旱、暴风雨和病虫、草害等所有不良环境条件，都会影响粮、果、菜、药等产品的感官和内在质量，引起产品营养成分的改变。以蛋白质含量为例，如在干旱或盐碱地带，则蛋白质含量增加，而淀粉、脂肪的合成降低，反之在湿润年份或在成熟期土壤含水量高的条件下，会降低蛋白质的含量而有利于淀粉的积累；成熟期雨水过多则养分积累受阻，不仅会影响籽粒的饱满度，而且会使果皮和灰分所占比例增加；冻害会降低蛋白质的含量，籽实皱缩；土壤中肥料种类、含量，对蛋白质的形成同样有很大的影响，氮肥能提高蛋白质含量，而过量的钾肥则使蛋白质含量相对降低；此外，病虫草害或过早的"成熟"都会影响籽实中营养物质的积累且籽实小，内、外观品质不良。

3. 人为条件的影响

不符合标准规定的种植业技术措施，如乱用化肥、农药，以及采收、加工、贮藏、包装和运输等不符合标准规定，都会影响产品质量甚至造成产品污染、霉变、虫蛀或产生坏死斑，使其产品质量不符合标准规定。例如，出口玉米因有些产品中农药残留量严重超标，而使其出口受到影响。历史悠久的中国红参，虽不愧为一等原料，但因其加工技术落后而在国际市场上的销价仅是韩国同类产品的四分之一左右。此外，千里迢迢运到销售地区的果品，也经常夹有残、次、废果；上市场的鲜菜中也常有泥沙夹杂；贮藏、包装和运输不善造成的粮食霉变、果菜腐烂更是屡见不鲜。

综上所述，无论从外贸出口还是从内销的要求来看，加强产品质量标准化管理都是至关重要的，特别是在新技术革命浪潮的冲击和国内外消费市场竞争的压力下，要想立于不败之地，必须制定产品质量标准。

二、贸易型标准的特点

1. 贸易型标准把产品的使用性能和用户的要求放在首位

同一产品可根据不同国别、消费水平、生活习惯等灵活采用不同类型的标准。因此，贸易型标准的覆盖面相对较宽，产品规格齐全，使用性能或体现产品特性的指标规定比较宽松并划分不同档次，以适应市场的变化。

2. 贸易型标准本身简洁可行

如化工原料甲醇，苏联标准 TOCT 2222（生产型），把普通玻璃仪器、一般化学试剂都引上标准号。而美国标准 ASTM 1152（贸易型），引用通用标准多，不写一般仪器和药品，只规定方法的精密度。因此，贸易型标准应该是抓住体现产品质量性能的关键指标，有些内容可留待签合同时进一步补充。

3. 贸易型标准更新速度快

企业可随市场信息的变化，订货者需求的变化，及时修订标准。贸易型标准不与工艺相关联，有利于打破只有工艺成熟、生产稳定才能制定标准的局面，有利于贯彻"积极采用国际标准"的方针。

4. 贸易型标准是非强制性的

出口产品所执行的标准应与国际惯例一致，从总体上看应都是非强制性的，供外商选用。

5. 贸易型标准注重产品外观和包装要求

国际市场上客户对产品的外观和包装十分重视，但生产型标准涉及产品外观和包装的内容较少，使得我国一些产品虽然质量很好，但由于外观和包装等不符合国际市场的要求，贸易索赔严重。因此，贸易型标准不仅要对产品的本身质量做出明确的规定，还要对产品的外观和包装做出明确的要求。

三、农产品质量标准的编写实例

1. 产品质量标准的一般结构

产品质量标准的一般结构如图 5-3 或 5-4 所示。

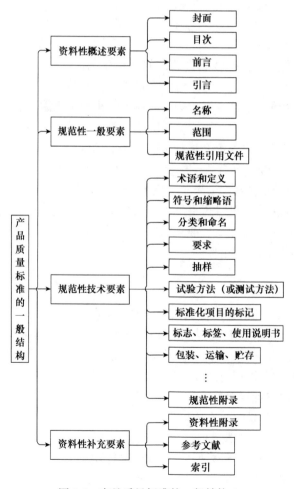

图 5-3　产品质量标准的一般结构 1

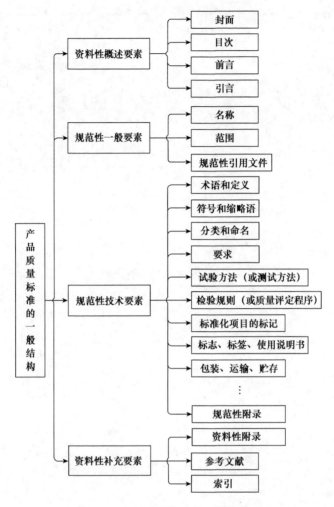

图 5-4 产品质量标准的一般结构 2

2. 编写实例（1）

玉米 GB 1353—2009

封面见图 5-5。

前　　言

本标准的全部技术内容为强制性。

本标准自实施之日起代替 GB 1353—1999《玉米》。

本标准与 GB 1353—1999 的主要技术差异如下：

——调整了等级指标，将三个等级调整为五个等级，并增加了等外级；

——调整了不完善粒指标，并对应等级设定指标；

——增加了检验规则；

——增加了有关标签标识的规定；

ICS 67.060
B 22

中华人民共和国国家标准

GB 1353—2009
代替 GB 1353—1999

玉　米

Maize

2009-03-28 发布

2009-09-01 实施

中华人民共和国国家质量监督检验检疫总局
中国国家标准化管理委员会　发 布

图 5-5 《中华人民共和国国家标准　玉米》封面

——修订了附录 A 的容量测定方法；

——增加了附录 B。

本标准的附录 A 和附录 B 是规范性附录。

本标准由国家粮食局提出。

本标准由全国粮油标准化技术委员会归口。

本标准主要起草单位：国家粮食局标准质量中心、吉林省粮食局、辽宁省粮食局、黑龙江省粮食局、河北省粮食局、河南省粮食局、内蒙古自治区粮食局、山西省粮食局、陕西省粮食局、中国储备粮管理总公司、中国储备粮管理总公司吉林分公司、吉林省农业科学院玉米研究所、河南工业大学、国家粮食局科学研究院、中粮集团武汉科学研究设计院。

本标准主要起草人：杜政、唐瑞明、龙伶俐、朱之光、谢华民、李玥、谢玉珍、宋长权、冯锡仲、张玉琴、郁伟、徐向颖、肖丽荣、路辉丽、王晓光、王恒、党献民、巩福生、顾祥明、才卓、王凤成、林家永、杨海鹏。

本标准所代替标准的历次版本发布情况为：

——GB 1353—1978、GB 1353—1986、GB 1353—1999。

玉 米

1 范围

本标准规定了玉米的术语和定义、分类、质量要求和卫生要求、检验方法、检验规则、标签标识以及包装、储存和运输的要求。

本标准适用于收购、储存、运输、加工和销售的商品玉米。

本标准不适用于本标准分类规定以外的特殊品种玉米。

2 规范性引用文件

下列文件中的条款通过本标准的引用而成为本标准的条款。凡是注日期的引用文件，其随后所有的修改单（不包括勘误的内容）或修订版均不适用于本标准，然而，鼓励根据本标准达成协议的各方研究是否可使用这些文件的最新版本。凡是不注日期的引用文件，其最新版适用于本标准。

GB 2715 粮食卫生标准

GB/T 5490 粮食、油料及植物油脂检验 一般规则

GB 5491 粮食、油料检验 扦样、分样法

GB/T 5492 粮油检验 粮食、油料的色泽、气味、口味鉴定

GB/T 5493 粮油检验 类型及互混检验

GB/T 5494 粮油检验 粮食、油料的杂质、不完善粒检验

GB/T 5497 粮食、油料检验 水分测定法

GB/T 5498 粮食、油料检验 容重测定法

GB 13078 饲料卫生标准

LS/T 3701 HGT-1000 型谷物容重器

3 术语和定义

下列术语和定义适用于本标准。

3.1 容重 test weight

玉米籽粒在单位容积内的质量，以克／升（g/L）表示。

3.2 不完善粒 unsound kernel

受到损伤但尚有使用价值的玉米颗粒。包括虫蚀粒、病斑粒、破碎粒、生芽粒、生霉粒和热损伤粒。

3.2.1 虫蚀粒 injured kernel

被虫蛀蚀，并形成蛀孔或隧道的颗粒。

3.2.2 病斑粒 spotted kernel

粒面带有病斑，伤及胚或胚乳的颗粒。

3.2.3 破碎粒 broken kernel

籽粒破碎达本颗粒体积五分之一（含）以上的颗粒。

3.2.4 生芽粒 sprouted kernel

芽或幼根突破表皮，或芽或幼根虽未突破表皮但胚部表皮已破裂或明显隆起，有生芽痕迹的颗粒。

3.2.5 生霉粒 moldy kernel

粒面生霉的颗粒。

3.2.6 热损伤粒 heat-damaged kernel

受热后籽粒显著变色或受到损伤的颗粒，包括自然热损伤粒和烘干热损伤粒。

3.2.6.1 自然热损伤粒 nature heat-damaged kernel

储存期间因过度呼吸，胚部或胚乳显著变色的颗粒。

3.2.6.2 烘干热损伤粒 drying heat-damaged kernel

加热烘干时引起的表皮或胚或胚乳显著变色，籽粒变形或膨胀隆起的颗粒。

3.3 杂质 foreign matter

除玉米粒以外的其他物质，包括筛下物、无机杂质和有机杂质。

3.3.1 筛下物 throughs

通过直径 3.0mm 圆孔筛的物质。

3.3.2 无机杂质 inorganic impurity

泥土、砂石、砖瓦块及其他无机物质。

3.3.3 有机杂质 organic impurity

无使用价值的玉米粒、异种类粮粒及其他有机物质。

3.4 色泽、气味 colour and odour

一批玉米固有的综合颜色、光泽和气味。

4 分类

4.1 黄玉米

种皮为黄色，或略带红色的籽粒不低于 95% 的玉米。

4.2 白玉米

种皮为白色，或略带淡黄色或略带粉红色的籽粒不低于 95% 的玉米。

4.3 混合玉米

不符合 4.1 或 4.2 要求的玉米。

5 质量要求和卫生要求

5.1 质量要求

各类玉米质量要求见表1。其中容重为定等指标，3 等为中等。

表 1 玉米质量指标

等级	容重 /（g/L）	不完善粒含量 /%		杂质含量 /%	水分含量 /%	色泽、气味
		总量	其中：生霉粒			
1	≥720	≤4.0				
2	≥685	≤6.0				
3	≥650	≤8.0	≤2.0	≤1.0	≤14.0	正常
4	≥620	≤10.0				
5	≥590	≤15.0				
等外	＜590	—				
注："—"为不要求。						

5.2 卫生要求

5.2.1 食用玉米按 GB 2715 及国家有关规定执行。

5.2.2 饲料用玉米按 GB 13078 及国家有关规定执行。

5.2.3 其他用途玉米按国家有关标准和规定执行。

5.2.4 植物检疫按国家有关标准和规定执行。

6 检验方法

6.1 扦样、分样：按 GB 5491 执行。

6.2 色泽、气味检验：按 GB/T 5492 执行。

6.3 类型及互混检验：按 GB/T 5493 执行。

6.4 杂质、不完善粒检验：按 GB/T 5494 执行。

6.5 水分检验：按 GB/T 5497 执行。

6.6 容重检验：按附录 A 执行。水分不高于 18.0% 的玉米直接测定容重，高于 18.0% 的应按照附录 B 的规定降水后再测定容重。

7 检验规则

7.1 检验的一般规则按 GB/T 5490 执行。

7.2 检验批为同种类、同产地、同收获年度、同运输单元、同储存单位的玉米。

7.3 判定规则：容重应符合表 1 中相应等级的要求，其他指标按照国家有关规定执行。

8 标签标识

8.1 应在包装物上或随行文件中注明产品的名称、类别、等级、产地、收获年度和月份。

8.2 转基因玉米应按照国家有关规定标识。

9 包装、储存和运输

9.1 包装

包装应清洁、牢固、无破损，缝口严密、结实，不得造成产品撒漏。不得给产品带来污染和异常气味。

9.2 储存

应储存在清洁、干燥、防雨、防潮、防虫、防鼠、无异味的仓库内，不得与有毒有害物质或水分较高的物质混存。

9.3 运输

应使用符合卫生要求的运输工具和容器运送，运输过程中应注意防止雨淋和被污染。

附 录 A
（规范性附录）
玉米容重的测定方法

A.1 仪器和用具

A.1.1 GHCS-1000 型谷物容重器或 HGT-1000 型谷物容重器（漏斗下口直径为 40mm）：基本参数和主要技术要求应符合 LS/T 3701 的要求。

A.1.2 谷物选筛：上层筛孔直径 12.0mm，下层筛孔直径 3.0mm，并带有筛底和筛盖。

A.2 试样制备

按照检验方法，从原始样品中缩分出两份平均样品各约 1 000g 作为试验样品。每份试验样品按 A.1.2 规定套好筛层，分两次进行筛选。取下层筛的筛上物混匀，作为测定容重的试样。

A.3 操作步骤

A.3.1 GHCS-1000 型谷物容重器

A.3.1.1 打开箱盖，取出所有部件，选用下口直径为 40mm 的漏斗。按照使用说明书进行安装、校准，将带有排气砣的容量筒放在电子秤上称量，并清零。

A.3.1.2 取下容量筒，倒出排气砣，将容量筒牢固平稳地安装在铁板底座上，插上插片，放上排气砣，套上中间筒。

A.3.1.3 将制备好的试样倒入谷物筒内（确保漏斗开关关闭），装满刮平。再将谷物筒套在中间筒上，打开漏斗开关，待试样全部落入中间筒后关闭漏斗开关。用手握住中间筒与容量筒的接合处，平稳地抽出插片，使试样随排气砣一同落入容量筒内，再将插片平稳地插入插口。

A.3.1.4 取下谷物筒，拿起中间筒和容量筒，倒净插片上多余的试样，抽出插片，将装有试样的容量筒放在电子秤上称量。

A.3.2 HGT-1000 型谷物容重器

选用下口直径为 40mm 的漏斗，容重器的安装及操作按照 GB/T 5498 容重测定方法执行。

A.4 结果表示

检测结果为整数，两次试验样品的允许差不得超过 3g/L，取算术平均值为测定结果。

附 录 B

（规范性附录）

玉米快速干燥降水设备技术条件及操作方法

B.1 设备技术要求

B.1.1 采用红外加热或热风干燥，辅以机械通风，在短时间内将高水分玉米的水分干燥到 18.0%以下。

B.1.2 应具有电子控温、定时调控、超温超压保护等功能。

B.1.3 应具有良好的隔热、绝缘和通风效果，易于清理，安全、耐用，操作简便。

B.1.4 一次至少应干燥 2 份样品，每份样品不低于 2000g。

B.1.5 干燥盘底部为筛网状，保证通风良好，样品在盘内的厚度不得超过 2cm。

B.1.6 干燥室内温度应稳定，样品受热均匀，干燥后的玉米籽粒水分含量应均匀，不得有严重烘干热损伤粒。

B.1.7 外观应平整、光滑，无毛刺、漏漆、挂漆、裂纹及严重损伤、锈蚀和变形等现象。

B.1.8 应具有产品名称、制造厂商、商标、规格型号、样品干燥量以及国家规定的标识内容。

B.2 主要参数

B.2.1 额定功率不小于 2.0kW，控温范围在 40℃～160℃，干燥温度稳定在 50℃～130℃之间，误差不超过 5℃。

B.2.2 将水分干燥至 18.0% 的最长时间应控制在 30min 以内。各项参数见表 B.1。

表 B.1　玉米水分干燥至 18.0% 时的参数

原始水分 /%	干燥时间 /min	干燥温度 /℃
≤23.0	≤10	
≤28.0	≤15	（120～130）±5
≤33.0	≤20	
>33.0	≤30	
注：也可通过设定不同的档控制干燥时间。		

B.3　设备测试方法

B.3.1　按照产品使用说明书对设备进行安装和调试，将调试好的设备升温至 140℃左右。

B.3.2　样品制备：从原始样品中缩分出约 2000g 作为试验样品。按附录 A.1.2 规定套好筛层，进行筛选。取下层筛的筛上物混匀（拣出易燃有机杂质），用快速水分测定仪器进行水分测定，作为原始水分。

B.3.3　干燥：将制备好的样品放入干燥盘内均匀铺平，快速放入干燥室内，按照表 B.1 的干燥参数，设定干燥时间和干燥温度。如果试样水分过高，可在干燥半程，取出干燥盘翻动试样，均匀铺平后再继续干燥。

B.3.4　干燥结束后，将样品取出，在实验室条件下自然冷却至室温。

B.4　结果判定

用快速水分测定仪器对冷却后的样品进行水分测定，在规定时间内将对应原始水分的玉米降到不大于 18.0% 的设备为合格产品。

B.5　样品的干燥

用测试合格后的设备按第 B.3 章的操作步骤对高水分玉米进行干燥。

3.　实例编写（2）

油菜籽 GB/T 11762—2006

封面见图 5-6。

前　言

本标准是对 GB/T 11762—1989《油菜籽》的修订。

本标准与 GB/T 11762—1989《油菜籽》的主要差异：

——根据油菜籽的芥酸、硫甙含量，将其分为普通油菜籽和双低油菜籽；

——参考国外油菜籽标准，增加了未熟粒、热损伤粒、生芽粒指标；

——将原来的"霉变粒"改为"生霉粒"；

——将原来的 8 个等级改为 5 个等级；将原级差 1 个百分点改为 2 个百分点；

——增加了判定规则和对标识的要求。

本标准自实施之日起代替 GB/T 11762—1989《油菜籽》。

本标准附录 A 为规范性附录。

ICS 67.200.20
B 33

中华人民共和国国家标准

GB/T 11762—2006
代替 GB/T 11762—1989

油 菜 籽

Rapeseed

2006-09-14 发布

2007-04-01 实施

中华人民共和国国家质量监督检验检疫总局
中国国家标准化管理委员会 发 布

图 5-6 《中华人民共和国国家标准　油菜籽》封面

本标准由国家粮食局提出。

本标准由全国粮油标准化技术委员会归口。

本标准负责起草单位：湖北省粮油食品质量监测站、国家粮食局标准质量中心、国家粮食储备局武汉粮食科学研究院、河南工业大学、国家粮食储备局西安油脂科学研究院、安徽省粮食局、四川省粮油中心监测站。

本标准主要起草人：熊宁、余敦年、江友玉、刘勇、谢华民、杨林、周显青、薛雅琳、丁世琪、肖青。

油 菜 籽

1　范围

本标准规定了油菜籽的术语和定义、分类、质量要求、检验方法、判定规则，以及对标识、包装、储存和运输的要求。

本标准适用于加工食用油的商品普通油菜籽和双低油菜籽。

2　规范性引用文件

下列文件中的条款通过本标准的引用而成为本标准的条款。凡是注日期的引用文件，其随后所有的修改单（不包括勘误的内容）或修订版均不适用于本标准，然而，鼓励根据本标准达成协议的各方研究是否可使用这些文件的最新版本。凡是不注日期的引用文件，其最新版本适用于本标准。

GB 5491　粮食、油料检验　扦样、分样法

GB/T 5492　粮食、油料检验　色泽、气味、口味鉴定法

GB/T 5494　粮食、油料检验　杂质、不完善粒检验法

GB/T 8946　塑料编织袋

GB/T 14488.1　油料种籽含油量测定法

GB/T 14489.1　油料水分及挥发物含量测定法

GB 19641　植物油料卫生标准

LS/T 3801　粮食包装　麻袋

NY/T 91　油菜籽中油的芥酸的测定　气相色谱法

ISO 9167-1　油菜籽——硫代葡萄糖甙含量的测定——第1部分：高效液相色谱法

3　术语和定义

下列术语和定义适用于本标准。

3.1　油菜籽 rapeseed
十字花科草本植物栽培油菜长角果的小颗粒球形种子，种皮有黑、黄、褐红等色。

3.2　转基因油菜籽 genetically modified organism rapeseed
用转基因生物技术培育的种子生产的油菜籽。

3.3　含油量 oil content
净油菜籽中粗脂肪的含量（以标准水分计）。

3.4　杂质 impurity
除油菜籽以外的有机物质、无机物质及无使用价值的油菜籽。

3.5　不完善粒 unsound kernel
受到损伤或存在缺陷但尚有使用价值的颗粒。包括生芽粒、生霉粒、未熟粒和热损伤粒。

3.5.1　生芽粒 sprouted kernel
芽或幼根突破种皮的颗粒。

3.5.2　生霉粒 moldy kernel
粒面生霉的颗粒。

3.5.3　未熟粒 distinctly green kernel
籽粒未成熟，子叶呈现明显绿色的颗粒。

3.5.4 热损伤粒 heat damaged kernel

由于受热而导致子叶变成黑色或深褐色的颗粒。

3.6 芥酸含量 erucic acid content

油菜籽油的脂肪酸中芥酸［顺式二十二（碳）烯 - (13) 酸］的百分含量。

3.7 硫代葡萄糖甙含量 glucosinolate content

油菜籽粕（或饼，含油 2% 计）中硫代葡萄糖甙（简称硫甙或硫苷）的含量。

3.8 双低油菜籽（低芥酸低硫甙油菜籽）low erucic acid and low glucosinolate rapeseed

油菜籽油的脂肪酸中芥酸含量不大于 3.0%，粕（饼）中的硫甙含量不大于 35.0μmol/g 的油菜籽。

4 分类

根据芥酸和硫甙含量将油菜籽分为普通油菜籽和双低油菜籽。

5 质量指标

5.1 质量等级指标

5.1.1 普通油菜籽质量指标见表 1。

表 1 普通油菜籽质量指标

等级	含油量（标准水计）/（%）	未熟粒 /（%）	热损伤粒 /（%）	生芽粒 /（%）	生霉粒 /（%）	杂质 /（%）	水分 /（%）	色泽气味
1	≥42.0	≤2.0	≤0.5					
2	≥40.0	≤6.0	≤1.0	≤2.0	≤2.0	≤3.0	≤8.0	正常
3	≥38.0							
4	≥36.0	≤15.0	≤2.0					
5	≥34.0							

5.1.2 双低油菜籽质量指标见表 2。

表 2 双低油菜籽质量指标

等级	含油量（标准水计）/（%）	未熟粒 /（%）	热损伤粒 /（%）	生芽粒 /（%）	生霉粒 /（%）	芥酸含量 /（%）	硫甙含量 /（%）	杂质 /（%）	水分 /（%）	色泽气味
1	≥42.0	≤2.0	≤0.5							
2	≥40.0	≤6.0	≤1.0	≤2.0	≤2.0	≤3.0	≤35.0	≤3.0	≤8.0	正常
3	≥38.0									
4	≥36.0	≤15.0	≤2.0							
5	≥34.0									

5.2 卫生指标

按 GB 19641 和国家有关标准、规定执行。

5.3 植物检疫

按国家有关标准和规定执行。

6 检验方法

6.1 扦样、分样：按 GB 5491 执行。

6.2 色泽、气味检验：按 GB/T 5492 执行。

6.3　杂质检验、生芽粒检验、生霉粒检验：按 GB/T 5494 执行。

6.4　芥酸含量检验：按 NY/T 91 执行。

6.5　含油量检验：按 GB/T 14488.1 执行。

6.6　水分检验：按 GB/T 14489.1 执行。

6.7　热损伤粒检验、未熟粒检验：按附录 A 执行。

6.8　硫甙含量检验：按 ISO 9167-1 执行。

7　判定规则

7.1　普通油菜籽和双低油菜籽均以含油量定等，含油量低于 5 等的为等外油菜籽。

7.2　芥酸和硫甙两项指标中有一项达不到表 2 规定的油菜籽，不能作为双低油菜籽。

8　标识

应在包装或货位登记卡、贸易随行文件中标明产品名称、质量等级、收获年度、产地等内容。转基因产品的标识按国家有关规定执行。

9　包装、储存和运输

包装或散装油菜籽的包装、储存、运输，应符合国家的有关技术标准和规范。

9.1　包装

包装物应密实牢固，不应产生撒漏，不应对油菜籽造成污染。使用麻袋包装时，应符合 LS/T 3801 的规定；使用编织袋包装时，应符合 GB/T 8946 的规定。

9.2　储存

应分类、分级储存于阴凉干燥处，不应与有毒、有害物品混存，堆放的高度应适宜。

9.3　运输

运输中应注意安全，防止日晒、雨淋、渗漏、污染。运输所用车、船和其他装具不应对油菜籽造成污染。

附　录　A

（规范性附录）

热损伤粒、未熟粒检验方法

A.1　仪器和用具

A.1.1　油菜籽计数板（宽 25mm～80mm，长 120mm～250mm），100 孔或 50 孔。

A.1.2　粘胶带（宽 25mm～84mm，长 120mm～250mm，胶带底部为白色）。

A.1.3　滚筒（宽 25mm～80mm）。

A.2　操作方法

A.2.1　取样

从已除去杂质的油菜籽试样中用 100 孔或 50 孔的计数板随机取油菜籽，使计数板微孔填满；用胶带纸覆盖在计数板上，揭下胶带纸，计数板上的油菜籽籽粒全部转至胶带纸上。进行 5 次或者 10 次（共取 500 粒油菜籽），得粘有油菜籽籽粒的 5 条或 10 条胶带纸。

A.2.2　碾压

将粘有籽粒的胶带纸置于硬纸板上，用滚筒碾压粘有籽粒面的胶带纸，使籽粒种皮破裂。

A.2.3　计数

A.2.3.1　热损伤粒

对所碾压的籽粒在白炽光下进行观察，确认子叶呈黑色或深褐色的颗粒，计数 N_1（已碾压籽粒中热损伤粒的和）；如果 N_1 等于 0，则热损伤粒结果为未检出；如果 N_1 大于或等于 1，则重复 A.2.1、A.2.2 操作，计数 N_2。

A.2.3.2　未熟粒

对所碾压的籽粒进行观察，确认子叶呈明显绿色的颗粒，计数 N_3（已碾压籽粒中未熟粒的和）；如果 N_3 等于 0，则未熟粒结果为未检出；如果 N_3 大于或等于 1，则重复 A.2.1、A.2.2 操作，计数 N_4。

A.3　结果计算

A.3.1　热损伤粒

热损伤粒（X）如式（A.1）计算，数值以 % 表示：

$$X = \frac{N_1 + N_2}{1000} \times 100 \tag{A.1}$$

式中：

N_1、N_2——热损伤粒数；

1000——油菜籽总粒数。

A.3.2　未熟粒

未熟粒（Y）如式（A.2）计算，数值以 % 表示：

$$Y = \frac{N_3 + N_4}{1000} \times 100 \tag{A.2}$$

式中：

N_3、N_4——未熟粒数；

1000——油菜籽总粒数。

第三节　栽培（养殖）技术规程编写

农业生产技术规程，包括栽培技术规程（种植业）和养殖技术规范（养殖业），是技术标准的一种形式，同时又具有管理标准的功能，因此可称为管理技术标准。

对于种植业，栽培技术规程是以最大限度地发挥优良品种增产潜力和最合理利用自然资源为基本出发点，通过正确地选用良种、合理调整播种期和科学运用水肥等一系列标准化技术措施，对种植业从播种到收获整个生产过程中的技术环节进行规范化管理，实现优质、高产、低耗、高效的目标。

对于养殖业，其技术规程是以充分发挥优良畜禽品种的生产能力和充分合理地利用饲料营养物质为出发点，通过科学确定饲料营养物质的数量和质量，创造符合畜禽生长发育规律的生长环境，最终获得高产、优质、高效、安全的畜禽产品的目标。

从本质上说，种植业栽培技术规程和养殖业养殖技术规范是一致的，均是以实现最终产品的最佳效益为目标。下面以种植业生产技术规程为例，介绍有关内容。

一、种植业生产技术规程的内容

种植业生产技术规程的内容，因作物种类不同、品种不同及种植形式不同，规定的项目和指标也不同。

1. 经济技术指标

包括：产品质量指标，单位面积（株）产量，产量构成因素、成本、能耗等优质、高产栽培的定量指标。

2. 品种

包括：适用于当地种植的高产、优质、抗逆性强的符合 GB 4404.1—2008《粮食作物种子　第 1 部分：禾谷类》等标准要求的优质良种；播种前依据 GB/T 3543.1—1995～GB/T 3543.7—1995《农作物种子检验规程》规定品种纯度和种子净度、水分、发芽率（势）检验，选种、晒种、种子消毒，催芽的时间、方法、壮芽以及播种的时间、方法和注意事项等内容。

3. 选地

包括：地势，土壤的质地、肥力、酸碱度（pH），地下水位高低，灌排水和运输（鲜果、菜类）条件等内容。

4. 整地

包括：整地时间、方法、次数和质量要求等内容。

5. 播种

包括：播种时间、方法、密度、播量、复土深浅、播种质量要求；施基肥（肥料种类及配比、施期、施量、施法）及防治病虫草害（防治对象、指标、药剂类型、施期、施法、施量、注意事项）等内容。

6. 育苗

包括：苗地或苗圃选择、整地做床、播种、肥水管理（追肥灌水时间、次数、方法、肥料种类及配比、施肥量、灌水定额）、温湿度调控、防治病虫草鼠害、间苗（次数、时间、方法、质量要求）、培育壮苗等内容。

7. 定植

包括：起苗（时间、方法、壮苗检验标准、包装运输技术要求），定植（验收技术规则、定植时间、指标、方法、定植深浅、密度、补苗方法）等内容。

8. 防御低温冻害

包括：冻害类型、症状、发生条件、时期、预测、诊断方法、防御时期、措施等内容。

9. 诊断

包括：形态、营养等诊断的对象、时间、方法、指标等内容。

10. 收获、贮藏

包括：收获或贮藏的时间、指标、方法、注意事项等内容。

11. 农机具作业

包括：农机具选用、作业质量、安全操作技术等标准及作业验收规则等内容。

12. 农药安全使用

包括：常用农药、除草剂的安全施用时间、施量、方法、注意事项等内容。

13. 种植设施、设备

包括：烤烟、保护地蔬菜、浆果、药用植物及食用菌等烘烤、育苗、栽培、设施、设备等标准内容，如烤烟房、育苗室、塑料大棚、参棚、菇房、材料、仪器、设备、设施等内容。

14. 种植田（圃）基本建设

包括：农田、果园、菜园、药圃、苗圃及果品包装场地、贮藏库、窖标准。

15. 土壤质量

包括：种植业土壤名称、成土条件、形态特征、理化性质、农业性状、有效养分含量、保水保肥能力、适种作物、含有毒物质限量指标、土壤诊断、土壤测试分析等内容。

16. 生产用水

包括：生产用水质量、温度、肉眼可见物、异味、溶解氧、生化需氧量，各有毒金属物、石油类、大肠菌群、总磷、总氮标准指标，以及水质控制、检验，地下水合理利用等内容。

17. 肥料及施用

包括：农家肥、绿肥及污水的质量标准和施用（包括化肥）等内容。

18. 土壤改良和培肥地力

包括：土壤区划、水土保持、土壤改良和培肥地力指标、措施等内容。

种植业生产技术规范内容广泛，项目繁多。

二、种植业生产技术规程体系表及其内涵与外延

种植业生产从古至今，一向被视为人类最基本的生产活动之一，它所面对的是一个品种繁多、土壤类型不一、气象万千、技术措施多样的开放式个体经营环境。因此，在开展种植业生产规程化活动中，一定要因种制宜、因时制宜、因地制宜。

种植业生产技术规程体系，是个时（间）空（间）经常变化的动态结构。其标准化的主要对象——产品的最终形成，也受大自然多种变态因子和各种农业活动所左右，它是人-物-机-环诸因素互为依存、互相作用、彼此制约直至整体协调一致的结果。

整体协调一致，是从事种植业生产技术规程活动和设计其体系表的首要原则。其次，种植业系统中任何一种作物类型或品种都是一个有生命的群体，在其生长发育全过程，按其自身发展规律，并在其周围环境的影响下，一个阶段一个阶段（生育阶段）地向后推移，在其生长发育的每一段、每一时期都彼此作用，互相影响，即前一个阶段发育是后一个阶段的依据，后一个阶段发育是前一个阶段的继续。任何一个阶段发育的好坏，都决定性地影响着全局（产品数量和质量）。因此，在制修订种植业生产规程和设计其体系表时必须注意其规律性，运用系统工程原理处理和分析问题。

最后是种植形式多样、种植技术密集不一。同地同作物甚至同一个品种，因技术手段不同或措施、指标不一，都会在作物生长发育过程的某一环节出现差异，乃至影响作物最终产品。因而在"统一、简化、协调、优化"的标准活动中，它将比工业生产的优化更严格，更需要经过协调达到总体优化的目的。种植业生产技术规程需要在考虑现有基础、水平和条件，与长远发展需要相结合的基础上，充分体现国家有关技术和经济政策，根据当地资源特点和自然条件、技术发展方向、生产发展规模及环境保护、培肥地

力、水土保持等要求，全面权衡，使总体获得最佳效果。

设计种植业生产技术规程体系表，是一项复杂性、细致性、科学性、技术性、经济性、政策性很强的工作，必须以大量的科学研究和生产实践为基础，进行合理的优化和科学的决策。种植业生产技术规程体系表（雏形）见图5-7。

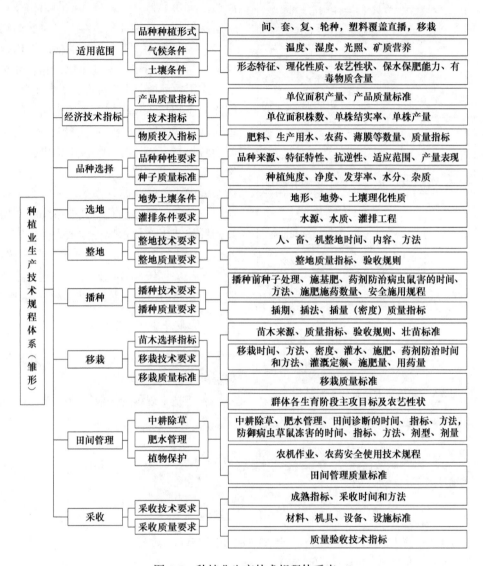

图 5-7 种植业生产技术规程体系表

从图5-7可以看出，种植业生产技术规程体系表是由纵向结构与横向结构组成的统一体。纵向结构代表体系的层次，横向结构代表所涉及的领域。

其同一个序列的纵向结构，是反映种植业生产（标准对象）内在的抽象与具体、共性与个性、统一与异变的辩证关系；不同层次结构间的内容是彼此关联、互相制约、互相补充的一个整体结构。上一层次结构是下一层次结构的控制，下一层次结构是上一层次结构的完善和展开。

体系表的横向结构反映了种植业生产技术规程体系领域内各种技术措施、各环节之间的内在联系与展开，上一层次领域结构是下一层次领域结构的控制。

层次结构和领域结构是互相衔接、互相渗透的有机总体，上一层次横向结构是对下一层次结构的共性抽象，对下一层次结构起主导和控制作用；下一层次的横向结构则是对上一层次横向结构的具体化，起着补充完善的作用。种植业生产标准化对象十分广泛，因而其生物技术规程体系表的横向结构内容也非常丰富，领域结构内容将根据不同作物、不同栽培技术而增补。层次结构也必然随之发生与其水平相应的变化。因此，整个规程体系表的内部结构是动态的协调。由于种植业生产的实际需要及其与其他系统的密切关系，种植业生产技术规程体系表的内容，自然地向环境卫生、农机（具）及材料、仪器、设备等相关系统和领域外延，并起着相辅相成、相互制约、相互促进和协调发展的作用。

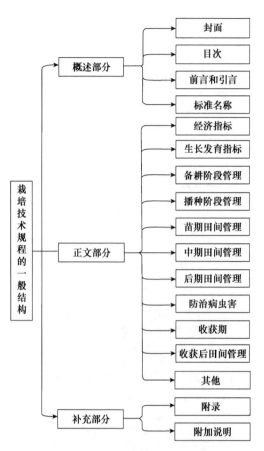

图 5-8　栽培技术规程的一般结构

2. 种植业生产技术规程编写实例

三、农业生产技术规程编写实例

1. 种植业生产技术规程——栽培技术规程的一般结构

栽培技术规程的一般结构如图 5-8 所示。

有机食品　水稻生产技术规程 NY/T 1733—2009

封面见图 5-9。

前　言

本标准由中华人民共和国农业部种植业管理司提出并归口。

本标准起草单位：吉林省有机农产品协会。

本标准主要起草人：徐虹、张三元、赵然、车丽梅、赵英奎、严光彬、金京德。

有机食品　水稻生产技术规程

1　范围

本标准规定了有机食品——水稻生产技术的术语定义、种植要求、资料记录和有机认证。

本标准适用于有机食品——水稻的生产。

ICS 65.020.20
B 05

NY

中华人民共和国农业行业标准

NY/T 1733—2009

有机食品　水稻生产技术规程

Technical norm on organic
food—rice production

2009-04-23 发布　　　　　　　　　2009-05-20 实施

中华人民共和国农业部 发布

图 5-9 《有机食品　水稻生产技术规程》封面

2　规范性引用文件

下列文件中的条款通过本标准的引用而成为本标准的条款。凡是注日期的引用文件，其随后所有的修改单（不包括勘误的内容）或修订版均不适用于本标准。然而，鼓励根据本标准达成协议的各方研究是否可使用这些文件的最新版本。凡是不注日期的引用文件，其最新版本适用于本标准。

GB 3095　环境空气质量标准

GB 5084　农用灌溉水质标准

GB 9137　保护农作物的大气污染物最大允许浓度

GB 15618　土壤环境质量标准

GB/T 19630.1—2005　有机产品　第一部分：生产

NY 525—2002　有机肥料

NY 884—2004　生物有机肥

3　术语和定义

GB/T 19630.1—2005 中 3.2、3.4、3.5、3.6、3.7、3.10，NY 525—2002 中 3 和 NY 884—2004 中 3 及下列术语、定义适用于本标准。

3.1　农家肥 farmyard manure

农民就地取材、就地使用、不含集约化生产、无污染的由生物物质、动植物残体、排泄物、生物废物等积制腐熟而成的一类肥料。

3.2　有机食品——水稻（有机稻）organic food—rice

按本规程生产的水稻。

3.3　有机稻种 organic rice seed

按本规程生产的水稻种子。

3.4　商品有机肥 commercial organic fertilizer

通过有机认证允许在市场上销售的有机肥。

3.5　生物源农药 Bio-pesticides

直接利用生物活体或生物代谢过程中产生的具有生物活性物质或从生物体提取的物质作为防治病虫草害的农药。

4　种植要求

4.1　产地要求

4.1.1　产地选择

有机食品——水稻产地应具备土层深厚、有机质含量高，空气清新，大气质量达到 GB 3095 中二级标准和 GB 9137 要求；土壤达到 GB 15618 中二级标准；灌溉水质符合 GB 5084 要求。

4.1.2　转换期确定

有机水稻生产田需要经过转换期。转换期一般不少于 24 个月。开荒或撂荒多年或长期按传统农业方式种植的水稻田也要经过至少 12 个月的转换期才能进入有机水稻生产。转换期间应按有机生产方式管理。

4.1.3　平行生产控制

如果有机水稻田周边存在平行生产，应在有机和常规生产区域间设置缓冲带或物理障碍，以防有机种植禁用物质漂移到有机稻田，以保证有机生产田不受污染。平原稻区缓冲带应在 100m 以上；丘陵稻区上游不能种植非有机作物。

4.1.4　转基因控制

有机水稻生产中，严禁使用任何转基因生物或其衍生物。

4.2　栽培技术

4.2.1　稻种选择

选用有机稻种。但在购买不到的情况下，应选用未经禁用物质处理过的稻种。

4.2.2　育秧

减少播种量，培育壮秧。种子处理和秧田管理过程中，严禁使用有机栽培禁用物质。

4.2.3　本田管理

4.2.3.1　移栽

适时移栽。行株距以有利于水稻健康生长，提高群体抗病虫草害能力的密度为宜。

4.2.3.2 施肥

除达到 GB/T 19630.1—2005 中 4.2.3 要求外，还应根据当地土壤特点制定土壤培肥计划。各种土壤培肥和改良物质要符合 GB/T 19630.1—2005 中附录 A 的要求。

4.2.3.2.1 有机肥的使用

有机肥施用应进行总量控制，避免后期贪青晚熟。

4.2.3.2.2 农家肥的使用

允许使用符合有机种植要求，并经充分发酵腐熟的堆肥、沤肥、厩肥、绿肥、饼肥、沼气肥、草木灰等农家肥。

4.2.3.2.3 商品有机肥的使用

必须使用通过有机认证，许可在市场上销售的商品有机肥。

4.2.3.3 灌溉

水质符合 GB 5084 要求。采取开腰沟、围沟、干干湿湿晒田等间歇灌溉措施。

4.2.3.4 杂草防治

4.2.3.4.1 种养结合除草

采用稻田养鸭、养鱼、养蟹等方式进行除草肥田。

4.2.3.4.2 秸秆覆盖或米糠除草

秸秆覆盖材料要选用不带病菌的稻草。将稻草铡成 3cm 左右，于插秧后 1 周均匀撒布于行间，以不露田面为宜；或将米糠均匀施入稻田，每公顷 350～450kg 为宜。

4.2.3.4.3 机械或人工除草

耙地前 1 周泡田，促进草籽萌芽。移栽后 15d 用中耕除草机或人工进行除草。生育后期人工拔除大草。

4.2.3.5 病虫害防治

采取"农业防治为主，生物兼物理防治为辅"的防治措施，创造有利于各类天敌栖息繁衍而不利于病虫害滋生的生态环境。

4.2.3.5.1 农业防治

清除越冬虫源；采用品种轮换、培育壮苗、适时移栽、合理稀植、科学灌溉等措施防治病虫害。

4.2.3.5.2 生物防治

采用稻田养鸭、性诱剂捕杀成虫等进行防治。

4.2.3.5.3 物理防治

采用黑光灯、频振式杀虫灯等诱杀、捕杀害虫。

4.2.3.5.4 药剂防治

应符合 GB/T 19630.1—2005 中 4.2.4 要求。

4.3 收获

适时收获。当存在平行生产时，有机稻和非有机稻应分开收割、晾晒、脱粒、运输和储藏。禁止在公路、沥青路面及粉尘污染的场合脱粒。

5 资料记录

5.1 产地地块图

地块图应清楚标明有机水稻生产田块的地理位置、田块号、边界、缓冲带以及排灌设施等。

5.2 农事活动记录

农事活动记录应该真实反映整个生产过程，包括投入品的种类、数量、来源、使用原因、日期、效果以及出现的问题和处理结果等。

5.3　收获记录

记录收获时间、设备、方法、田块号、产量，同时编号批次。

5.4　仓储记录

记录仓库号、出入库日期、数量、稻谷种类、批次以及对仓库的卫生清洁所使用的工具、方法等。

5.5　稻谷检验报告

有机稻谷出售前要有国家指定部门出具的稻谷检验报告。

5.6　销售记录

记录销售日期、产品名称、批号、销售量、销往地点以及销售发票号码。

5.7　标签及批次号

标签上应标明产品的名称、产地、批次、生产日期、数量、内部检验员号等。

6　有机认证

生产有机水稻除按上述要求操作外，还应到相关部门申请有机食品认证。在认证机构接受申请到正式发放有机食品认证证书之前，都不能作为有机产品销售。

3. 栽培技术规程编写实例

绿色食品　沿淮地区花生栽培技术规程 DB 34/T 1576—2011

封面见图 5-10。

前　　言

本标准按照 GB/T 1.1—2009 给出的规划起草。

本标准由安徽农业大学农学院提出。

本标准由安徽省农业标准化技术委员会归口。

本标准起草单位：安徽农业大学农学院。

本标准主要起草人：周可金、朱英华、吴奇志、吴社兰、李炳坤、廖华俊、丁克坚。

绿色食品　沿淮地区花生栽培技术规程

1　范围

本标准对绿色食品花生生产的产地条件、栽培技术、田间管理、病虫害防治、收获技术做了规定。

本标准适用于沿淮地区绿色食品花生的生产。

2　规范性引用文件

下列文件对于本文件的应用是必不可少的。凡是注日期的引用文件，仅所注日期的版本适用于本文件。凡是不注日期的引用文件，其最新版本（包括所有的修改单）适用于本文件。

GB 4407.2　经济作物种子　第 2 部分：油料类

NY/T 391　绿色食品　产地环境技术条件

NY/T 393　绿色食品　农药使用准则

NY/T 394　绿色食品　肥料使用准则

NY/T 420　绿色食品　花生及制品

NY/T 658　绿色食品　包装通用准则

ICS 65.020.20
B 05

DB34

安 徽 省 地 方 标 准

DB 34/T 1576—2011

绿色食品 沿淮地区花生栽培技术规程

Green Food Cultivation Technique Rules in Peanut in the areas along the Huaihe River

2011-12-16发布　　　　　　　　　　2012-01-16实施

安徽省质量技术监督局　发布

图 5-10 《绿色食品　沿淮地区花生栽培技术规程》封面

DB34/T 534　花生收获机械化作业技术规范

3　产地环境条件

3.1　气候条件

产地的空气质量符合 NY/T 391 的规定要求。

3.2　土壤条件

选择土层深厚、质地疏松、排水良好的砂质或壤土，肥力较高，结构良好，通气性和保水性良好，土壤 pH 值 6.5～7.5。

土壤环境质量符合 NY/T 391 的规定要求。

3.3　农田灌溉水条件

产地的农田灌溉水质量符合 NY/T 391 的规定要求。

4　轮作换茬

实行 3 年～4 年的轮作制，避免花生与豆类作物轮作换茬。

5　生产技术要求

5.1　精选种子

选择粒大饱满、无霉变的籽粒作种子，发芽率在 98% 以上，并分级粒选，一、二级种子分开播种。剥壳前晒果 2d～3d，以提高种子发芽能力。

5.2　整地与施肥

5.2.1　整地

前茬收割后，灭茬、耕翻、耙压后做垄。采用地膜覆盖栽培的田块，做成底宽 75cm～80cm、畦面宽 65cm～70cm 的畦，畦与畦中间做成 20cm～25cm 宽、15cm 高的小垄，以备播种时取土用。

5.2.2　施肥

5.2.2.1　施肥原则

优先使用绿色食品专用肥料。不得施用硝态氮肥。具体肥料使用范围应符合 NY/T 394 的规定。

5.2.2.2　基肥

结合冬深耕，每 667m^2 施用 3000kg 以上优质土圈肥、50kg 过磷酸钙和 10kg 尿素，施入 15cm～25cm 土层；早春耕地时每 667m^2 再施 30kg 过磷酸钙和 8kg 尿素，施入 5cm～15cm 土层。播种时，每 667m^2 施磷酸二铵 10kg～15kg、硫酸钾 5kg～8kg 作种肥。

5.2.2.3　追肥

在结荚后期，采用根外追肥，每隔 7d～10d 叶面喷施 1% 尿素和 2%～3% 过磷酸钙水溶液，或喷施 0.1% 磷酸二氢钾水溶液，提高荚果饱满度。

5.3　播种

5.3.1　播种期

春播花生在 4 月上、中旬播种，麦茬夏播花生在 5 月下旬至 6 月上旬播种。覆膜栽培可提前 7d～10d 播种。

5.3.2　播种密度和方式

5.3.2.1　露地垄作

垄距 50cm，穴距 13cm～17cm，每 667m^2 开穴 8000 穴～10 000 穴，每穴播 2 粒种子。

5.3.2.2　地膜覆盖畦作

畦宽 80cm～90cm，畦沟宽 30cm。一畦种两行，小行距 40cm，穴距 13cm～17cm，每 667m^2 开穴 8000 穴～10 000 穴，每穴播 2 粒种子。

5.3.3　播种方法

5.3.3.1　露地垄作栽培

开沟深 5cm 左右，因墒情而定。先施种肥，再以每穴 2 粒等距下种，均匀覆土，镇压。

5.3.3.2　覆膜栽培

5.3.3.2.1　先播种后覆膜栽培

机械播种可一次性完成整地、施肥、播种、覆膜、压土等工序。

人工方法在畦面平行开两条相距 40cm 沟，沟深 4cm～5cm，畦面两侧留 13cm～15cm。沟内先施种肥，再以每穴 2 粒等距下种、覆土。然后喷除草剂，再用机械覆膜或人工覆膜，两边用土将地膜压实。

5.3.3.2.2　先覆膜后播种栽培

先起垄作畦，喷洒除草剂后覆膜保墒，适宜播种时再打孔播种、覆土。土壤墒情不足时，先打孔浇水补墒再播种、覆土。方法同 5.3.3.2.1。

5.4　化学除草

露地栽培的，于播种后 3d 内喷施化学除草剂；覆膜栽培的，于播种后及时喷施化学除草剂。可用 50% 乙草胺乳油 65mL～75mL/667m^2，兑水 60kg～70kg 喷雾。

5.5　清棵蹲苗

5.5.1　露地栽培

露地栽培的要在基本苗出齐时及早清棵。先用大锄破垄，后用小锄将土扒开，使子叶露出地面，不要伤根。清棵后经 15d 再填土埋窝。

5.5.2　覆膜栽培

先播种后覆膜的，在出苗后，及时破膜把幼苗引出膜面。开花前发现膜下有侧枝的，及时提出膜面。覆盖黑色地膜的，于覆膜后出苗前，在膜面顺播种行压 3cm～4cm 厚的土埂，让花生自行破膜出土。

5.6　中耕培土

对露地栽培的，在苗期、团棵期、花期进行三次中耕除草。掌握"浅、深、浅"原则，防止苗期中耕壅土压苗，花期中耕防止损伤果针。开花后 15d 进行培土，以 3cm 厚为宜。对覆膜栽培的，开花前在畦沟内中耕除草一次。

5.7　化学调控

对高肥力地块或施肥量过大而徒长的地块，可用 30mg/kg～50mg/kg 壮饱安在花生下针后期进行叶面喷施调控，确保群体稳健生长。

禁止使用丁酰肼（B$_9$）、多效唑（P$_{333}$）等植物生长调节剂。

5.8　病虫害防治

——沿淮地区花生的主要病害有叶斑病、青枯病、茎腐病、锈病、根结线虫病等；

——主要虫害有蛴螬、地老虎、蚜虫、金针虫。

5.8.1　防治原则

以防为主，综合防治。提倡以农业防治、物理防治和生物防治为主，化学防治为辅。

5.8.2　农业防治

与玉米等禾谷类作物、甘薯实行 3 年～4 年轮作；清除和烧毁田间病残体；雨后排除田间积水；选用抗病品种等。

5.8.3　物理防治

趋性诱杀结合人工捕捉害虫。在花生田周围种植蓖麻，诱杀大黑鳃金龟或黑皱鳃金龟甲，或安置黑光灯可以诱杀拟毛黄、铜绿等金龟甲成虫。

5.8.4　生物防治

优先使用生物药剂防治病虫害。

——可用 1kg/667m^2 的 2% 白僵菌粉剂拌土，在播种时撒施防治蛴螬；

——用 100g/667m^2 井冈霉素可防治叶斑病；

——用 2.5kg/667m^2 海洋生物制剂农乐 1 号可防治根结线虫病。

5.8.5 化学防治

农药使用范围应符合 NY/T 393 的规定要求。

花生主要病害和虫害的化学防治方法分别见表 1 和表 2。

表 1 病害化学防治方法

病害名称	化学防治方法
叶斑病	80% 代森锰锌 400 倍~500 倍液，或 75% 百菌清 800 倍~1 000 倍液，或 75% 甲基托布津 1500 倍~2000 倍液喷雾。
青枯病	用硫酸铜：生石灰：硫酸铵＝1：2：7 的复配剂稀释 1 000 倍~1 500 倍，或用 1：100 生石灰溶液灌根，每穴浇药液 200mL~250mL。
茎腐病	25% 多菌灵按种子量的 0.5%，或 50% 多菌灵按种子量的 0.2%~0.3% 拌种。
锈病	75% 百菌清 500 倍~600 倍液，或波尔多液 200 倍液喷雾。

表 2 虫害化学防治方法

虫害名称	化学防治方法
蛴螬	用 50% 辛硫磷乳油每 667m^2 种子用药 10g~20g 兑水拌种；50% 辛硫磷 1 000 倍~1 500 倍液喷雾。
地老虎	用 2.5% 溴氰菊酯乳油配成 1：2000 的毒土，每 667m^2 用 20kg~25kg 撒于地表。
蚜虫	每 667m^2 用 10% 吡虫啉可湿性粉剂 1500 倍液，或 2.5% 溴氰菊酯乳油 10mL~20mL 兑水 30kg~40kg 喷雾。
金针虫	每 667m^2 用 400g~500g 50% 辛硫磷兑水 45kg 喷雾。

5.9 采收、包装、贮藏

5.9.1 适时采收

植株中下部茎枝落黄，下部叶片脱落时及时收获。覆膜花生田，应结合用犁穿垄收获，揭起和抽去残膜，拾净残膜。

机械化收获可按照 DB34/T 534 技术规范进行。

5.9.2 产品检测

采收前 1d~2d 进行农药残留检测。

最终产品应符合 NY/T 420 的各项指标。

5.9.3 包装、贮藏

收获后籽粒及时晾晒，使其含水量降到 8% 以下，进行安全贮藏。

包装应符合 NY/T 658 的规定要求。

4. 加工技术规范编写实例

绿色食品 粟米生产加工技术规程 DB13/T 1520—2012

封面见图 5-11。

前 言

本标准按 GB/T 1.1—2009 给出的规则起草。

本标准由河北省质量技术监督局提出。

本标准起草单位：河北省农林科学院谷子研究所。

本标准主要起草人：周汉章、薄奎勇、任中秋、刘环、王吉利。

```
ICS 67.060
B 22
```

DB13

河 北 省 地 方 标 准

DB 13/T 1520—2012

绿色食品　粟米生产加工技术规程

2012 - 04 - 19 发布　　　　　　　　　　2012 - 04 - 30 实施

河北省质量技术监督局　　发 布

图 5-11　《绿色食品　粟米生产加工技术规程》封面

绿色食品　粟米生产加工技术规程

1　范围

本标准规定了绿色食品粟米加工需要的基础条件、加工工艺流程及其控制、检验控制与判定、标志、标签与贮运、记录控制、档案管理等要求。

本标准适用于 A 级绿色食品粟米的生产加工。

2　规范性引用文件

下列文件对于本文件的应用是必不可少的。凡是注日期的引用文件，仅所注日期的版本适用于本文件。凡是不注日期的引用文件，其最新版本（包括所有的修改单）适用于本文件。

　　GB 7718　预包装食品标签通则

　　GB/T 5749　生活饮用水卫生标准

　　GB/T 8232　粟

　　NY/T 391　绿色食品　产地环境技术条件

　　NY/T 393　绿色食品　农药使用准则

　　NY/T 394　绿色食品　肥料使用准则

　　NY/T 658　绿色食品　包装通用准则

　　NY/T 893　绿色食品　粟米

　　NY/T 896　绿色食品　产品抽样准则

　　NY/T 1055　绿色食品　产品检验准则

　　NY/T 1056　绿色食品　贮藏运输准则

3　基础条件

3.1　厂址选择

3.1.1　大气环境

　　绿色食品粟米生产加工厂所处的大气环境应符合 NY/T 391 中 4.1 的规定，见附录 A.1。

3.1.2　水质条件

　　厂址水源中的各项污染物含量不能达到 GB/T 5749 中 4 的规定，见附录 A.2。

3.1.3　地质条件

　　厂址要高于当地历史最高洪水位，地址条件可靠。

3.1.4　隔离距离

3.1.4.1　厂址周围 1000m 之内不得有排放"三废"的企业，如煤厂、水泥厂等排放粉尘，如化工厂等排放有害气体，如核电站等放射性物质和其他扩散性污染源。

3.1.4.2　厂址周围 500m 之内不能对农田进行经常性的农药喷洒。

3.1.4.3　厂址周围 200m 之内不得有垃圾堆、粪场、露天厕所和医院；不得有昆虫大量孳生的潜在场所（如垃圾填埋场等）。

3.1.4.4　厂址周围 50m 之内不得有交通主干道，但要有较方便的运输条件。

3.2　厂区要求

3.2.1　总体要求

　　总体设计必须符合 QS 认证的《食品生产许可证审查通则》对环境、卫生的规定和要求。

3.2.2　厂房设计

　　以绿色食品生产车间为主，配备原料库、包装材料库、成品库、辅助车间和动力设施、供水系统、排水系统、监测设施等。

3.2.3　道路设计

　　厂区主要道路铺设合理、路面平坦、无积水。

3.2.4　排水系统

　　厂区内应有良好的防洪、排水系统。

3.2.5　仓贮措施与运输工具

　　仓贮措施按 NY/T 1056 中 3.1.1 和 3.1.2 的规定执行，确保生产加工绿色食品粟米的原料、包转材料和产成品等必须分开存放。运输工具与管理按 NY/T 1056 中 3.2.1 和 3.2.2 的规定执行，专车专用，车辆、工具、铺垫物、防雨设施必须清洁、干净，严禁与有毒有害、有腐蚀性、发潮发霉、有异味的物品混合运输。

3.2.6 卫生设施

3.2.6.1 厂区卫生

厂区应有更衣室、盥洗室、工作室，应配有相应的消毒、通风、照明、防鼠、防蝇、防蟑螂、防虫、污水排放、处理垃圾和废弃物的设施。厂区厕所必须是水冲式的且与加工车间、原粮库、成品库保持一定距离。

3.2.6.2 车间卫生

车间内必须保持清洁卫生。更衣室与生产车间紧相邻，内设更衣柜。生产设备使用的润滑油不得滴漏，设备中的滞留物料必须定期清理，防止霉变。

3.2.7 防护措施

生产加工区建筑物与外缘公路或道路应有防护地带。

3.3 设备选择

3.3.1 工艺要求

必须符合绿色食品加工工艺要求，确保产品质量。

3.3.2 卫生要求

所选设备应符合食品卫生要求。与被加工原料、半成品、成品直接接触的零部件的材料必须选用无污染材料，严禁油漆或油污。与被加工原料、半成品、成品直接接触的部位须严禁漏油、渗油现象。

3.3.3 设备选择的原则

3.3.3.1 功能齐全

选用有风选去杂、振动筛去杂去石、磁性去铁等组合式的加工设备；并配备节能环保高效砻谷机、抛光机、筛米机、刷米机及色选机，能充分利用原料，能耗少，效率高。

3.3.3.2 操作方便

维修方便、易清洗、易拆装，不会对食品造成污染。

3.4 原粮选择

3.4.1 选择原则

必须选择符合绿色食品产地环境要求的地区购进谷子。不得混入不符合 NY/T 391、NY/T 393、NY/T 394 要求的生产基地的谷子，不得混入掺假的、含杂质的以及品质变劣的原材料。

3.4.2 原粮扦样

应符合 NY/T 896 中 4.4 与 5.1.2 b 的规定。

3.4.3 原粮检验

3.4.3.1 谷子的理化指标

按 GB/T 8232 中 5.1 的规定执行，见附录 B。

3.4.3.2 谷子的卫生指标

按 NY/T 893 中 5.5 的规定执行，见附录 C。

3.4.4 原粮采购

检验合格的，则统一包装，统一标识；按 NY/T 658、NY/T 893 中 9 与 NY/T 1056 的规定进行包装、运输和贮存，存入原粮库，各项操作避免机械损伤、混杂，防止二次污染。

3.5 加工人员要求

3.5.1 岗前培训

加工人员上岗前须经绿色食品粟米生产知识培训，熟练掌握绿色粟米的生产、加工要求，熟习卫生知识，持证上岗。

3.5.2 健康检查

加工人员上岗前和每年度均须进行健康检查，持健康合格证上岗。

3.5.3 卫生要求

加工人员进入加工场所应换鞋，穿戴工作服、工作帽，并保持工作服整洁。包装、产成品车间工作人员还需洗手并戴口罩上岗。

4 加工工艺流程及其控制

4.1 工艺流程

4.1.1 清选除杂

开启风机，将谷子吸入，依次通过吸风分离器、初清筛、振动筛、循环风去石机或比重去石机与磁性去杂器除去谷物中所含草秆、谷码、草籽、谷秕子、沙、土、石与铁性微粒等杂质。原粮净度达≥98.00%，不完善粒≤1.5%，水分≤13.5%，色泽、气味正常。

4.1.2 砻谷

通过砻谷机进行2道砻谷，去除种皮。1道砻谷脱壳率≥50%，2道砻谷脱壳率≥80%。

4.1.3 碾米

通过碾米机进行精碾，去除米糠，加工精度≥90%，碎米率≤4%，水分≤13.0%。温度控制在55℃。

4.1.4 抛光

通过抛光机进行抛光，抛光温度控制在55℃左右，使粟米表面光亮。碎米率≤4%，含糠粉率≤0.1%，水分≤13.0%。

4.1.5 刷米降温

通过刷米机进行降温、刷米，除去米粒表面残留的粉状物。含糠粉率＜0.1%。温度降到＜30℃或常温。

4.1.6 色选

通过色选机去除米中异色杂质与异色米粒，使粟米色泽一致、色选精度达≥99.90%。可免淘洗。

4.2 包装

按NY/T 658的规定执行。

4.3 编制批号或编号

每批加工产品应编制加工批号或编号，批号或编号一直延用到产品终端销售，并在相应的票据上注明加工批号。

4.4 其他要求

4.4.1 在绿色食品粟米加工的全过程中，禁止使用任何食品添加剂。

4.4.2 绿色食品粟米加工应配备专用设备，如果必须与常规加工共用设备，可在常规产品加工结束、绿色食品加工开始前，先用少量绿色食品谷子原料进行加工，将残存在设备里的前期加工物质清理出去（即冲顶加工）。冲顶加工的粟米不能作为绿色食品销售。

5 检验控制与判定

5.1 检验设施

应有相应的检验室和检验设施。

5.2 检验规则

检验人员应按照NY/T 1055中4的规定对原料谷子进厂、加工直至成品出厂的全过程进行监督检查，重点做好原料验收、半成品和成品检验工作。

5.3 成品扦样

按 NY/T 896 中 5.1.1 与 5.1.2 b 条规定执行。

5.4 检验方法

按 NY/T 893 中 6 的规定执行。

5.5 判定规则

按 NY/T 893 中 7.4 的判定规则执行。

6 标志、标签与贮运

产品标志、标签应符合 GB 7718 的规定，贮藏和运输应符合 NY/T 1056 的规定。

7 记录控制

7.1 记录要求

所有记录应真实、准确、规范，字迹清楚，不得损坏、丢失、随意涂改，并具有可追溯性。

7.2 记录样式

原粮谷、清选、砻谷、碾米、抛光、包装标识标签、检验、入库、出库和运销流向等应有原始记录，记录样式参见附录 D。

8 档案管理

8.1 存档要求

文件记录至少保存 3 年，档案资料由专人保管。

8.2 建立健全档案制度

绿色食品粟米加工单位应建立档案管理制度。档案资料主要包括质量管理体系文件、生产加工计划、产地合同、生产加工数量、生产过程控制、产品检测报告、人员健康体检报告与应急情况处理等控制文件。

附 录 A

（规范性附录）

A 级绿色食品粟米厂址空气环境、水源质量要求

A.1 空气中各项污染物的指标要求见表 A.1。

表 A.1 A 级绿色食品粟米厂址空气环境、水源质量要求

项目		指标	
		日平均	1h 平均
总悬浮颗粒物（TSP），mg/m³	≤	0.30	—
二氧化硫（SO_2），mg/m³	≤	0.15	0.50
氮氧化物（NO_x），mg/m³	≤	0.10	0.15
氟化物（F）	≤	7μg/m³	
		1.8μg/（dm²·d）（挂片法）	20μg/m³

注：1、日平均指任何一日的平均指标。
2、1h 平均指任何一小时的平均指标。
3、连续采样三天，一日三次，晨、午和夕各一次。
4、氟化物采样可用动力采样滤膜法或用石灰滤纸挂片法，分别按各自规定的指标执行，石灰滤纸挂片法挂置 7 天。

A.2 加工用水指标要求见表 A.2。

表 A.2　加工用水指标要求

项目	指标	项目	指标
pH 值	6.5～8.5	氰化物，mg/L≤	0.05
汞，mg/L≤	0.001	氟化物，mg/L≤	1.0
镉，mg/L≤	0.005	氯化物，mg/L≤	250
铅，mg/L≤	0.01	菌落总数，cfu/mL≤	100
砷，mg/L≤	0.01	总大肠菌群，cfu/100mL	不得检出
铬（六价），mg/L≤	0.05		

附　录　B

（规范性附录）

A 级绿色食品谷子的理化指标

B.1 A 级绿色食品谷子的理化指标见表 B.1。

表 B.1　A 级绿色食品谷子的理化指标

等级	容重 /（g/L）	不完善粒 /%	杂质 /%		水分/%	色泽、气味
			总量	其中：矿物质		
1	≥670					
2	≥650	≤1.5	≤2.0	≤0.5	≤13.5	正常
3	≥630					
等外	<630	—				

附　录　C

（规范性附录）

A 级绿色食品谷子的卫生指标

C.1 A 级绿色食品谷子的卫生指标见表 C.1。

表 C.1　A 级绿色食品谷子的卫生指标

项目	指标	项目	指标
汞（以 Hg 计），mg/kg	≤0.01	乐果，mg/kg	≤0.02
镉（以 Cd 计），mg/kg	≤0.05	马拉硫磷，mg/kg	≤1.5
砷（以 As 计），mg/kg	≤0.4	对硫磷，mg/kg	不得检出（≤0.01）
铅（以 Pb 计），mg/kg	≤0.2	敌百虫，mg/kg	≤0.1
氟（以 F 计），mg/kg	≤1.0	磷化物（以 PH_3 计），mg/kg	不得检出
甲拌磷，mg/kg	不得检出（≤0.004）	氰化物（以 HCN 计），mg/kg	不得检出
倍硫磷，mg/kg	不得检出（≤0.01）	黄曲霉毒素 B_1，μg/kg	≤5
敌敌畏，mg/kg	≤0.05		

附　录　D

（资料性附录）

A 级绿色食品粟米加工与检验

D.1　原料谷子的检验记录见表 D.1。

表 D.1　A 级绿色食品粟米加工与检验

年　　月　　日

生产单位	谷子品名		产品编号			
	地址		负责人（户名）			
	库存数量		电话			
	生产日期		包装方式			
扦样情况	扦样依据		扦样地点			
	扦样方法		包装方式			
	样品数量		封口（条）情况			
	扦样日期		扦样人员			
检验情况	检验项目			检验结果	标准值	单项判定
	理化指标	感官、气味				
		容重 /（g/L）				
		不完善粒 /%				
		杂质 /%	总量			
			其中：矿物质			
		水分 /%				
	卫生指标					
结论：						
注：产地环境条件符合 NY/T 391、NY/T 393 和 NY/T 394 的规定。						

D.2　原粮谷进货验证记录见表 D.2。

表 D.2　原粮谷进货验证记录

年　　月　　日

谷子品名		产品编号	
来源（产地）		户名	
进货数量		电话	
进货日期		垛位编号	
仓库编号		验收方式	

续表

验证项目	标准要求	验证结果	合格否

验证结论:

合格(　) 不合格(　) 合格率%(　)

检验员: 日期:

不合格品处置:

退货(　) 让步接收(　) 拣用(　)

批准人: 日期:

D.3 加工过程的检验记录见表 D.3。

表 D.3 加工过程的检验记录

年 月 日

原粮	谷子品名		产品编号		
	仓库编号		垛位编号		
成品	粟米		产品编号		
	仓库编号		垛位编号		
一般工艺要求					
序号		项目	检验结果		备注
1	清选	色泽、气味			
		净度/%			
		不完善粒/%			
		水分/%			

续表

2	砻谷（1）	脱壳率/%		
	砻谷（2）	脱壳率/%		
3	碾米	加工精度/%		
		碎米率/%		
		水分/%		
		温度/℃		
4	抛光	碎米率/%		
		含糠粉率/%		
		水分/%		
		温度/℃		
5	刷米降温	含糠粉率/%		
		温度/℃		
6	色选	色选精度达/%		
		色泽		
7	包装	规格		
		编制批号或编号		
检验员：				

D.4 粟米成品验证记录见表 D.4。

表 D.4　粟米成品验证记录

谷子品名		产品编号	
粟米名称		加工批号或编号	
加工日期		加工数量	
生产部门（工人）		验收方式	

验收项目	标准要求	验证结果	合格否

验证结论：

合格（　　）　不合格（　　）　合格率%（　　）

检验员：　　　日期：

不合格品处置：

返工（　　）　让步接收（　　）　报废（　　）

批准人：　　　日期：

D.5 粟米成品出入库台账记录见表 D.5。

表 D.5 粟米成品出入库台账记录

粟米名称	编号	入库			出库				结存
		时间	数量	经办人	时间	数量	去向	经办人	

第四节 试验方法标准编写

试验方法标准是标准中重要的一种，在农业标准中也是应用较为广泛的一种，是产品质量合格的检验依据。2002 年，世界标准日以"一个标准，一次检验，全球接受"为主题，充分说明了试验方法标准的重要性。加入 WTO 后，试验方法标准更成为一种贸易技术壁垒手段，被广泛使用。因此，要认真研究国内外有关的试验方法标准，使我国的相关标准与国际接轨，达到促进对外贸易的目的。

试验方法标准编写时应符合 GB 1.4—1988 的规定。

一、试验方法的编写

GB/T 20001.4—2015 规定了化学分析方法标准的编写规则，其大部分内容也适用于其他非化学产品的试验方法。

1. 通则

1）量和单位

过去习惯使用的质量百分数和体积百分数，以及它们的符号 %（m/m）和 %（V/V），不能再继续使用。因为百分数是纯数字，"质量百分数"和"体积百分数"的说法，在原则上无意义；而符号 %（m/m）和 %（V/V）在符号上加注其他信息不被允许，应改为质量分数和体积分数，表示方法为：质量分数是 0.75 或质量分数是 75%；体积分数是 0.75 或体积分数是 75%；质量分数是 5μg/g；体积分数是 4.2mL/m³。

2）化学品命名

化学品命名采用中国化学会的《无机化学命名原则》和《有机化学命名原则》。

当某种化学试剂第一次出现时，如有俗名宜写在中国化学会提出的命名后面，并用圆括号括起。在正文的其余部分，使用中国化学会提出的命名或俗名均可，但只应使用一种，不得混用。

尽可能避免使用商品名和商标名。

对于市售化学品（工业用基本化学品），可以使用俗名，而相应的中国化学会提出的命名宜写在俗名后的圆括号中，以后仅使用俗名。

因为化学试剂纯度较高，使用中国化学会提出的命名比较符合实际；而工业用基本化学品的纯度相对较低，使用中国化学会提出的命名与实际有差异，故使用俗名。

化学品的化学分子式只能在化学方程式中使用，或在需要指明以化学分子式表示的物质的量的符号中使用，如 $c(H_2SO_4)$。在标准条文中应使用化学品的名称。

2. 警示

对于健康和环境有危险或有危害的试验方法，要根据试样、试剂或操作三种情况，分别给予适当的警示。

对于试样有危险的，应在试验方法一开始就提出警示；

对于试剂或材料有危险的，应在"试剂或材料"一开始就提出警示；

对于操作有危险的，应在"试验步骤"一开始就提出警示。

警示内容一般需注明注意事项相应的防护措施，以及发生事故后应采取的急救措施。

3. 原理或反应式

文中需要时，可以给出原理或反应式。原理主要指方法的基本原理，或方法的特性。

列出反应式主要是为了原理的理解和计算的需要；如果适宜，可以用离子方程式表示。列出反应式主要是说明利用测定得到的数据所进行的计算是正确的。尤其在滴定分析时，反应式可以表示每摩尔反应物之间的摩尔比，是十分有用的。

4. 试剂和材料

列出在分析步骤中使用的试剂和材料，以及它们的主要特性（浓度、密度等），如需要还可注明纯度的级别。除了多次使用的药品，还应列出仅在配制试剂中用到的药品。

应对所列的试剂和材料顺序编号，而分析步骤中的相应试剂和材料，在其名称后的圆括号内注明顺序编号，能避免重复该试剂的特性。如果不会引起混淆，就不必标明编号。

标准溶液的配制方法应在这里说明，必要时还应说明其标定方法。

试剂和材料可按以下顺序排列：①以市售形态使用的药品（不包括溶液）；②溶液和悬浮液（不包括标准滴定溶液和标准溶液），要标明其浓度；③标准滴定溶液和标准溶液；④指示剂；⑤辅助材料。

5. 仪器和装置

除了普通实验室仪器外，还应列出分析或操作所用的仪器和设备的名称及规格。与试剂和材料一样，仪器也要按顺序编号。

仪器安装后检查的内容，应在分析步骤中的预试验一段中陈述，因为多数情况下，预试验的步骤与分析步骤有相似之处。

关键仪器的特殊性能要求应在这里说明。当内容复杂，或也适用于其他试验方法时，宜单独制定一项标准，以便引用。

6. 试样和试料的制备

在标准中应规定实验室样品进入实验室之后所进行的加工步骤（如研磨、干燥、过筛），制成符合要求的（如粒度、大约的质量或体积）试样。

如有必要，还应给出储存试样的容器的特性及储存条件。

试料是从试样中取出来的。

7. 分析步骤

1）通则

有多少个操作就可以分成多少条，包括必不可少的预试验的操作。

如果有现成的分析方法，则应引用，此时应表述为：

"按 GB/T××××规定的方法"或"按 GB/T××××—×××× 中 5.2 规定的方法"。

如果对引用的方法有所改变，应注明改动的内容。此时应表述为：

"除试料取 2g±1mg 外，其余均按 GB/T××××规定的方法"或"除烘箱温度改为300℃外，其余均按 GB/T××××—×××× 中 5.2 规定的方法"。

2）试料

应说明从试样中称取或量取试料的方法，试料为确定量还是大约量，试料量的精确度，以及试料的份数。

当需要以规定的准确度称取定量的试样时，应采用例 1 表示的方法。

例 1：

"$m=5g\pm1mg$"

"$m=（5\pm0.001）g$"

"称取 5g 试样，精确到 1mg。"

当需要以规定的准确度称取大约量的试样时，应采用例 2 表示的方法。

例 2：

"称取约 2g 试样，精确到 1mg。"

通常，大约量为指定量的 ±10% 以内。如果要求小于 ±10% 时，则直接给出区间值，应采用例 3 表示的方法。

例 3：

"称取 1.9～2.1g 的试样，精确到 1mg。"

从其他测定的产物（如滤液、沉淀、残余物）中获得试料时，其来源应用大写字母标明。见例 4。

例 4：

"溶液 A——由测定硫酸钙得到的滤液 C。"

3）空白试验和预试验

需要时，空白试验可用来验证试剂的纯度或实验室的环境和仪器的清洁度。

如有必要，对所用的仪器做一次试验。可用标准样品、合成样品或已知纯度的产品来校验方法本身的有效性。

需要做空白试验或预试验时，应给出分析步骤所有的细节。

4）测定或试验

使用时，在测定或试验的开头明确"做两份平行试料的平行测定"。

为了便于叙述、理解和应用，分析步骤的每一步操作应使用祈使句进行准确的陈述。

分析过程中如有必要保留其中间产物（如滤液、沉淀或残留物）作为其他测定的试料，则应予以明确说明，并用大写字母标明，见例5。

例5：

"保留滤液D，用于钠含量测定。"

8. 结果计算

应给出结果计算的方法，还应说明：①表示结果的量；②计算公式；③公式中字母的含义；④表示量的单位；⑤计算表示到小数点后的位数或有效位数。

量和单位的符号应符合GB 3101—1993和GB 3102—1993的规定。

例6：

某物质的碱度测定采用滴定法，以盐酸标准滴定溶液作滴定剂。盐酸的浓度c（HCl）=0.2mol/L。

计算方法如下：

碱度以氢氧化钾（KOH）的质量分数W_a计，数值以毫克每克（mg/g）表示，按下述公式计算。

$$W_a = VcM/m$$

式中：V——盐酸标准滴定溶液（给出"试剂和材料"中的对应编号）的体积的数值，单位为毫升（mL）；

c——盐酸标准滴定溶液浓度的准确数值，单位为摩尔每升（mol/L）；

M——氢氧化钾的物质的量的数值，单位为克每摩尔（g/mol）（$M=56.109$）；

m——试料质量的数值，单位为克（g）。

计算结果表示到小数点后两位。

例7：

某物质的碱度测定采用滴定法，以盐酸标准滴定溶液作滴定剂。盐酸的浓度c（HCl）=0.2mol/L。

计算方法如下：

碱度以氢氧化钾（KOH）的质量分数W_a计，数值以10^{-2}或%表示，按下述公式计算。

$$W_a = [(V/1000)cM/m] \times 100\%$$

式中：V——盐酸标准滴定溶液（给出"试剂和材料"中的对应编号）的体积的数值，单位为毫升（mL）；

c——盐酸标准滴定溶液浓度的准确数值，单位为摩尔每升（mol/L）；

M——氢氧化钾的物质的量的数值，单位为克每摩尔（g/mol）（$M=56.109$）；

m——试料质量的数值，单位为克（g）。

计算结果表示到小数点后两位。

9. 精密度

通常精密度数据以重复性的绝对项来表示，如"同一实验室，由同一操作者使用相同设备，按相同的测试方法，并在短时间内，对同一被试对象，其相互独立进行测试获得的两次独立测试结果差的绝对值不大于……并以大于……的情况不超过5%为前提"来表示。

通常可表示成："平行试验结果的绝对差不大于……"。

其计算方法是：将两次独立测得的结果直接相减求出差值。

当密度数据以重复性的相对项来表示时，如"同一实验室，由同一操作者使用相同设备，按相同的测试方法，并在短时间内，对同一被试对象，其相互独立进行测试获得的两次独立测试结果差的绝对值不大于这两个测定值的算术平均值的……%，并以大于这两个测定值的算术平均值的……% 的情况不超过 5% 为前提"来表示。

其计算方法是，先求出两次独立测得结果差的绝对值，再与这两个测定值的算术平均值相比，结果以 % 表示。

10. 试验报告

试验报告至少应包括以下内容：①有关试样的情况（名称、来源、批号、箱号或送样日期等）；②试验依据的标准（包括发布或出版年号）；③具体采用的方法（如果同时有多个方法）；④结果，包括有关的计算内容（如试料的量、测得的数据、标准滴定溶液的浓度等）；⑤与基本分析步骤的差异；⑥观察到的异常现象；⑦试验日期。

11. 单独试验方法标准

如果将试验方法编成单独的标准或标准的一个部分，则应按 GB/T 20001.4—2015 的有关规定执行。除上述内容外，需补充封面、前言、标准名称、范围等必备要素及其他需要的可选要素。

二、试验方法标准编写实例

1. 试验方法标准的一般结构

试验方法标准的一般结构如图 5-12 所示。

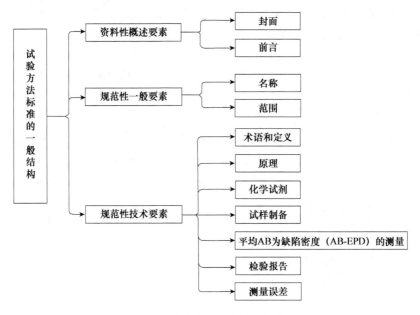

图 5-12　试验方法标准的一般结构

2. 编写实例

食品安全国家标准　食品中有机磷农药残留量的测定　气相色谱-质谱法
GB 23200.93—2016

封面见图 5-13。

ICS　67.120.01
B X22

GB

中 华 人 民 共 和 国 国 家 标 准

GB 23200.93—2016

代替 SN/T 0123—2010

食品安全国家标准
食品中有机磷农药残留量的测定
气相色谱-质谱法

National food safety standards—

Determination of organophosphorus multi pesticides residue in foods

Gas chromatography - mass spectrometry

2016-12-18 发布　　　　　　　　　　　　　　　　2017-06-18 实施

中华人民共和国国家卫生和计划生育委员会
中华人民共和国农业部　　　　　　　　　　　发布
国家食品药品监督管理总局

图 5-13　《食品安全国家标准　食品中有机磷农药残留量的测定　气相色
谱-质谱法》封面

前 言

本标准代替 SN/T 0123—2010《进出口动物源食品中有机磷农药残留量检测方法　气相色谱-质谱法》。

本标准与 SN/T 0123—2010 相比，主要变化如下：

——标准文本格式修改为食品安全国家标准文本格式；

——标准名称和范围中"出口食品"改为"食品"；

——标准范围中增加"其它食品可参照执行"。

本标准所代替标准的历次版本发布情况为：

——SN/T 0123—2010。

食品安全国家标准　食品中有机磷农药残留量的测定　气相色谱-质谱法

1　范围

本标准规定了进出口动物源食品中 10 种有机磷农药残留量（敌敌畏、二嗪磷、皮蝇磷、杀螟硫磷、马拉硫磷、毒死蜱、倍硫磷、对硫磷、乙硫磷、蝇毒磷）的气相色谱-质谱检测方法。

本标准适用于清蒸猪肉罐头、猪肉、鸡肉、牛肉、鱼肉中有机磷农药残留量的测定和确证，其他食品可参照执行。

2　规范性引用文件

下列文件对于本文件的应用是必不可少的。凡是注日期的引用文件，仅所注日期的版本适用于本文件。凡是不注日期的引用文件，其最新版本（包括所有的修改单）适用于本文件。

GB 2763　食品安全国家标准　食品中农药最大残留限量

GB/T 6682　分析实验室用水规格和试验方法

3　原理

试样用水-丙酮溶液均质提取，二氯甲烷液-液分配，凝胶色谱柱净化，再经石墨化炭黑固相萃取柱净化，气相色谱-质谱检测，外标法定量。

4　试剂和材料

除另有规定外，所用试剂均为分析纯，水为 GB/T 6682—1992 规定的一级水。

4.1　试剂

4.1.1　丙酮（C_3H_6O）：残留级。

4.1.2　二氯甲烷（CH_2Cl_2）：残留级。

4.1.3　环己烷（C_6H_{12}）：残留级。

4.1.4　乙酸乙酯（$C_4H_8O_2$）：残留级。

4.1.5　正己烷（C_6H_{14}）：残留级。

4.1.6　氯化钠（NaCl）。

4.2　溶液配制

4.2.1　无水硫酸钠：650℃灼烧 4h，贮于密封容器中备用。

4.2.2　氯化钠水溶液（5%）：称取 5.0g 氯化钠，用水溶解，并定容至 100mL。

4.2.3　乙酸乙酯-正己烷（1+1，V/V）：量取 100mL 乙酸乙酯和 100mL 正己烷，混匀。

4.2.4　环己烷-乙酸乙酯（1+1，V/V）：量取 100mL 环己烷和 100mL 正己烷，混匀。

4.3　标准品

4.3.1　10 种有机磷农药标准品：纯度均≥95%。

4.4　标准溶液配制

4.4.1　标准储备溶液：分别准确称取适量的每种农药标准品（见附录 A），用丙酮分别配制成浓度为 100～1 000μg/mL 的标准储备溶液。

4.4.2　混合标准工作溶液：根据需要再用丙酮逐级稀释成适用浓度的系列混合标准工作溶液。保存于 4℃冰箱内。

4.5 材料

4.5.1 氟罗里硅土固相萃取柱：Florisil，500mg，6mL，或相当者。

4.5.2 石墨化炭黑固相萃取柱：ENVI-Carb，250mg，6mL，或相当者，使用前用6mL乙酸乙酯-正己烷预淋洗。

4.5.3 有机相微孔滤膜：0.45μm。

4.5.4 石墨化炭黑：60～80目。

5 仪器和设备

5.1 气相色谱-质谱仪：配有电子轰击源（EI）。

5.2 电子天平：感量0.01g和0.0001g。

5.3 凝胶色谱仪：配有单元泵、馏分收集器。

5.4 均质器。

5.5 旋转蒸发器。

5.6 具塞锥形瓶：250mL。

5.7 分液漏斗：250mL。

5.8 浓缩瓶：250mL。

5.9 离心机：4000r/min以上。

6 试样制备与保存

6.1 试样制备

取代表性样品约1kg，样品取样部位按GB 2763附录A执行，经捣碎机充分捣碎均匀，装入洁净容器，密封，标明标记。

6.2 试样保存

试样于-18℃保存。在抽样及制样的操作过程中，应防止样品受到污染或发生残留物含量的变化。

7 分析步骤

7.1 提取

称取解冻后的试样20g（精确到0.01g）于250mL具塞锥形瓶中，加入20mL水和100mL丙酮，均质提取3min。将提取液过滤，残渣再用50mL丙酮重复提取一次，合并滤液于250mL浓缩瓶中，于40℃水浴中浓缩至约20mL。

将浓缩提取液转移至250mL分液漏斗中，加入150mL氯化钠水溶液和50mL二氯甲烷，振摇3min，静置分层，收集二氯甲烷相。水相再用50mL二氯甲烷重复提取两次，合并二氯甲烷相。经无水硫酸钠脱水，收集于250mL浓缩瓶中，于40℃水浴中浓缩至近干。加入10mL环己烷-乙酸乙酯溶解残渣，用0.45μm滤膜过滤，待凝胶色谱（GPC）净化。

7.2 净化

7.2.1 凝胶色谱（GPC）净化

7.2.1.1 凝胶色谱条件

a）凝胶净化柱：Bio Beads S-X3，700mm×25mm（i.d.），或相当者；

b）流动相：乙酸乙酯-环己烷（1+1，V/V）；

c）流速：4.7mL/min；

d）样品定量环：10mL；

e）预淋洗时间：10min；

f）凝胶色谱平衡时间：5min；

g）收集时间：23～31min。

7.2.1.2 凝胶色谱净化步骤

将 10mL 待净化液按 6.2.1.1 规定的条件进行净化，收集 23～31min 区间的组分，于 40℃下浓缩至近干，并用 2mL 乙酸乙酯-正己烷溶解残渣，待固相萃取净化。

7.2.2 固相萃取（SPE）净化

将石墨化炭黑固相萃取柱（对于色素较深试样，在石墨化炭黑固相萃取柱上加 1.5cm 高的石墨化炭黑）用 6mL 乙酸乙酯-正己烷预淋洗，弃去淋洗液；将 2mL 待净化液倾入上述连接柱中，并用 3mL 乙酸乙酯-正己烷分 3 次洗涤浓缩瓶，将洗涤液倾入石墨化炭黑固相萃取柱中，再用 12mL 乙酸乙酯-正己烷洗脱，收集上述洗脱液至浓缩瓶中，于 40℃水浴中旋转蒸发至近干，用乙酸乙酯溶解并定容至 1.0mL，供气相色谱-质谱测定和确证。

7.3 测定

7.3.1 气相色谱-质谱参考条件

a）色谱柱：30m×0.25mm（i.d.），膜厚 0.25μm，DB-5 MS 石英毛细管柱，或相当者；

b）色谱柱温度：50℃（2min）30℃/min 180℃（10min）30℃/min 270℃（10min）；

c）进样口温度：280℃；

d）色谱-质谱接口温度：270℃；

e）载气：氦气，纯度≥99.999%，流速 1.2mL/min；

f）进样量：1L；

g）进样方式：无分流进样，1.5min 后开阀；

h）电离方式：EI；

i）电离能量：70eV；

j）测定方式：选择离子监测方式；

k）选择监测离子（m/z）：参见表 1 和附录 B；

l）溶剂延迟：5min；

m）离子源温度：150℃；

n）四级杆温度：200℃。

表 1 选择离子监测方式的质谱参数表

通道	时间（t_R/min）	选择离子（amu）
1	5.00	109, 125, 137, 145, 179, 185, 199, 220, 270, 285, 304
2	17.00	109, 127, 158, 169, 214, 235, 245, 247, 258, 260, 261, 263, 285, 286, 314
3	19.00	153, 125, 384, 226, 210, 334

7.3.2 气相色谱-质谱测定与确证

根据样液中被测物含量情况，选定浓度相近的标准工作溶液，对标准工作溶液与样液等体积参插进样测定，标准工作溶液和待测样液中每种有机磷农药的响应值均应在仪器检测的线性范围内。

如果样液与标准工作溶液的选择离子色谱图中，在相同保留时间有色谱峰出现，则根据附录 B 中每种有机磷农药选择离子的种类及其丰度比进行确证。在上述气相色谱-质谱条件下，10 种有机磷农药标准物的参考保留时间和气相色谱-质谱选择离子色谱图见附录 B 和附录 C 中图 C.1。

8　结果计算和表述

试样中每种有机磷农药残留量按下式计算:

$$X_i = \frac{A_i \times c_i \times V}{A_{is} \times m}$$

式中: X_i——试样中每种有机磷农药残留量, mg/kg;

　　　A_i——样液中每种有机磷农药的峰面积 (或峰高);

　　　A_{is}——标准工作液中每种有机磷农药的峰面积 (或峰高);

　　　c_i——标准工作液中每种有机磷农药的浓度, μg/mL;

　　　V——样液最终定容体积, mL;

　　　m——最终样液代表的试样质量, g。

注: 计算结果须扣除空白值, 测定结果用平行测定的算术平均值表示, 保留两位有效数字。

9　精密度

9.1　在重复性条件下获得的两次独立测定结果的绝对差值与其算术平均值的比值 (百分率), 应符合附录D的要求。

9.2　在再现性条件下获得的两次独立测定结果的绝对差值与其算术平均值的比值 (百分率), 应符合附录E的要求。

10　定量限和回收率

10.1　定量限

本方法对食品中10种有机磷农药残留量的定量限见附录B。

10.2　回收率

10.2.1　清蒸猪肉罐头中10种有机磷农药在0.02～1.00mg/kg时, 回收率为70.0%～94.9%。

10.2.2　猪肉中10种有机磷农药在0.02～1.00mg/kg时, 回收率为71.2%～97.1%。

10.2.3　鸡肉中10种有机磷农药在0.02～1.00mg/kg时, 回收率为74.3%～94.8%。

10.2.4　牛肉中10种有机磷农药在0.02～1.00mg/kg时, 回收率为70.6%～96.9%。

10.2.5　鱼肉中10种有机磷农药在0.02～1.00mg/kg时, 回收率为76.3%～93.3%。

附　录　A

（资料性附录）

表A.1　10种有机磷农药种类表

序号	农药名称	英文名称	CAS.No	化学分子式
1	敌敌畏	Dichlorvos	000062-73-7	$C_4H_7Cl_2O_4P$
2	二嗪磷	Diazinon	000333-41-5	$C_{12}H_{21}N_2O_3PS$
3	皮蝇磷	Fenchlorphos	000299-84-3	$C_8H_8Cl_3O_3PS$
4	杀螟硫磷	Fenitrothion	000122-14-5	$C_9H_{12}NO_5PS$
5	马拉硫磷	Malathion	000121-75-5	$C_{10}H_{19}O_6PS_2$
6	毒死蜱	Chlorpyrifos	002921-88-2	$C_9H_{11}Cl_3NO_3PS$
7	倍硫磷	Fenthion	000055-38-9	$C_{10}H_{15}O_3PS_2$
8	对硫磷	Parathion	000056-38-2	$C_{10}H_{14}NO_5PS$
9	乙硫磷	Ethion	000563-12-2	$C_9H_{22}O_4P_2S_4$
10	蝇毒磷	Coumaphos	000056-72-4	$C_{14}H_{16}ClO_5PS$

附 录 B

（资料性附录）

10 种有机磷农药的保留时间、定量和定性选择离子及定量限表

序号	农药名称	保留时间（min）	特征碎片离子（amu）			定量限（μg/g）
			定量	定性	丰度比	
1	敌敌畏	6.57	109	185，145，220	37：100：12：07	0.02
2	二嗪磷	12.64	179	137，199，304	62：100：29：11	0.02
3	皮蝇磷	16.43	285	125，109，270	100：38：56：68	0.02
4	杀螟硫磷	17.15	277	260，247，214	100：10：06：54	0.02
5	马拉硫磷	17.53	173	127，158，285	07：40：100：10	0.02
6	毒死蜱	17.68	197	314，258，286	63：68：34：100	0.01
7	倍硫磷	17.80	278	169，263，245	100：18：08：06	0.02
8	对硫磷	17.90	291	109，261，235	25：22：16：100	0.02
9	乙硫磷	20.16	231	153，125，384	16：10：100：06	0.02
10	蝇毒磷	23.96	362	226，210，334	100：53：11：15	0.10

附 录 C

（资料性附录）

10 种有机磷农药标准物质的气相色谱-质谱图

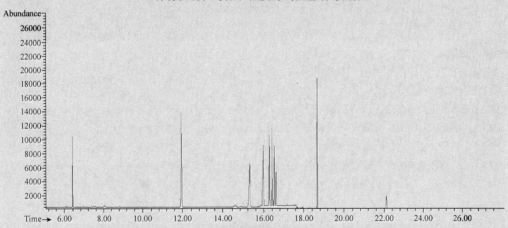

1. 敌敌畏　2. 二嗪磷　3. 皮蝇磷　4. 杀螟硫磷　5. 马拉硫磷
6. 毒死蜱　7. 倍硫磷　8. 对硫磷　9. 乙硫磷　10. 蝇毒磷

图 C.1　10 种有机磷农药标准物的气相色谱-质谱选择离子色谱图（GC-MSD）

附 录 D

（规范性附录）

实验室内重复性要求

表 D.1　实验室内重复性要求

被测组分含量 mg/kg	精密度 %	被测组分含量 mg/kg	精密度 %
≤0.001	36	>0.1≤1	18
>0.001≤0.01	32	>1	14
>0.01≤0.1	22		

附 录 E

（规范性附录）

实验室间再现性要求

表 E.1　实验室间再现性要求

被测组分含量 mg/kg	精密度 %	被测组分含量 mg/kg	精密度 %
≤0.001	54	>0.1≤1	25
>0.001≤0.01	46	>1	19
>0.01≤0.1	34		

本 章 小 结

品种是指一个种内具有共同来源和特有一致性状的一群家养动物或栽培植物，其遗传性稳定，数量、产量、品质及适应性符合生产的需要，且有较高的经济价值。品种标准是规定和描述品种特征特性的主要载体和手段。品种标准的一般结构包括封面与首页、目次、标准名称、引言、品种来源、品种特征、品种特性、产量表现或生物性能（动物）、评定分级标准（动物）、评定方法（动物）、栽培技术要点或饲养要点（动物）及其他、附录、附加说明等要素内容。

产品标准是规定一种产品或一类产品应符合的要求以保证其适用性的标准。影响农产品质量的因素包含品种本身、自然环境及人为条件。贸易型产品标准具有把产品的使用性能和用户要求放在首位、本身简洁可行、更新速度快、非强制性、注重产品外观和包装要求等特点。产品质量标准的一般结构包含封面、目次、前言、引言、名称、范围、规范性引用文件、术语和定义、符号和缩略语、分类和命名、要求、抽样、试验方法或测试方法、检验规则或质量评定程序、标准化项目的标记、标志、标签、使用说明书、包装、运输、贮存、规范性附录、资料性附录、参考文献和索引等要素内容。

农业生产技术规程，包括栽培技术规程（种植业）和养殖技术规范（养殖业）。栽培技术规程的内容主要包含经济技术指标、品种、选地、整地、播种、育苗、定植、防御低温冻害、诊断、收获和贮藏、农机具作业、农药安全使用、种植设施和设备、种植园（圃）基本建设、土壤质量、生产用水、肥料及施用、土壤改良和培肥地力等。栽培技术规程的一般结构包括封面、目次、前言、引言、经济指标、生长发育指标、备耕阶段管理、播种阶段管理、苗期田间管理、中期田间管理、后期田间管理、防止病虫害、收获期、收获后田间管理、其他、附录、附加说明等。

试验方法的编写内容包括量和单位、化学品命名、警示、原理或反应式、试剂和材料、仪器和装置、试样和试料的制备、分析步骤、结果计算、精密度、试验报告等。试验方法标准的一般结构包括封面、前言、名称、范围、术语和定义、原理、化学试剂、试样制备、平均 AB 为缺陷密度（AB-EPD）的测量、检验报告、测量误差等。

思考与练习

1．简述品种标准的重要性。
2．农产品质量的影响因素有哪些？
3．贸易型产品标准的特点有哪些？

4. 简述栽培技术规程体系的内涵。

5. 试述试验方法标准包含的要素。

主要参考文献

白殿一. 2009. 标准的编写. 北京：中国标准出版社

主要参考网站

标准网 http://www.standardcn.com/

杨凌现代农业标准化研究所 http://www.agristd.org.cn/

中国农业标准网 http://www.chinanyrule.com/

第六章 农业标准的实施

【内容提要】 介绍农业标准实施的概念和农业标准实施的重要性，农业标准实施的程序和方法，以及农业标准化示范区建设。

【学习目标】 明确农业标准实施的一般程序。

【基本要求】 通过本章的教学，使学生了解农业标准化规划的指导思想、一般程序和方法，掌握农业标准实施的一般程序和方法。

第一节 农业标准实施的概念和重要性

一、什么是农业标准实施

农业标准实施是农业提高产量、提高质量、优化品种的技术保证，农业标准实施的目的是发挥农业标准的作用，将农业标准应用到生产、流通、使用等领域。实施过程见图 6-1。

图 6-1 农业标准实施过程

农业标准实施是一个动态的循环过程。每一项农业标准的实施，都应该组织农业，林业，农产品生产、经营、销售、检验等相关部门制订出切实可行的计划；标准推广要由上至下，逐级宣传贯彻，组织标准培训，使各相关部门充分了解标准的内容及其重要性，为标准的实施创造氛围；准备工作完成之后，将标准实实在在地应用到农业领域的各环节，真正地转化为生产力，转化为效益，为农业服务，这个工作是实施的核心；监督检查是标准实施质量的保障，评价标准的质量，找出标准在实施过程中存在的不够科学合理或是因时代发展而显得滞后的地方；修正改进是针对监督检查中发现的不足加以改正；修正审定之后，由农业标准化行政主管部门重新发布，再进入农业标准实施过程。

农业标准实施概念归纳如下：农业标准实施是指有组织、有计划、有措施地贯彻执行标准的活动，是农业标准制定部门、使用部门或农业企业，将标准规定的内容贯彻到生产、流通、使用等领域中的过程；它是农业标准制定部门和农业标准应用单位的共同任务，是标准化的目的。

二、农业标准实施的重要性

农业标准的实施是整个农业标准化活动中最重要的一环，标准制定结束后，实施标准成为标准化工作的中心任务，也是农业标准取得成效、实现其预定目标的关键。农业标准实施的重要性主要体现在以下几个方面。

（1）标准只有在实践中贯彻实施之后，其作用和效果才能产生并体现出来。制定一项农业标准的目的，是要保证农业技术事项符合预期目的，便于理解和操作，保障安全、可靠、卫生，保护环境，节省资源，实现品种控制，保证产品质量等。为实现这些目的，仅把标准制定出来是远远不够的。因为任何一项技术标准，都不会自动发挥其作用。农业标准制定得再好，束之高阁不实施也只能成为一纸空文，就不能实现制定农业标准的目的。必须通过有组织、有计划、有措施地宣传贯彻标准，使其在生产、建设和流通各领域，得到全面有效的执行，使标准中规定的各项要求真正得到落实，才能使制定农业标准的目的得以实现。

（2）只有把农业标准贯彻实施到生产、技术活动中去，才能真正地衡量、评价标准的质量和水平。实践是检验真理的唯一标准。一项农业标准制定得是否科学合理，是否能圆满地实现其预定目的，只有在实施中才能得到验证。虽然每项农业标准都要以科学技术和实践经验的综合为基础，在制定过程中又进行了许多新的试验验证工作，但是任何经验都可能有其局限性，尤其是在特殊条件下进行的局部试点验证，很难保证反映了全面的情况。某项农业标准在全国范围内实施时，难免会出现许多在起草制定过程中未能考虑周全的问题。这些问题的出现，有助于技术标准的进一步修改和完善，使其能更好地实现预定的目的。

（3）只有通过对农业标准的贯彻实施，才能使农业标准不断地由低级向高级发展。任何一项标准，在实施过程中，都需要随着生产的发展和技术的进步而不断更新，不断修改。标准应经历制定—实施—修订（或再制定）这样一个不断发展、循环往复的过程，就是由低级向高级逐渐发展的过程，如果离开标准的实施，这个过程便终止了。特别是随着生产力的发展，科学技术的进步，人们对有关技术事项的认识也在不断提高，对技术标准会提出许多更新、更高的要求。这就要求我们在农业标准实施的基础上，废止旧的技术标准，建立新的技术标准，促使技术标准的水平不断由低级向高级发展。所以，贯彻实施标准是标准化活动的关键环节，是标准不断向前发展的内在动力。

（4）通过贯彻农业标准，科学技术转化为生产力，促进农业生产的发展，才能获得良好的经济效益及社会效益。农业标准只有在农业生产实践中认真地贯彻执行，才能发挥它应有的作用。一项农业科学技术，如果要用于指导实践，最好的方式就是将其编写成通俗易懂、各个群体都易于接受的技术标准。多年的实践证明，农业技术标准已经深入农业的生产实践当中，农民从各类标准中实实在在地尝到了甜头，取得了良好的效益。

（5）农业标准的实施，增强了我国农业在入世后国际贸易中的应对能力。入世后，我国农业经受了前所未有的机遇和挑战。近年来，我国蜂蜜、畜肉等农产品因农药超标等质量问题，在出口中蒙受了巨大损失。我国农产品如何有针对性地提高品质，从而增强出口创汇的能力，如何制定能够在农产品进口贸易中控制外来农产品品质、维护自身利益的技术性文件及法规，农业标准的实施将在其中起到无可替代的关键作用。

第二节　农业标准的实施程序

一、农业标准实施的主要任务

农业标准的实施是一项复杂细致的工作。由于农业受到地域、品种等多因素的限制，很难采用统一的方法来实施农业标准，一般来说，标准的实施包括宣传、贯彻执行、监督检查等几项主要任务。

1. 农业标准的宣传

农业标准的宣传是技术标准实施过程中的首要工作。任何一项技术标准制定完之后，负责制定该项技术标准的标准化专业技术委员会或标准化专业技术归口单位，都要根据技术标准的内容、范围及复杂程度，组织动员各方面的力量，制订计划，统筹安排，逐级进行宣传。必要时，还要组织专门的宣传工作组。农业标准的宣传主要包括以下三项内容。

1) 介绍农业标准

通过提供农业标准文本和有关的宣传材料，使有关各方知道农业标准，了解农业标准，并能正确地认识和理解其中规定的内容和各项要求。

2) 宣传农业标准的重要性

通过对农业标准中各项重要内容及其实施意义的说明，使有关各方对实施农业标准意义的认识有所提高，取得各方面的支持和配合。

3) 说明实施中应注意的问题

通过编写新旧农业标准内容对照表、新旧技术标准更替注意事项及参考资料等，有关各方做好实施的各方面准备，保证技术标准的顺利实施。技术标准宣传的主要形式，除了编写、提供各类宣传材料外，一般还采用办培训班、组织召开宣传会等形式。

2. 农业标准的贯彻执行

根据农业标准的性质，农业标准的贯彻执行分为强制性和推荐性两种形式。

1) 强制性标准的贯彻执行

《中华人民共和国标准化法》规定，强制性标准发布执行，不得擅自更改或降低强制性标准所规定的各项要求。所有的生产企业、经销单位在生产产品、销售产品或进口产品时，都必须严格执行强制性标准。对于违反强制性标准的，要由法律、行政性法规规定的行政主管部门依法处理。贯彻强制性标准，必须强调其法制性和严肃性。

为了保证强制性标准得到贯彻执行，农业企业在开发新产品、改进老产品、进行技术改造、从国外引进品种和技术时，必须充分考虑标准化要求，除了研究遵循农业强制性标准外，还应遵循相关的食品、环保等方面的标准，符合有关强制性标准中规定的各项内容。有关的技术文件必须进行标准化审查。不符合强制性标准的产品，禁止生产、销售和进口。

为使强制性标准的贯彻执行最终落实到生产、运输、流通等领域的技术活动中去，还常常需要提供一定的物质技术条件。有关方面必须做出具体落实和安排予以保证。重大的物质技术条件，还应该纳入各级技术措施计划。

2) 推荐性标准的贯彻执行

《中华人民共和国标准化法》第十四条规定，对于推荐性标准，国家鼓励企业自愿采用。推荐性标准，是由有关各方自愿采用的标准，在企业保证认真执行强制性标准的情况下，可以根据实际需要，结合自身的特点，自愿采用。但如果一项推荐性标准被企业作为组织生产和交货依据时，企业也必须执行，并可以作为标准化行政主管部门对该企业贯彻执行该项标准情况的监督检查依据之一。对于推荐性农业标准，国家一般不强制要求执行，但可以采取多种措施鼓励有关方面贯彻执行。我国主要采用以下方式贯彻执行推荐性标准。

（1）由有关主管部门制定指令性文件，在其管辖范围内贯彻执行。推荐性标准一旦纳入指令性文件，便具有相应的行政约束力，在指令性文件的约束范围内成为必须贯彻执行的技术标准。

（2）国家采用某些优惠措施，鼓励采用推荐性标准。比如我国规定，凡是贯彻执行国家标准、行业标准的产品，均可以申请产品质量认证，合格者发给产品质量认证证书并允许产品使用合格标志，从而提高了产品在市场竞争中的质量信誉和社会知名度，进而提高企业自愿采用高水平推荐性标准的积极性。

（3）通过合同贯彻执行推荐性标准。这是应用最广泛的一种方式。由于合同受法律约束，推荐性标准一经引入合同，列入合同的推荐性标准便相应具有了法律约束力，不贯彻有关的规定，便要承担相应的法律责任。

3. 农业标准实施的监督检查

农业标准实施后，必须经常性地进行各种形式的监督检查，以保证强制性标准得到认真贯彻执行，促进推荐性标准更广泛地被采用。《中华人民共和国标准化法》规定，由县级以上人民政府标准化行政主管部门负责，对标准贯彻执行情况进行监督、检查和处理。监督检查的形式主要是对产品质量进行国家监督抽查、地方监督检查、市场检查和抽查等，这些都是政府实行监督的有效方式。

二、农业标准实施的原则

1. 服从长远利益原则

实施农业标准，往往会给实施单位增加负担，会与当前的生产或工作任务有矛盾。而且有些标准的实施，对该单位的眼前利益效用不大，甚至还可能会有些损失，但从长远来看好处却很多，这要求既照顾到眼前，更要考虑到长远，眼前利益应服从长远利益。

2. 顾全大局原则

有些农业标准在实施过程中可能会给生产单位带来许多麻烦，如有机、绿色、无公害农产品的生产，都要执行环境保护、卫生要求等方面的标准，花费大笔检测费，基地选址受到严格限制，生产过程还需要执行很严格的对农药、化肥使用的操作技术规程要求，凡此种种麻烦，似乎得不偿失。但从整个社会效益来看，利益很大，既保障了农产品的质量安全，保证了广大消费者的健康，又保护了赖以生存的自然环境，功在当代，利在千秋。这种情况下，就需要农业生产单位能够顾全大局，以局部服从整体，有关政府部门也应适当给予政策鼓励。

3. 区别对待原则

贯彻农业标准要根据不同情况区别对待。如实施一项新的农业技术标准，需要慎重安排新老技术标准的过渡；对于即将淘汰的老产品可限期过渡，但对新产品则应无条件地坚决贯彻新标准。

根据企业不同的生产环境、生产设施和技术条件，分别实施农业产品标准中不同质量等级标准，同时努力改善条件，使质量升级，这也是区别对待原则的体现。

4. 农业标准的实施要文、物并用，灵活推行

由于农、林、牧、副、渔业标准的主要对象是动植物，是活的有机体，种类繁多，各有其生长和发育的规律，受气候、土壤等自然环境条件因素的影响大，因此这些标准贯彻

实施时要做到"统而不死，活而不乱"，文字标准和实物标准互为印证，共同执行。

三、农业标准实施的一般程序

农业标准的实施是一项复杂细致的工作，涉及生产、使用、经营、管理等多个部门；在生产企业内部涉及科研、生产、检验、销售、计划等各个方面。因此，标准实施必须有计划地做好安排，各个方面协调一致。一般来说，实施农业标准包括以下 7 个阶段。

1. 计划

标准批准发布后，根据标准的级别、性质和涉及的范围及有关地区和部门，应立即拟定贯彻标准的计划，并层层下达和部署。重要农业标准的贯彻，应由各级人民政府下达贯彻标准的计划。其包括贯彻标准的方式、内容、步骤、负责人员、起止时间、达到的要求和目标等内容。

在制定"实施农业标准工作计划"时应该注意到以下 4 点。

（1）除了一些重大的农业技术标准外，一般尽可能结合或配合其他任务进行标准实施工作。例如，结合新品种开发或改进老品种；结合企业推行全面质量管理；结合质量监督与产品认证；结合行业或地区组织专业化协作生产；把标准实施工作扎实做好。

（2）应该按照标准实施的难易程度，合理组织人力，既能使标准的贯彻实施工作顺利进行，又不浪费人力，不至于排挤和影响了其他工作。

（3）一定要把实施标准的项目分成若干项具体任务和内容要求，分配给各有关单位、个人，明确其职责，规定起止时间，以及相互配合的内容与要求。

（4）进一步预测和分析标准实施以后的经济开支和收入，以便有计划地安排有关经费。

2. 准备

实施标准的准备工作是贯彻标准过程很重要的一个环节，必须认真细致地做好，才能保证标准的顺利实施，否则就会忙于应付实施中出现的问题，甚至会使标准实施不下去，处于停滞状态。

1）思想准备

重点是要使人们在思想上对实施标准有一个正确的认识。因此，要善于利用电视、广播、报刊、杂志、布告以及宣讲报告等各种形式进行教育；广泛地宣传标准的内容、要求及其经济效果和社会效益，使大家都了解实施标准的重要意义和作用，自觉地运用标准、执行标准和维护标准。

2）组织准备

农业标准的实施，尤其是重大基础标准的贯彻往往涉及面较广，需要统筹安排，有专门组织机构或明确专人负责才行。农业标准的实施，往往涉及生产、经营、使用、检验、物价、标准、科研等部门。为了加强对贯彻标准工作的领导，根据工作量的大小，应从有关部门抽调人员，由领导、农业技术人员组成的贯彻标准工作组负责标准的实施工作，必要时可以成立专门的标准实施领导小组。

3）技术准备

技术准备是实施标准的中心环节，主要包括以下 5 个方面的工作。

（1）提供与宣讲文字标准和简要介绍资料及宣讲稿等有关的标准化材料，有些标准应准备有关图片、幻灯片及其他声像资料。

（2）仿制、熟悉实物标准。根据文字标准的有关规定，要选择具有代表性的样品，组织农业技术人员制作、更新或仿制实物标准，并统一对实物标准的认识。

（3）测算价格。根据历史价格水平和现行物价政策，推算出在一定区域内实施该农业标准所需的费用。

（4）按照先易后难、先主后次的顺序，逐步做好标准实施中的各项技术准备工作，比如推荐适当的操作规程，研制实施标准必需的仪器设备，以及组织力量攻克难题。

（5）重要农业标准的宣传，还应进行实施的试点工作。某些农业标准虽然效果显著，但因为停留在书本宣讲阶段，缺乏实际操作记录，实施起来难度较大。这时就需要在个别有代表性的地域开展试点，取得经验以后，再以点带面，全面推广。

4）物资条件准备

物资是正确贯彻标准的重要保证，如所需用的仪器、设备、工具、农业生产资料（种子、农药、化肥、农机具、塑料薄膜等）及费用等。需要做大量细致的工作，并逐一组织落实，否则就要影响标准的正确贯彻执行。

3. 试点

农业技术标准在全面贯彻实施前，根据实际需要，可选择有代表性的地区和单位（生产单位和使用单位）进行贯彻标准试点。在试点可采取"双轨制"，即新旧标准（或标准方法与常规方法）同时进行试验，相互比较，积累数据，取得经验，为全面贯彻标准创造条件。

推荐性的农业标准，如技术规程和产品标准等，应选择有代表性的区域专业户、科技户进行示范，在示范的基础上，总结经验，再全面推广。

4. 实施

实施就是把标准应用于农业生产、流通等的实践环节。在贯彻标准中，任何人都不得自行降低标准。为了搞好标准的实施，各地可根据标准的要求，结合本地实践情况制定实施细则，根据标准适用范围及工作任务的不同，灵活采用不同的实施方法，对实施过程中可能遇到的各种情况，要有所区别，采取积极有力的措施，保证标准的贯彻实施。标准正式实施后，有关人员就应严格按标准规定进行计划、生产、流通和检验。

1）采用

采用就是直接采用标准，全文照办，毫无改动地贯彻实施，一般对国家农业基础性标准应该直接采用。

2）选用

选用就是选取农业标准中部分内容实施。对于内容比较全面、涉及面比较广的农业技术标准，贯彻标准时只需采用部分内容，将应用到的产品或栽培饲养操作等内容引用过来使用即可。目前有些生产单位就是以企业标准的形式选用上述某一类标准，限制其使用范围，便于生产和管理。

3）补充

在农业标准贯彻时，对上级标准中一些原则规定或缺少的内容，在不违背标准的基本原则的前提下，以下级标准形式再做出一些必要的补充规定。这些补充，对完善标准，使标准更好地在本部门、本单位贯彻实施是十分必要的。

4）配套

在贯彻某些农业标准时，要制定这些标准的配套标准，以及这些标准的使用方法等指导性技术文件。这些配套标准是为了更全面、更有效地贯彻标准。例如，农作物种子质量标准贯彻时，也应和种子制种规程、种子检验方法、种子的包装、贮运标准一起配套应用。农产品标准在实施时，也应该与相应栽培、饲养技术规程及包装贮运标准配套执行。

5）提高

为了稳定地生产优质农产品和提高市场竞争能力，企业在贯彻某一项国家或行业农业技术标准时，可以采用国外先进标准来提高这些标准中的一些性能指标，或者自行制定比该农业技术标准更高水平的地方、企业等下级标准，再应用到生产实践中去。各地在贯彻农业标准中，要注意总结、收集标准化经济效果和典型经验。

5. 检查

检查也是贯彻标准的主要环节，通过检查可以进一步证实标准的可行性和先进性，发现贯彻执行标准中存在的问题和先进经验。检查主要包括对图样与技术文件的标准化检查和生产过程中贯彻执行标准情况的检查。在标准实施过程中，事先应明确规定在各个环节中对标准化方面的要求，并且加以认真检查，督促有关部门和企业认真贯彻执行各种标准，使标准实施工作更加顺利、深入地进行。

6. 总结

总结是指对试点及全面实施农业标准工作所进行的技术和方法的总结，对各种文件、资料的归纳、整理和立卷归档，还包括对下一步贯彻标准工作的意见。要认真地总结和分析标准化的经济效果，总结出好的典型，组织交流、学习，以推动标准的贯彻实施工作进一步开展（注意：总结并不意味着标准贯彻的终止，只是完成一次贯彻标准的"PDCA 循环"①，还应继续进行第二次、第三次 PDCA……）。总之，在该标准的有效期内，应不断地实施，使标准贯彻得越来越全面、越来越深入，直到修订成新标准为止。

7. 反馈

反馈是指通过贯彻实施农业标准反映出来的标准水平、取得的经济效益和存在的问题等信息，及时传递给标准的提出单位、起草单位和批准发布机关。反馈可以为修订标准积累和提供科学的数据，也为评选农业标准化科技成果积累资料。

四、有关部门在农业标准实施中的作用

一项标准的实施绝不是只靠哪一个政府部门或生产企业自己努力就能做好的，应该加强领导，各相关部门密切配合，分工协作，共同做好农业标准的贯彻实施工作。

1. 标准化行政部门在贯彻农业标准中的任务

各级标准化行政部门不仅应该做好农业标准的制修订组织工作，而且应积极推动和监督农业标准的实施。

对重大的、涉及面广的、直接关系人民群众切身利益的农业标准，各级标准化行政部门要组织标准的宣传工作，尽可能使标准为大家所熟知、理解。在标准贯彻中应代表国家经常深入检查，甚至组织验收，并协调处理标准实施中发生的问题和纠纷。

---

① PDCA 循环，是将质量管理分为四个阶段，即计划（plan）、执行（do）、检查（check）、处理（act），要求各项工作按照做出计划、计划实施、检查实施效果，然后将成功的纳入标准，不成功的留待下一循环解决，如此周而复始进行，阶梯式上升

对一些跨部门、跨行业的农业标准的贯彻，要注意做好协调工作，保证标准能全面顺利地实施。

为使一些农业标准深入广泛地得到贯彻，标准化行政部门还可借助标准化协会组织的标准化咨询服务，帮助有关部门和企业解决实施农业标准中的一些技术问题。

具体地说，标准化行政主管部门在农业标准实施过程中应抓好以下几方面的工作。

（1）调查研究，提出建议，从政策措施上鼓励采用国际标准。

（2）对需要采取措施组织贯彻的农业标准项目，应编制计划，提出要求。

（3）对需要强制执行的重点标准，要下达专门的强制性指令。

（4）建立、健全农产品质量监督检验与认证制度，培训人员，开展工作。

（5）动员本行业的技术开发中心、标准化归口单位、高等院校、农业技术推广站及骨干企业的技术力量，为全行业贯彻标准进行技术准备及技术攻关工作。

在加强宏观控制方面，要运用经济杠杆、法律手段等，特别是在确定政策及监督执行方面，多做工作，注意抓社会效益，并使积极实施的企业得到实惠。

2. 行业主管部门在贯彻农业标准中的任务

各行业主管部门，即与农业生产、经营相关的部、委、专业局、农业公司等单位，对有关标准的贯彻有统筹安排、督促检查的任务。着重应抓好以下工作。

（1）在农业标准发布的同时应下达标准贯彻措施计划，对各有关单位的任务和责任做出规定，明确要求进度，并下达相应的新产品生产计划、技术改造计划等有关计划。

（2）对某些重要农业标准组织贯彻时，应在专业化协作、企业技术改造及产供销等方面采取技术措施。

（3）需要强制执行的标准，特别是安全、卫生、环境保护标准的贯彻，应下达行政命令，对贯彻执行情况进行检查、考核，实行与经济利益挂钩的奖惩制。

（4）在贯彻农业标准过程中要经常检查督促，促使农业生产单位持之以恒地认真执行农业标准。对在贯彻标准中产生的具体困难，也要帮助解决，尤其对一些急待解决的技术困难，应责成有关研究所和主导企业研究解决，为农业生产单位贯彻农业标准扫除障碍。

3. 农业生产企业在实施标准中的任务

企业是实施标准的主体和落脚点。对本单位适用的强制性国家标准、行业标准和地方标准，必须认真、严格地组织实施；对推荐性标准，则要从单位实际情况出发，确定适宜的实施方式，积极组织实施。对企业自行制定的标准更应努力实施。

五、农业标准实施中应注意的几个重要问题

1. 有关部门要密切配合

贯彻实施农业标准，涉及多行业、多部门。因此，贯彻农业标准需要有关部门的密切配合与协作。一般应由生产、经营主管部门组织实施。必要时，由标准化管理部门牵头，组织有关部门参加，按明确分工、各负其责的原则进行。

2. 要定期或不定期地进行技术交流

实施农业标准时，特别是农产品标准，主管部门应定期或不定期地开展技术交流，以文字标准和实物标准为依据，密切进行实物样品交流。其目的主要是考核和校对检验

技术人员的操作方法，统一他们的思想认识和观点，以保证标准的正确贯彻执行。

3. 毗邻地区要进行衔接和平衡

某项农产品标准在贯彻实施时，毗邻的省与省、县与县、乡与乡之间的有关部门要经常互相衔接，组织交流，以防止人们执行标准不一致而造成的农产品的不合理流向，干扰和影响正常的农产品收购和经营工作。

4. 农业标准要原原本本地传递给农民

农民是农业标准的主要使用者，要利用不同形式和方法，把文字标准和实物标准传递给农民，使他们能够了解标准、掌握标准和利用标准。自觉地按标准进行农业生产，进行农产品分级、加工、运输、保管等项作业，逐步实现农业生产标准化管理，达到优质、高产、低成本的目的。

5. 建立健全农产品质量检验和质量监督检验机构

为了认真贯彻执行农业技术标准，凡是经营、生产企业都应设立质量检验机构，负责本单位的质量检验和出证工作，确保农产品质量。《中华人民共和国标准化法》第十九条规定：县级以上政府标准化行政主管部门可以根据需要设置检验机构，或者授权其他单位的检验机构，对产品是否符合标准进行检验；法律、行政法规对检验机构另有规定的，依照法律、行政法规的规定执行。为了做好质量的技术仲裁和质量的监督检验工作，各级标准化管理部门要逐步建立健全农产品质量监督检验站（所、室）。各级农产品质量监督检验机关要有计划、有组织地进行社会监督检验工作，通过监督检验，能够及时发现和解决贯彻标准实施中的各种问题，以保证农业标准的正确实施和执行。

6. 要维护标准的严肃性

《中华人民共和国标准化法》第二十条规定：生产、销售、进口不符合强制性标准的产品的，由法律、行政法规规定的行政主管部门依法处理；法律、行政法规未作规定的，由工商行政管理部门没收产品和违法所得，并处罚款；造成严重后果构成犯罪的，对直接责任人员依法追究刑事责任。凡是强制性的农业标准，一经发布，就必须严肃认真地贯彻执行。一项标准发布后，如果因生产条件或其他某种原因，贯彻标准确有困难，暂时不能贯彻执行者，必须提出暂缓执行的期限和贯彻执行的措施报告，经上级主管部门审查同意，报发布标准的部门批准，方可暂缓执行。同时要积极创造条件，采取有力的措施，保证在期限内贯彻执行。但是，由于生产管理不善而达不到标准要求的，绝不能迁就，必须按标准要求认真对待，以维护标准的严肃性和权威性。

7. 制定相应的农业标准实施办法

为了开展和加强农业标准化工作，有些省、市制定了农业标准化管理实施细则或条例。例如，辽宁省于2000年发布的《辽宁省无公害农产品管理办法（试行）》，使农业标准化工作有法可依，效果很好。

第三节 农业标准实施的方法

一、以龙头企业为核心组织实施农业标准

以龙头企业为核心，组织广大农业生产者、经营者在农业产业化生产中实施农业标准。

1. 农业标准化和产业化的相互作用

产业化是农业现代化的标志和发展方向，农业产业化的突出特点是突破了传统农业生产，将标准化生产引入农业，使农业实现了工业化、规模化生产。农产品生产、收购、销售单位，以农业技术标准为相互之间的约束要件，形成具备一定规模的风险共担、利益共享的经济共同体。

农业产业化是以标准为准则，以生态学原理、经济学原理，以及市场机制功能和系统工程为指导的多功能、多目标、多层次的农业产业经营系统，其目的是达到农业经济总体效益最高，实现持续稳定发展，满足社会生产、生活的多种需要，以最大限度地实现环境效益、经济效益和社会效益。

标准化生产是农业产业化的基础，农业要实现工厂化、产业化大生产，其产前、产中、产后等各个操作管理环节等都需要有详尽可行的标准作依据，农业产业化生产呼唤农业标准出台，也给农业标准提供了实施空间。

实行家庭联产承包责任制以后的农民，在生产积极性大幅度提高的同时，却因为缺乏组织管理而显得自由涣散，从而使组织纪律性要求较高的产业化生产推行起来比较麻烦。此外，现阶段我国普遍存在的规模过小、分散的农户经营，既难以迅速、准确、及时地满足全社会对农产品的有效需求，更难以抵御来自各种垄断势力及超经济力量的盘剥，农民利益流失已成普遍现象，而这又在更大程度上抑制了农业的进一步发展。这个时候，龙头企业以其不可替代的作用应运而生，龙头企业按市场化的要求，以农业标准体系为基础，与农民签订生产收购合同，对农产品生产在基地选址、栽培（饲养）、化肥农药使用、包装、收购检验等方面制定出统一的管理模式，建立生产基地和社会化服务体系。

2. 龙头企业在带领农户发展产业化生产中对实施农业标准的促进作用

（1）有利于将千万个零散农户集结成对市场具有应变能力的有机整体。单个农民在走向市场的过程中除面临农业生产固有的自然风险外，还有市场风险。而农户生产规模小，主体分散，信息不灵，经济实力脆弱，难以抵御农业生产"双重风险"的压力。农业产业化可以通过农工商联合公司、加工企业、农业生产组织、供销合作社和农民专业协会等组织形式，引导农民进入市场，形成龙头企业带动的农业生产经营体系。这些龙头企业因为实力雄厚、眼界开阔，有能力围绕某种农业资源优势，开发名优特产品，形成优势产品密集带，提高区域经济规模。龙头企业一头联系国内外市场，一头联系一批生产基地和千家万户的农民，将农产品生产、加工、销售环环相扣，为农民走向市场架起了桥梁。

（2）有利于提高农民的专业化生产能力。农业产业化是构筑在农业生产标准化、基地化、规模化基础上的，因而随着产业化的发展，专业化的生产和社会化的分工会越来越明显。这样，越来越细化、越来越科学的农业标准就有了用武之地，越来越多的农业生产、产品、工作及管理标准的规范作用就得到充分体现。

（3）提高农业比较效益，增加农民收入，激发农民的标准化生产热情。农业（特别是粮食生产）在相当程度上是社会效益高、经济效益低的弱质产业，如果不加以引导，农业会长期处于投入不足、发展后劲乏力的困境。这是市场经济条件下农业发展的难点所在，农业产业化提高了农业标准化水平，并将第一、第二、第三产业融为一体，延长了农业生产的链条，通过规模经营和多层次加工，既提高了流通效率，又实现了重复增值。特别是一些龙头企业已与农民建立了利益共同体，在一体化经营体系内部以农业技术标准（包括种苗和基地选择、栽培、饲养、产品、生产加工等方面）为准绳，以签订合同的形式进行利益互补，农民除了得到种植业、养殖业的收入外，还可以分享加工业和服务业的部分利润，从而增加农民的收入，提高农业的比较效益，农民尝到了甜头，增长了标准化生产的热情，农业标准实施自然容易深入开展。

（4）有利于推进农业标准化生产的迅速发展。标准化是实施农业产业化生产的前提，农业生产必须做到以工厂化模式组织标准化作业，才有可能实现农业产业化大生产。实现产业化经营和生产，龙头企业要围绕市场努力开发高技术含量、高附加值、高商品率的产品，要不断追求技术进步，推广和应用国内外先进的农业技术标准，科技进步在农业中的作用和贡献会越来越大。农业产业化促进了资金、土地、技术等生产要素的流动重组，改变了传统农业的生产经营方式，带动和促进了农业规模经营的形成和发展，有利于解决小规模经营与采用科学技术的矛盾，形成新的科技成果推广应用体系，使农业标准化生产成为可能。

3. 以龙头企业带动农业标准化、产业化生产的一般做法

1）转变观念，加强领导，重视农业产业化发展

农业产业化作为振兴农业和农村经济的重大举措，各级政府必须高度重视，要把农业产业化作为各级政府目前乃至今后相当长时期内的一项重要任务来抓，组织专门班子和力量负责实施，建议中央设农业产业化办公室，各省、地（市）、县（市）要参照中央的做法，建立相应的机构，机构中应该有农业、农业标准化主管部门，科技、计划经济、财政等部门共同参与，由各级政府统一牵头，各部门应协调一致，积极配合，充分发挥各自的作用。在具体运作过程中，要从大农业、大市场、现代农业的角度去认识农业，拓展农业发展思路，从指导思想、政策制定、发展战略，以及组织方式、经营管理等方面实现大的转变。要务求实效、重在落实，保证农业产业化能够以标准化为准则健康运行，推进农业和农村经济发展。

2）建立健全农业标准体系

农业要实现产业化生产，必须有完善的标准体系作保证。地方农业标准体系的建立应以国家标准为基础，以国内外市场的需求为导向，以当地农业发展实际水平及自然条件为依据。制定标准前应做详细的市场调研，考察市场需求及本地农业发展情况，对标准要达到的水平和覆盖的品种做出准确的定位。制定标准时应多请教经验丰富的专家及实际工作人员，多做试验论证，制定出科学实用，能够从生产基地选址、选种、种植饲养过程、农产品检验、包装销售等环节指导农业产业化生产和销售的农业标准体系。

3）正确选择龙头企业

龙头企业的确立，应坚持以下几个原则。

（1）规模大，实力雄厚。龙头企业面对的是数量众多且分散的、实力弱小的小规模经营农户，它负担着带领他们完成农业产业一体化的任务，自身经济实力弱，心有余而力不足，会形成"小马拉大车"的尴尬局面，导致农业产业化有名无实甚至失败。所以，龙头企业自身经济实力的强弱是农业产业化运行能否稳定的先决条件。

（2）技术创新的能力。龙头企业不能仅仅满足于现有农产品生产、加工、销售一条龙的简单组合，还必须具备不断开发新工艺、新的生产方法的能力，能实现资源利用率的不断提高，提高产品的科技含量和附加值，这样才会提高产业化链条上各利益主体的收益，也才会保证农业产业化组织生命力旺盛。

（3）开拓市场的能力。这个市场包括国内、国际两个市场。龙头企业只有具备不断开拓市场的能力，才能真正实现生产与市场的对接，才能把产品及其增值转化为现实，实现各主体的收益，并真正达到带动千家万户进入市场的目标。

4）农业产业化生产中主导产业的确立

主导产业的确立，应坚持以下原则。

（1）产品市场需求旺盛。主导产业的产品（拳头产品）应是当前乃至今后相当长时期内市场需求量大且有不断上升趋势的产品，如果市场需求量小，也就失去了作为主导产业最基本的条件和资格。

（2）自然条件好。主导产业的确立应当从当地自然资源条件出发，选择当地产量丰富，成本便宜，能形成专业化、规模化生产的行业或产品，这样才具备自己的比较优势，才会在竞争中立于不败之地，取得良好的效益。

（3）生产率不断上升。主导产业的产品生产必须保证其劳动率、资金生产率、成本收益率有不断提高的趋势，这样才能保证生产效率高、经济效益好、产品增值潜力大、更有生命力。

5）在产业化生产中龙头企业和农户的组织机制

组织机制是维系农业产业化经营的社会资源，是一种与生产力水平相适应的制度安排，即龙头企业和农户之间的非市场安排或二者结合的方式。从目前来看有以下三种类型。

（1）松散型。企业和农户的联系主要是通过纯粹的、一般的市场活动进行的，很少有合同关系。

（2）半紧密型。即合同制一体化，农户与龙头企业在契约期限内具有相对稳定的关系，这种形式是农业产业化的主要形式。

（3）紧密型。龙头企业和农户具有资产关系，如股份制、股份合作制、反租倒包等形式。

这三种形式可依据实际情况进行选择，但不管用哪一种，在具体实施时，都应以标准体系为依据，农户按农业技术标准种植农产品，龙头企业按农业技术标准指导生产，监控质量，组织收购和销售。

二、加强安全农产品认证，推动农业标准的实施

安全农产品认证是由农产品生产、销售之外的第三方（通常是社会公认的权威部门），按特定的认证程序规定，对生产环境、生产、加工等过程及产品，以相应的标准为准则进行检测考核，评定其安全性能，并将评定结果公布于众的过程。安全农产品认证工作的开展对农业标准实施有积极的促进作用。

1. 安全农产品认证在促进农业标准化发展中起到的作用

安全农产品认证是一项顺应社会发展、满足人民生活需要的工作，已经逐步为广大老百姓所认同。随着人们生活水平的逐渐提高，越来越多的老百姓认为花钱买健康是值得的。无公害、绿色、有机农产品认证及近几年来兴起的危害分析和关键控制点（HACCP）认证等都开展得比较成功。

安全农产品分为三个层次：无公害农产品是第一层次；绿色食品是针对最终农产品而言的，为第二层次；有机食品则注重对整个生产过程的严格控制，为最高层次。

2. 安全农产品认证在促进农业标准实施中起到的作用

（1）安全农产品认证拉动了市场需求，为农业标准化、产业化生产提供了源动力。安全食用性是农产品的内在品质，不同于颜色、外形、气味等外观品质可以用肉眼观察、口舌品尝。农产品认证工作开展之前，消费者即使想吃安全农产品也无从选择，而农业生产者即使耗费更多的成本生产出质地优良的安全农产品，也只能作为普通农产品销售，无形中打击了安全农产品生产者的积极性。安全农产品认证制度实行以后，实现了优质优价，极大地鼓励了安全农产品的生产，使安全农产品的标准化、产业化生产成为可能。

（2）农业标准是安全农产品认证工作的技术基础，安全农产品认证工作推动了农业标准的实施。各种类型的安全农产品，无论是有机、绿色、无公害农产品，还是后续开发出的新型安全农产品，它们在产前、产中、产后各个过程中都以标准为准则。组织者积极地采用国家、地方标准，在没有上述标准的情形下，会马上制定企业标准，使标准的实施成为一个主动的过程。科学适用的标准能够指导农户生产出符合安全认证要求的农产品，随着经济效益的提高，农户标准化生产热情日益高涨，为标准实施奠定了良好的基础。

（3）政府部门对安全农产品认证工作的支持为农业标准实施增添动力。由于近年来化肥、农药的无度滥用，我国的土壤、河水等资源遭受了严重破坏，而安全农产品的生产因其对农药、化肥使用的严格要求，对保持自然环境、维护生态平衡有重要意义。生产安全农产品比普通农产品的经济效益能提高 10%～20%，而且因其安全品质的提高而增强了应对入世挑战的能力。鉴于以上原因，各地政府部门对安全农产品标准化生产都比较重视，纷纷给予资金、政策支持，积极宣讲农业标准化的重要性，组织相关部门布置任务，为农业标准实施工作顺利开展打好基础。

3. 安全农产品认证工作的一般做法

安全农产品认证工作是一项利国利民的民心工作，需要有关部门加强责任心，密切合作。不仅要组织协调计划好，更要注重这项工作的严肃性，严把农产品安全质量关，确保老百姓吃得健康。

（1）争取政府重视，搭建组织机构。领导的足够重视，政府的大力支持是搞好安全农产品认证工作的必要前提。组建由政府主要领导牵头，由农业、质量技术监督、工商、财政、卫生、商业等部门联合成立的安全农产品认证工作组，同时政府应给予必要的资金和政策支持。

（2）建立安全农产品标准体系。我国关于安全农产品的标准同发达国家相比，显得不够健全。而标准是安全农产品认证的基础性依据，这就要求农业标准化行政管理部门组织农业、林业、水产以及科研院校等单位，建立内容详尽、品种齐全、科技含量高、可操作性强的标准体系。

（3）选定龙头企业，建设安全农产品生产基地。建设一定数量的安全农产品生产基地，生产出保证质量和数量的农产品，确保消费者能吃上安全农产品是开展安全农产品认证工作的关键环节。在相关政府部门的指导和支持下，龙头企业与农民结合成或紧密或松散的有机联合体，农民负责按标准生产出符合要求的农产品，龙头公司负责按合同收购及销售，由此形成了农工商联合、产供销一体的新型经济关系。龙头公司有生产基地作后盾，企业的发展有了保障；农户借助龙头企业，农产品就进入了大市场，解决了产品销售的后顾之忧。

（4）建立安全农产品监测和销售体系。安全农产品认证工作必须建立由法定检测单位组成的监测体系，监测体系应具备先进的设备及专业的检验队伍，能够保证检验结果的准确性，对市场销售的农产品进行定期或不定期检查，并通过新闻单位予以公开曝光，起到监控安全农产品质量、引导老百姓消费的作用。良好的销售状况是促进生产的源动力，销售体系应在农业、质量技术监督、工商、卫生等相关部门的指导监督下组织建立，销售网络应分布在农贸市场、超级市场等深入居民区的地方，保证老百姓吃得方便，吃得放心。

（5）建立市场准入制度，促进安全农产品生产销售。市场准入制度是近几年来兴起的城市农产品销售制度，具体措施是：凡不符合规定、达不到安全要求的农产品不准进入任何销售网点，目的是保证人民吃的食物是安全农产品。这种做法需要政府强有力的政策和资金支持，以及社会各阶层、广大消费者的通力配合。

三、通过示范作用传授农业标准

层层宣传，逐级贯彻落实，通过示范点作用将农业标准传授给农业种植户，实施到田间地头。

农业标准的发布部门为国家市场监督管理总局、农业农村部、各省市级标准化行政部门、农业企业等单位。一些重要标准发布后，由制定、发布部门组织下级部门宣传贯彻实施，下级部门在掌握实施方法后，再组织其下级部门培训、学习，以此类推，最后将农业标准原原本本地传递给农业种植户，明明白白地应用于作物栽培、家畜饲养、产品检验等方面。从国家到省、市、县（区）、乡（镇）、村，接受培训人数呈几何倍数增长，达到全民普及标准，学标、用标、达标的目的。仅有理论学习，一方面会因为不够生动而容易使人感觉乏味，另一方面农民是很实际的，他们相信"耳听为虚，眼见为实"，不亲眼看到生产效果和经济效益，农民是不会轻易改变多年来习惯的种植品种和生产方式的。依靠龙头企业或政府有关部门，依据标准要求建设有带头作用的农业示范点是解决这个难题的最佳途径。

1. 逐级宣传、示范带动对实施农业标准起到的作用

农业标准化示范点是在标准层层宣传落实的基础上，以农业技术标准为准则，在一定区域内组织农产品生产、检验、包装、销售的中小规模的典型，主要目的是为农业生产指引方向，提供学习示范，是农业标准实施推广的重要形式。标准宣传辅以农业标准化示范点的带动是促进农业标准化发展的重要手段之一。农业标准化示范点的根本目的是将先进的农业技术标准、生产模式大范围地应用于实践，是标准实施从宣传进入大面积普及推广应用阶段的桥梁，是科学技术进入产业化生产的过渡形式。

主要作用体现在以下几个方面。

（1）逐级宣传是实施重要标准的必要途径。逐级宣传是行之有效的传统标准实施方法，宣传落实到位，各级标准化工作人员及农户都能够系统全面地学习各项标准及掌握技能，通过讲解，能够将标准的难点、疑点搞清楚。缺点是宣传时间长，可能会影响整个标准实施的进度，耗费人力、物力多。但对于重要标准的实施，逐级宣传是很有必

要的。

（2）建设农业标准化示范点能够为农业生产指引方向，提供学习示范。农业生产单位，尤其是农民，对改变传统农业生产方式，采取新科学技术，通常持怀疑、排斥态度。一个成功的农业示范点，能够从生产模式、生产成品、销售方式、经济效益等各个方面给出一个切实可信的模式，让农业生产企业尤其是农户对示范项目有超越理性的实践认识，使得农业标准化实施推行得更加顺利。

（3）农业标准化示范点是检验某项科研成果、先进经验是否真正具有科学性、实用性的有效手段。农业技术标准虽然在制定过程中经过了大量的考察论证，但如果直接大规模应用于生产实践，仍有可能因多变的自然环境等因素而丧失科学性或表现不够完善，导致不可逆转的严重后果。而农业标准化示范区能够通过实践检验来避免这一后果，而且标准中如有需要修改的地方也可以借此完善，实现了从农业技术标准到大规模生产的平稳过渡。

（4）利于调整农业生产结构，增加农业经济效益和社会效益。随着农业科学技术的飞速发展，我国农村很多地区都可以通过运用科学技术来调整作物品种，改变生产模式，提高地方农业的经济效益。农业标准化示范点的成功开展，不仅可以为农业生产单位指引方向，还可以引起有关领导的重视，使农业技术标准实施在争取资金和政策支持方面变得更加顺利。多年来，实施示范点的实践证明，绝大多数示范点为当地带来了良好的经济及社会效益。

2. 逐级宣传、示范带动的具体做法

（1）大力宣传，提高全民标准化意识。与20世纪80年代相比，现在的农民对标准化有了更深的理解，但仍有相当部分的农民甚至乡村干部对农业标准理解较浅或不肯接受，认为祖祖辈辈种粮种菜、养猪养鸡，各有祖传绝技，不需要标准化。各级标准化主管部门应联合当地农业部门及相关农业科研院校，对农村干部和群众组织培训，带领他们到示范区考察学习，提高他们对标准化的认识。

（2）从基层中抓农业标准化示范点，带动周围的农户。选择对标准化认识比较深刻、种植基础较好的乡、村、农户作为示范典型，对示范点给予技术、资金、政策等支持，帮助其健康并迅速发展成为具有学习借鉴意义的示范典型。大部分农民在观看示范效应后，都能认识到标准实施的好处，也渴望早日实施农业标准，走上致富路，但鉴于自身发展与示范点的差距，常常无从下手。一个成功的乡、村、户示范典型则能够很好地解决这个问题，可以为农民提供一个切实可行的学习示范、一个触手可及的生产模式。在典型乡、村、户示范带动下，广大农民群众会普遍提高标准化意识，且有现成的模式可供参考学习，促进了农业标准化的全面开展。

（3）选择灵活生动的形式宣传贯彻标准。农民的文化知识普遍比较低，一味对农民进行纸上说教，收效很差。一般有几个方法可借鉴：一是把农业标准编成小册子，画成示范图，方便农民学习、掌握和运用。农民拿着标准小册子就能迅速、快捷地查找到所需标准，用于指导农业生产。示范图力求简单明了，形象直观，领导看图可进行指挥，技术人员看图可讲课，农民把示范图挂在墙上，可以看图操作。二是通过电视、广播、报纸、网络等新闻媒介开辟专栏向农民宣讲标准化知识。三是摄制电视宣传片反复播放，作为宣传农业标准的武器。

第四节　农业标准化示范区

一、农业标准化示范区的发展历程

农业标准化示范区是伴随着农业和农村经济的发展而发展的。由于农业和农村经济的变化，与之相适应，农业标准化工作的内容也随之变化，农业标准化工作的内容不同，使农业标准推广和实施的方法也有所不同。我国农业标准化示范区的发展经历了三个发展阶段。

第一阶段：20世纪80年代末90年代初，为适应"两高一优"农业发展，开展了农业标准示范区建设工作。

随着农业和农村改革的深入，农村实行了家庭联产承包责任制，生产组织形式发生了变化，由长期依靠集体组织生产的农业转变为靠农户生产，农民急需农业技术指导。为适应这一需求，各省组织开展了农业标准制定和推广实施标准化示范区的工作，收到了良好的效果。

第二阶段：适应农业产业化的发展，开展了农业标准体系和监测体系示范区的建设工作。

为落实《国务院关于发展高产优质高效农业的决定》（国发〔1992〕56号）和中央关于加强农业和农村经济工作有关方针政策及"科教兴农"精神，1996年国家质量技术监督局下发了《关于加强农业标准和农业监测工作，促进高产、优质、高效农业发展的意见》（技监局标发〔1996〕183号），在该意见中提出了要认真组织农业标准的实施，特别强调要围绕农业生产过程制定配套系列标准，加以推广应用。这是在稳定农村家庭联产承包责任制的前提下，促进包括统一供应良种、统一播种、统一灌溉、统一施肥、统一防治病虫害、统一机械作业等主要内容在内的农村社会化服务体系的建设，促进农业适度规模经营，加快农业技术推广应用的一种有效手段。该意见还要求坚持以县为基础，由政府统一组织，协调技术监督、农（牧、渔）业、林业、科技和农资供应等方面，积极开展农业综合系列标准化示范工作。"九五"期间，示范工作逐步做到"省有示范县、县有示范乡、乡有示范村、村有示范户"，形成一级带一级、层层有典型引路的良好示范网络。各级技术监督、农业、林业、科技和供销等部门分工合作，共同做好各地的示范工作，选择有条件的地区，积累实行综合标准化管理的经验，以一种或一类农副产品为龙头，以市场为导向，以农贸工、产供销一体化的经营组织为依托，在一定区域内对农副产品的产前、产中、产后实行标准化管理，从而达到提高农副产品产量、质量和效益的目的。

1996年，国家质量技术监督局根据《关于加强农业标准和农业监测工作，促进高产、优质、高效农业发展的意见》，在全国部署了第一批67个农业标准化示范项目，涉及29个省、自治区、直辖市的117个县，确定中心示范乡镇379个，示范村1275个，示范户约38万户，覆盖了粮食、棉花、油料、畜禽产品、水产品、水果、蔬菜、林业、烤烟等领域，贯穿于产前、产中、产后全过程，第一批示范区已进行验收。117个示范县新制定地方标准400多项，推广实施标准750多项，向农民发放标准文本136万册，深受农民的欢迎。

1998 年，国家质量技术监督局部署了第二批农业标准化示范项目，共计 122 个，分布在 30 个省、自治区、直辖市的 129 个县。第二批示范区工作共举办培训班 1130 次，培训示范户农民近 200 万人次。

第三阶段：2000 年至今，为适应农产品质量的提高和满足我国加入世界贸易组织的需要，开展了以安全质量和出口创汇农业为重点的农业标准化示范区工作。

随着农业和农村经济的发展，农产品出现了丰年有余、供大于求的现象，实现了由数量增加向质量提高的转变。但是，由于近些年农药和肥料的不科学使用，农业生态环境质量下降。农产品中农药、重金属、硝酸盐等有害物质残留不断上升，严重危害人民群众的身体健康。特别是近几年，我国加入世界贸易组织以后，国家急需推动创汇农业的发展，但是由于农产品农（兽）药残留超标而被拒收、扣留、退货、索赔、终止合同、停止贸易往来的现象时有发生，发展无污染、安全的农产品成为广大人民群众强烈关注的一个重大问题。为此，国家把农业标准化工作的重点转移到开展质量安全农产品标准化上来。

2000 年，国家标准化管理委员会部署了第三批国家农业标准化示范区，共计 150 个，示范区主要围绕"米袋子""菜篮子"安全质量标准进行了示范和推广，重点选择有利于促进农业种植结构调整、品种优化和提高产品质量的示范项目，有利于加快畜牧业、林业、水产业发展的示范项目，有利于形成产业化并带动相关产业发展，有利于发展特色农业、创品牌农产品和安全农产品，有利于改善环境，发展生态农业的示范项目。

2003 年，国家标准化管理委员会又在全国布置了第四批农业标准化示范区 150 个，主要从有出口优势或出口潜力大，能够按国际标准或国外先进标准组织生产，有利于扩大农产品出口的项目；促进农业产业结构调整，有利于农产品向优质化、专业化方向发展的项目；促进具有国际竞争力的产业带的构建，有利于农产品和特色农产品向优势产区集中的项目；扶持龙头企业，促进农业产业化经营，有利于农产品加工业和储藏、保鲜、运销业发展的项目；促进农业基础建设和生态环境建设，有利于扩大退耕还林规模、加强草原生态治理和农村"六小"工程的规模化建设的项目；促进农产品市场规范化建设，有利于引导农产品市场准入制逐步形成的项目，共计 6 个项目进行推广示范。

2004 年，国家标准化管理委员会下达了第五批全国农业标准化示范区项目 1116 项；2008 年，审查确定了第六批全国农业标准化示范项目计划共 1154 项，其中一类项目 678 项，二类项目 476 项；2010 年，国家标准化管理委员会审查确定了第七批全国农业标准化示范项目计划共 337 项。2013 年，为适应现代农业发展和社会主义新农村建设的需要，促进农业增效、农民增收、农村经济可持续发展，国家标准化管理委员会审查确定了第八批国家农业综合标准化示范项目计划共 386 项，其中示范区项目 347 项，示范市（县）项目 39 项。同时要求对示范区进行深入调查和研究，了解实际情况和需求，明确农业综合标准化的目标，分析建立标准综合体，收集制定相关标准，加强宣传，推动标准综合体的整体实施。

2016 年，为落实《全国农业现代化规划（2016—2020 年）》《国家标准化体系建设发展规划（2016—2020 年）》等文件提出"建设农业标准化示范区"的要求，贯彻"创新、协调、绿色、开放、共享"的发展新理念，推进农业供给侧结构性改革，提高我国农业的质量、效益和竞争力，同时适应农业发展的新形势和新要求，建立示范项目长效管理机制，树立国家农业标准化示范品牌，国家标准化管理委员会对前八批示范项目继续实施提升工程，审查确定了第九批国家农业标准化示范项目计划共 203 项，其中新建项目 157 项、提升项目 46 项。要求项目承担单位在已有标准化工作的基础上，进一步提高项目建设要求，推进示范项目更高质量地开展，打造精品示范，引领我国农业标准化生产。2017 年 9 月 5 日，中共中央、国务院发布《关于开展质量提升行动的指导意见》，提出"推进出口食品农产品质量安全示范区建设。改革标准供给体系，推动消费品标准由生产型向消费型、服务型转变，加快培育发展团体标准"。持续深入开展质量提升行动，切实提升总体质量水平。

二、农业标准化示范区的做法

由于农业标准涉及的农产品对象和区域不同，农业标准化示范区建设的方法也不同，但建设农业标准化示范区通常都是通过农业综合标准化的手段来实施的，在开展农业标准化示范建设时，应把握好以下几个环节。

1. 建立健全农业标准化组织机构

农业标准化示范区项目的顺利开展，必须有健全的领导组织机构，参加该机构的应该包括当地市政府、科技、质量技术监督、财政、农林等相关部门，办公室设在质量技术监督机构，负责农业标准化工作的组织领导统筹协调。办公室内设工作领导小组、技术工作组、顾问组，对示范区工作进行具体指导。

2. 制定切实可行的实施方案

实施方案应达到下列目的：目标科学，进度安排得当，措施落实得力，示范效益明显。制定时应充分听取行业专家、种植及养殖大户的意见，经示范区建设工作领导小组审定、发布，作为示范区实施、验收的依据。

3. 建立健全农业标准体系

农业标准化示范区建设，就是要建立以产品标准为核心，包括保证产品标准实施所必需的配套标准，形成标准体系，并付诸实施。一个示范区示范效果的好坏，在很大程度上取决于执行标准的先进性和可行性。在对国内外市场广泛调研的基础上，应该积极采用国际标准和国外先进标准，严格执行国家标准、行业标准和地方标准，充分考虑行业专家和生产一线工作人员的意见，制定符合地方特色，能够指导农产品产前、产中和产后过程的农业标准体系。

4. 选择有代表性的示范点

示范点的选择是示范区建设的重要环节，示范点选择适当，能够起到事半功倍的作用。首先，要考虑区域的自然条件、领导重视程度、农户生产基础等因素，选择具有一定基础的区域，便于标准的宣传、实施；其次，能对周围的环境具有一定的影响力，容易辐射其他地区，推广效应快；最后，要选择合适的龙头企业、主导产业。

5. 宣传贯彻、实施标准

标准实施是建设示范区至关重要的环节，宣传标准是为了实施。只有实施，才能产生效益，发挥示范区的作用。因此，要根据标准体系的统一规划，结合各个示范点，在充分考虑地方特色和现有成熟经验的基础上，分解标准和操作规程，制订计划。标准宣传可采用新闻媒体、编印宣传册、拍摄电视宣传片等方式，对不同层次的对象进行宣传，让管理人员、农业技术人员、农民都能准确地把握标准，运用标准，充分发挥农业标准的作用。

6. 适时组织检查、指导

农业标准化示范区建在农村，示范点布局比较分散，应组织相关人员进行检查指导。这样做，一方面可协调、处理示范区建设过程中遇到的一些问题；另一方面可随时了解示范区的建设进度，做到及时掌握有关情况，便于有针对性地进行指导，对示范区也可起到促进作用。

三、农业标准化示范区的管理及验收

1. 建立国家示范区的原则和基本条件

（1）示范区建设要以当地优势、特色和经深加工、附加值高的产品（或项目）为主，实施产前、产中、产后全过程质量控制的标准化管理。要与国家有关部门和地方政府实施的"质量振兴、三绿工程、无公害食品行动计划和食品药品放心工程"，以及各类农产品生产基地、出口基地、农业科技园区等有关项目相结合。

示范区应优先选择预期可取得较大经济效益、科技含量高的示范项目；示范区要地域连片，具有一定的生产规模，有集约化、产业化发展优势，产品商品化程度较高。

（2）示范区原则上按粮食、棉花、油料、蔬菜、畜牧、水产、果品、林产品等的生产、加工、流通，以及生态环境保护、营林造林工程、小流域综合治理等类型进行布局。

（3）示范区所在地的人民政府要重视农产品质量安全工作，重视农业和农村经济可持续发展，重视农业标准化，将示范区建设纳入当地的经济发展规划，对示范区建设有总体规划安排、具体目标要求、相应的政策措施和经费保证。

示范区有龙头企业、行业（产业）协会和农民专业合作组织带动，农民积极参与。有一定的农业标准化工作基础，有相对稳定的技术服务和管理人员。

2. 国家农业标准化示范区审批程序

（1）示范区建设项目，由所在地的人民政府、标准化管理部门或涉农部门，也可以由农业龙头企业、行业（产业）协会和农民专业合作组织提出申请，内容包括：示范类型、示范区域、具备的条件、拟达到的目标（标准覆盖面、质量目标、经济指标、社会效益等），并填写《国家农业标准化示范区任务书》，送国务院有关部门和省、自治区、直辖市标准化管理部门初审。

（2）国务院有关部门和省、自治区、直辖市标准化管理部门依照《国家农业标准化示范区管理办法（试行）》（国标委农〔2007〕81号）有关规定，对申请报告和《国家农业标准化示范区任务书》进行初审，提出初审意见。意见内容主要包括：该申请单位申请示范内容和区域是否符合规定，已具备哪些条件，尚不具备的条件，拟采取何改进措施等。

（3）国家标准化管理委员会组织综合评审，符合示范区总体布局和各项规定的，批准实施。对于基本条件好、积极性高、有经费保证、不需要国家经费补助的示范区项目，可由县级人民政府提出，经国家标准化管理委员会同意后，可列入国家示范区项目。

3. 国家农业标准化示范区的管理

（1）国家标准化管理委员会负责示范区立项和建设规划，制定有关政策和管理办法，负责示范区考核的组织管理工作。国务院有关部门和省、自治区、直辖市标准化管理部门负责本行业和本地区示范区建设的管理、指导和考核。市、县级标准化管理部门负责本地区示范区建设的组织实施和日常管理。

（2）各级标准化管理部门要加强示范区建设工作的组织和管理，在各级政府的领导下，建立协调工作机制，统一协调示范区建设各项工作。

（3）国家标准化管理委员会对所确定的示范区建设项目给予一定的补助经费，地方财政要落实相应的配套资金。示范区建设的补助经费实行专款专用，不得挪用。

（4）示范区建设周期一般为3年。示范区一经确定，由示范区建设承担单位按《国家农业标准化示范区任务书》的要求，向国家标准化管理委员会报送实施方案。

（5）示范区建设承担单位每年对示范工作进行一次总结，总结情况及时报送上一级主管部门，经国务院有关部门和省、自治区、直辖市标准化管理部门汇总后，于年底前报国家标准化管理委员会备案。

（6）国务院有关部门和省、自治区、直辖市标准化管理部门应对示范区建设进展情况加强督促检查，每年至少要组织一次工作检查。对组织实施不力、补助经费使用不当的，限期改进。对经整改仍不能达到要求的，取消其示范区资格。对取得明显成果的，要及时总结经验并加以推广。要建立长效管理机制，对已通过项目目标考核的示范区加强后续管理。

（7）示范区工作不搞评比，不搞验收，不搞表彰，建设期满时严格按项目管理要求对示范区进行项目目标考核。项目目标考核工作由国家标准化管理委员会统一组织，一般委托国务院有关部门和省、自治区、直辖市标准化管理部门进行。项目目标考核按《国家农业标准化示范区项目目标考核规则》执行。

4. 部分省级农业标准化示范区考核验收办法

（1）考核验收方法。考核验收采取综合考核、分项评分的办法。考核验收项目及评分标准见附表（农业标准化示范区考核验收评分表）。

（2）考核验收程序。①考核验收工作由考核验收工作组组长主持。②示范区领导小组简要汇报示范区的组织管理、工作措施、示范效果及存在的问题等情况。

（3）查阅文字材料。考核验收工作组针对附表所列"考核内容"的规定，查阅反映示范工作的文件资料：会议纪要、实施方案、年度计划、工作总结等文件和标准文本、经济指标统计等资料。有条件的可同时收看录像、照片等声、像材料。

（4）现场考核。考核验收工作组随机抽查2～3个示范点，着重考核以下区。

种植业示范区：田间测产，考核单位面积产量。

养殖业示范区：查看养殖示范基地现场生产情况。

走访农户：了解农民对质量、标准、技术等知悉程度。

对有关加工、生产、经营企业现场考核。

（5）考核验收工作组充分协商，按附表的要求逐项填写考核验收纪要，提出考核验收结论。

（6）考核验收工作组向示范区领导小组通报考核验收情况，宣布验收结论，提出进一步加强标准化工作、促进农业发展的意见和建议。

附表

农业标准化示范区考核验收评分表

示范区名称：　　　　　　　　考核验收日期：　　年　　月　　日

考核项目	考核内容	考核方式	考核要求和评分标准	评分记录及依据	得分
一、组织管理（10分）	组织机构、人员措施	查阅资料	（1）领导重视，成立示范区领导小组（2分） （2）成立了农业标准化示范区技术工作组，能积极指导开展工作（4分） （3）有专人负责示范区的实施工作（4分）		
二、保障措施（20分）	1.工作措施（5分）	查阅文件、会议记录，调查了解	（1）能定期召开专题会议进行研究（2分） （2）制定了切实可行的实施方案，目标明确，措施具体（3分）		
	2.资金投入（5分）	查阅文件，调查了解	（1）当地政府配套资金投入到位（1分） （2）主管部门配套资金投入到位（1分） （3）有关单位配套资金投入到位（1分） （4）省下拨补助经费专款专用（2分）		
	3.服务措施（5分）	资料考核，调查了解	（1）提供标准信息、标准查询等服务（2分） （2）建立农业标准化信息体系（1分） （3）提供农产品质量安全检测服务（2分）		
	4.宣传措施（5分）	查阅文件，调查了解	（1）印发有关文件和标准宣传资料（2分） （2）召开动员会、工作会、培训班等，利用多种形式，广泛深入地开展宣传工作（3分）		
三、示范内容（50分）	1.标准体系建设（20分）	查阅资料	（1）有标准体系及标准文本资料（5分） （2）技术标准体系齐全完善（10分） （3）有管理标准和工作标准（5分）		
	2.示范推广体系建设（20分）	查阅资料，现场考核	（1）示范区示范到户，形成完善的示范体系，有组织和人员保证，能积极开展工作（5分） （2）对农户、员工开展标准培训（5分） （3）员工、农户了解和掌握农业标准，并能自觉按标准组织生产（5分） （4）辐射带动面积是示范区面积的2倍以上（5分）		
	3.监测体系建设（10分）	查阅资料，现场考核	（1）围绕示范区有监测机构、检验手段（5分） （2）能开展对农资产品监测、检验（5分）		
四、示范效益（20分）	1.经济效益（10分）	查阅资料，现场走访	（1）示范农产品质量水平提高且增产30%以上（5分），增产20%以上（3分），增产10%以上（2分） （2）示范区经济效益显著比示范前增加30%以上（5分），增加20%以上（3分），增加10%以上（2分）		
	2.社会效益（10分）	查阅资料，现场考核	（1）示范农产品知名度和市场竞争力明显提高（3分） （2）带动本产业发展，且组织化、标准化程度高（3分） （3）示范工作带动相关产业按标准化组织生产，且势头良好（4分）		

本章小结

　　农业标准实施是一个动态的循环过程，其目的是发挥农业标准的作用，将农业标准应用到生产、流通、使用等领域，是提高农业产量、改善品质、促进农民增收的技术保证。农业标准实施的主要任务包括宣传、贯彻执行和监督检查。农业标准实施的一般程序、实施的原则及其需要注意的问题。农业标准化示范区建设。

思考与练习

1. 简述农业标准实施的含义。
2. 简述农业标准实施的一般程序。
3. 简述农业标准实施的原则。
4. 简述实施农业标准应注意的几个重要问题。
5. 简述农业标准化示范区建设的一般做法。

主要参考文献

樊红平，温少辉，丁保华. 2005. 中国农产品质量安全认证现状与发展思考. 农业资源与环境学报，6：23-26
郭春敏. 2011. 中国农产品质量安全认证的发展. 生物学通报，46（2）：5-7
河南省农业标准化示范区管理办法（2006 年 7 月文件）
吉林省农业标准化示范区管理办法：http://www.jlqi.gov.cn/ztzl_74479/bzhzl/bzhxx/nybzh/201706/t20170606_3153723.html
金发忠. 2004. 关于我国农产品检测体系的建设与发展. 农业经济问题，1：51-54
李国. 2015. 中国绿色食品认证与生产发展路径研究. 中国农业信息，10：14-15，17
刘义满，魏玉翔，刘辉，等. 2009. 地方农业标准的研究制定重点与组织管理. 湖北农业科学，48（7）：1790-1792？
梅星星. 2016. 农产品质量安全监管存在问题及成因分析. 蔬菜，5：1-6
姚於康. 2010. 浅析中国农业标准化体系建设现状、关键控制点及对策. 江苏农业学报，26（4）：865-869
郑秋芬. 2016. 农产品质量检验检测服务的案例研究. 农业经济与管理，6：76-83
郑英宁，朱玉春. 2003. 论中国农业标准化体系的建立与完善. 中国农学通报，19（2）：115-118

主要参考网站

河南省农业标准化示范区管理办法 http://www.haqi.gov.cn/sitegroup/root/html/ff8080814f3a7c4e014f4f76b3e80154/d573a3228b2940eaa5f301ceae8a0e0e3.html
吉林省农业标准化示范区管理办法 http://www.jlqi.gov.cn/ztzl_74479/bzhzl/bzhxx/nybzh/201706/t20170606_3153723.html

第七章　农业标准实施的监督

【内容提要】　介绍农业标准实施监督工作的形式、内容和方法；农产品质量监督的作用、内容和形式，以及农业监测体系建设。

【学习目标】　通过本章的学习，使学生明确标准实施监督的重要意义；有针对性地参与农产品质量检测和农业检测体系建设。

【基本要求】　了解农业标准实施监督的意义，掌握农业标准实施监督的方法，掌握农产品监督的作用。

第一节　农业标准实施的监督概述

农业标准实施的监督，是对农业生产活动中贯彻执行标准的情况、达到的效果进行督促、检查和处理的活动。农业标准实施的监督是农业标准化的重要环节，是推动标准实施的重要手段，农业标准化工作的主要内容就是制定标准、实施标准和对标准实施的监督。这三项工作不断循环，推动农业标准化工作向更深、更广的领域和更高的水平发展。对农业标准实施的监督检查，是保证标准实施的各项内容落到实处的重要措施，也是对标准实施行为的总结和归纳，为下一步制定出更科学、更合理、更切合实际的标准打下基础。

一、农业标准实施监督的意义

农业标准实施的牵涉面广，实施的时间也伴随着整个农业生产的产前、产中、产后全过程，另外影响农产品质量的因素很多，如环境因素，生物生长规律，农业生产技术，农业投入品的质量，农产品的收获、加工、贮运等，因此，农业标准实施的系统性强，只要有一个环节不按标准实施，就有可能导致整个农业标准化的失败。农业标准实施的监督工作非常必要，其意义主要表现在以下几个方面。

1. 确保农业标准实施各项工作的落实

农业标准的实施，需要做很多工作。实施前要成立相应的组织机构，对整个标准的实施进行领导、部署和安排，以及协调与标准实施相关方面的关系；还要做好相应的学习培训，做好相应的技术、人力、物力、财力的准备。实施过程，主要是将标准规定的内容在农业生产过程中贯彻执行，在贯彻过程中，要动态地了解标准实施的效果，对可能出现的偏差要采取相应的措施等。每个环节都离不开标准实施的监督，只有切实做好标准实施的监督工作，才能确保农业标准化的成果。例如，国家标准化管理委员会部署的全国农业标准化示范区项目，作为项目的管理单位——省级质量技术监督局，就应该很好地履行标准实施监督的职能。按照《全国农业标准化示范区管理办法（试行）》的要求，对示范区工作的组织、计划、实施等各个环节进行监督管理；省级质量技术监督局每年在示范工作的关键时期应该到现场检查标准实施的情况，了解标准实施中存在的问题，并要求承担单位采取相应的措施，确保示范工作达到预期的效果。

2. 体现标准的约束力和严肃性

农业标准一经批准发布，标准内容涉及的相关方必须共同遵守。特别是国家、行业和地方批准发布的强制性标准是具有法规性质的，有相应的法律约束力，有关方必须执行。不符合强制性标准的农产品，不得销售、调运、进口和使用。农业生产单位批准发布的农产品企业标准，经质量技术监督部门备案后，对农业生产单位也具有法规性质，有相应的法律约束力。通过标准实施的监督检查，利用法律手段可以维护标准的严肃性。例如，在我国烟叶产区，每年烟叶收购过程中，通过严格执行烟叶等级质量标准，既可以为工业配方提供技术保证，又可以体现农产品的优质优价，促进农业生产水平的提高。对于标准实施的两方——烟农和烟叶收购公司，如果烟农不按烟叶等级质量标准分等分级收获，或者烟叶收购公司在收购过程中混等混级，只要一方不严格按标准执行，就会导致整个烟叶分等分级标准化的失败。因此，质量技术监督部门每年开展烟叶等级质量标准大检查，对不严格按标准执行的行为依法进行处理，有力地维护了国家强制性标准的严肃性。

3. 预防标准实施过程中执行偏差所造成的严重后果

对农业标准实施情况进行监督检查，可以及时发现标准实施过程中存在的问题，并对存在的问题采取纠正措施，防止由标准执行偏差造成的严重后果。例如，近年发生的多起蔬菜中毒事件，大多是由农户不严格执行有关化学农药使用、管理等标准造成的。通过开展有关化学农药使用、管理标准实施的监督检查，对不严格执行标准的行为予以查处，可以有效预防蔬菜中毒等类似事件的发生。

4. 能够对标准本身进行评估

通过对农业标准实施的监督，可以随时发现标准中不切合实际的内容及实施该标准时存在的问题，以便及时对标准提出修改意见，进一步完善标准。同时通过监督，可以对整个标准实施产生的社会和经济效益进行评估，对标准做出最终的取舍。例如，部分关于农产品等级划分的农业行业标准，只有各项指标均符合等级要求才能归为该等级，而实际上，单个农产品往往不是所有的指标均符合某一等级要求，因而没有等级可归，在实际操作中不好应用，导致农产品分级标准最终不能执行。在标准实施的监督检查过程中，就会发现标准本身存在的问题，为该标准下一步的修订完善提供了依据。

二、农业标准实施监督的形式和内容

1. 监督的形式

农业标准实施监督的形式，从不同的角度有不同的形式，按照实施监督的主体来分，有以下三种形式。

（1）第一方监督，即农业生产者的自我监督。开展农业标准化，首先，农业生产者本身应有很强的标准化意识，在标准实施的过程中，从产前生产资料的准备，农业生产环境的检测，生产过程中的农业生产技术规范，到产后的加工、贮运每一个环节，对照标准进行自我监督，对不符合标准的行为通过自我监督予以纠正，达到农业标准化的目的。开展标准的自我监督，一般农业生产单位应有一套完整的标准实施监督制度，使标准实施的自我监督制度化或系统化。例如，在无公害农产品标准化示范过程中，对农药违规使用的举报制度，对检测结果的公告制度等。对获得无公害农产品标志的单位，要求有一套完整的无公害保证制度，是很好的第一方监督形式。

（2）第二方监督，即对农业生产者的相关方的监督。农业生产者的相关方比较多，农业生产是在一定的地域范围内进行的，它对环境的影响就会受到周围居民的关注；农产品本身是消费品，它的质量与安全会受到消费者的关注；农产品作为商品流通时，它会受到经销者的关注等。这些相关方也可以对农业标准的实施进行监督。例如，群众对有关养殖场、屠宰加工厂造成的环境污染，对违反有关强制性标准的现象进行的举报；农业龙头企业对其生产基地或签收购合同的农户对相关标准执行情况的关注等。

（3）第三方监督，即具有公正立场的政府或政府授权的相关机构进行的监督。农业生产是整个国民经济的基础，关系到国计民生，通过开展农业标准化工作可以提高农产品质量，节约资源，提高经济效益，增加农民收入。政府有关部门依法对农业标准的实施进行监督，可以确保国家和广大人民群众的利益。《农业标准化管理办法》第十一条规定：县级以上（含县级，下同）政府标准化行政主管部门在本行政区域内负责组织农业标准的实施，并对标准的实施进行监督检查。这一条要求县级以上标准化行政主管部门履行农业标准实施的第三方监督的责任。

上述三种监督形式，第一方监督是整个农业标准实施监督的基础，也是农业标准实施监督的重点。第一方监督往往通过建立完整系统的监督管理制度来完成。这种监督是主动的，也是成本较小的、收效较大的方式。第二方监督，是关系到相关方的切身利益时才发生，是偶然的、被动的，往往会在不按标准实施表现出后果时才发生。农业标准实施的第三方监督具有公正和严肃的特点，具备法律特性。但往往通过检验和检测的方式来完成，监督的成本比较大。第三方监督的主要内容是有关强制性标准。

农业标准实施监督的形式，按照农业生产的阶段，可以分为农业生产产前标准实施的监督、农业生产过程中标准实施的监督和农业生产产后标准实施的监督三种形式。农业生产标准实施的产前监督，主要是监督农业生产的环境、生产设施及生产资料（包括种子等）是否符合标准要求，是否满足农产品标准化生产的需要。农业生产过程标准实施的监督，是指监督农业生产过程是否按生产技术规程在组织生产，如无公害水果标准化生产，是否按标准要求进行施肥、病虫害防治及整枝、套袋和采收等环节。农业生产标准实施的产后监督，主要是监督农产品质量是否达到标准要求，农产品在运输、贮存和初加工过程是否按标准进行。通常所说的农产品质量监督就是农业生产标准实施的产后监督。

农业标准实施的监督形式，还可按照农业标准实施监督的对象划分：农业生态环境和设施标准实施的监督，农业生产资料标准实施的监督和农产品质量标准实施的监督等。

2. 监督的内容

农业标准实施监督的主要内容有如下几个方面。

（1）农业生产资料的质量标准，如种子（苗）、农药、化肥、农膜等，以及产地环境有关质量标准；农业生产技术操作标准，特别是农（兽、渔）药、化肥的使用，病虫害测报等的技术规范；农产品的质量标准；农产品收获、加工、贮运等标准。监督这些标准和规范是否满足实施的需要，标准之间是否协调。

（2）实施农业标准的计划、组织、措施是否落实到位。

（3）是否严格按所规定的标准实施，实施农业标准是否达到预期的效果，是否存在严重偏差。

（4）实施农业标准存在的突出问题；所制定的农业标准是否切合实际。

三、农业标准实施监督的方法

农业标准实施的监督可以通过各种方法完成，是灵活多样的，只要能够达到监督的目的和功能，在技术条件和经济的合理范围内均可以采用。农业标准实施的监督主要有以下方法。

1. 检测检验

通过检验手段，对农业生产资料、产地环境、农产品按照标准进行检测，检查是否符合标准。通过病虫害测报、农作物产量测报等方法，检测有关标准实施是否符合要求。

2. 资料审查

查看标准实施的记录、检测检验记录，以及标准实施的计划、组织、措施等书面记录，是否满足标准实施的要求。

3. 调查走访

实地对标准实施人员进行调查，特别是走访农户，了解农户对标准掌握的情况，是否按标准实施及实施标准存在的问题等。

4. 测算评估

标准实施的每一个环节，可通过投入和产出的情况，测算标准实施所产生的社会和经济效益，最终对标准实施做出评价。

第二节　农产品质量监督工作

农产品质量监督，是指由国家指定的农产品质量监督检验机构，按照标准、法律、法规等规定的要求，对农产品质量进行监督、检查、检验和指导。它是农业标准实施监督工作的重要环节，也是国家产品质量监督工作的重要组成部分。从农业标准实施的监督形式来看，农产品质量监督属第三方的农业标准实施的产后监督，其监督对象主要是指农产品质量是否符合相关标准要求。

一、开展农产品质量监督的必要性与现实意义

1949年至"八五"时期，我国农业生产的重点是在产量方面。首要目的是解决全国人民的吃饭问题，对农产品质量问题不是特别重视，农产品质量监督工作不像工业产品那样有一套完整的制度。"九五"以来，我国农业生产摆脱了长期短缺的状况，出现了阶段性、结构性过剩，大多数农产品出现了销售困难等问题。农业生产的发展受资源和市场的双重约束，一方面，大量低质农产品卖不出去；另一方面，一些高质量的农产品又需要进口。进行农业产业结构调整，实行农业生产与市场紧密结合，发展优质高效农业是我国农业发展的根本出路。

（1）农产品市场的形成和发展对开展农产品质量监督产生了强烈的需求。目前，绝大部分农产品的生产已经由市场需求来决定，政府的主要职责是调控和规范市场，通过实行优质优价政策来引导结构调整，指导农业生产。而要规范农产品市场，必须建立健全农产品检测体系，开展农产品质量监督工作。

（2）发展无公害农产品也迫切需要开展农产品质量监督。通过对农产品开展质量监督，对不符合无公害标准的产品进行必要的处理，可以确保农产品无公害，保障人民群众的身体健康。

（3）农业为迎接"入世"挑战必须加强农产品质量监督工作。我国已加入 WTO，农产品市场大幅开放，因此，必须按照国际通行规则来建立健全农业标准体系。开展农产品质量监督，才能严把农产品的进出口关，防止不符合标准的农产品流入国内市场或进入国际市场，一方面保护我国人民的合法权益，另一方面推动我国提高农产品的国际竞争力。

二、农产品质量监督的作用

农产品质量监督的作用，主要有以下几个方面。

（1）能够有效指导农业生产，促进农业生产水平不断提高。开展农产品质量监督，可以促使农业生产资料、种子（苗）等质量符合规定的要求，从而保证农产品质量。同时可以及时了解农产品杂质、水分、病虫害等质量状况，采取措施确保农产品贮运安全。另外，农产品质量监督的结果，会成为一种重要的信息反馈给农业生产者，改变农业生产过程中一些容易导致偏差的行为，有效地指导农业生产。通过农产品质量监督，农业生产的管理部门还可知晓农产品的整体质量状况，以便在下一个生产周期有针对性地采取相应措施，指导农业生产。

（2）执行有关农业经济政策，有力地维护市场经济秩序。长期以来，我国农产品实行优质优价的政策，只有开展农产品质量监督，科学地对农产品进行分等分级，才能防止抬级抬价、压级压价和定级不准的行为。另外，在农产品流通的过程中，可能发生质量纠纷，开展农产品质量监督，能够为解决农产品质量纠纷提供科学依据，有力地维护市场经济秩序。

（3）维护消费者的利益和保障人民权益。我国农业生产的目的，就是为工业生产和人民生活提供安全、优质的农产品。开展农产品质量监督，对不符合规定要求的农产品进行处理，可以有力地维护消费者的利益和保障人民群众的权益。

三、农产品质量监督的内容、形式与存在的问题

农产品质量监督是农业标准实施监督的重要环节，它的特点主要表现在以下几个方面：一是农产品质量监督的主体主要是依法设置的政府职能部门，而农业标准实施监督的其他环节可以是农业生产者、相关方及政府相关职能部门；二是农产品质量监督的对象主要是农产品，而农业标准实施监督的对象可以是农业标准实施的行为及实施行为产生的效果；三是农产品质量监督的目的是掌握农产品质量状况，为政府实施农产品质量管理提供依据，而农业标准实施监督的目的可以是农业标准的有效贯彻及进一步完善标准本身。

1. 农产品质量监督的范围及内容

（1）农产品既是生活资料又是生产资料，随着科学技术的进步和社会生产力水平的提高，农产品的范围将会越来越广泛，根据全国工农业产品目录，农产品主要有以下几类。

a. 种植业产品：通常指的是粮、棉、油、糖、烟、茶、丝、麻、菜、果、药等方面

的农产品及种子（苗）。

b. 林业产品：通常是指林木种子、种苗、林木产品、林化产品（如天然橡胶、白蜡等）、林产饮料（如可可、咖啡等）、林产调味品（如花椒、胡椒、八角等）、药用林产品、编织用林木产品及竹产品等。

c. 畜牧业产品：包括人工饲养的畜禽及其产品和初加工产品，如牛、马、驴、猪、羊、鸡、鸭等，以及其皮、毛、绒、鬃等。

d. 渔业产品：包括海水、淡水养殖和捕捞的鱼、虾、蟹、贝、海带、紫菜等水产动植物，以及鲜、冻水产品和初加工品等。

（2）农产品质量监督的依据主要是有关标准或法律、法规（合同）规定的有关指标。就农产品而言，主要有以下几方面的指标。

a. 品质：影响农产品品质的因素，主要包括外观、水分和营养成分指标，加工质量指标等，如农产品的大小，形状，颜色，相对密度，水分，坚实性，柔软性，气味，鲜度，蛋白质、脂肪、纤维素、维生素、微量元素等含量，出糙率等。

b. 安全卫生：农产品作为生活资料，在生产过程中，会导致农（兽）药残留、重金属、有害微生物超标，这些指标的超标会严重影响人民群众的健康和安全，必须做好监控工作，是农产品质量监督的重要内容。

c. 质量等级：农产品作为工业原料，其质量等级十分重要，定等定级不准，会严重影响工业生产。例如，粮食分等分级的好坏，会影响酿造工业；烟叶定级的准确与否直接影响卷烟工业。

d. 净质量：农产品的净质量是农产品贸易双方基本计量和计价单位，直接关系着买卖双方的利益，也是容易引起争议的因素。因此，农产品的净质量应是农产品质量监督的重要内容之一。

e. 包装：随着我国农业市场的逐步确立，农产品的流通日益频繁，农产品的包装是实现和增加农产品商品价值的重要手段。农产品的包装，一方面，影响农产品的运输、贮存、保鲜等，直接影响农产品的质量；另一方面，农产品的包装标志是农产品的自我明示，通过包装标志，可以指导农产品的有序流通。

2. 农产品质量监督的形式

（1）抽查型质量监督。抽查型质量监督是指质量监督管理部门通过对农产品的抽查检验，对不符合质量安全标准的农产品进行处理，督促农业生产者遵守质量法规和有关强制性标准的一种质量监督活动。我国现行质量监督管理制度主要就是运用这种形式。

（2）评价型质量监督。评价型质量监督是由质量监督管理部门通过对农产品和农业生产条件进行检查和验证，做出综合质量评价，以证书、标志等方法向社会提供质量评价信息，并对获得证书、标志的产品实施必要的事后监督，以确保农产品质量稳定的一种质量监督活动。例如，对无公害农产品标志使用的申请所进行的质量检验就属于这种形式。

（3）仲裁型质量监督。仲裁型质量监督是指质量监督管理部门通过对有质量争议的产品，组织进行检验和质量调查，分清质量责任，做出公正而科学的仲裁结论，以维护经济活动正常秩序的一种质量监督活动。

（4）准入型质量监督。准入型质量监督主要是指农产品进入某个市场（或区域、会展），需达到一定的标准要求而开展的质量监督活动。

3. 农产品质量监督存在的问题

目前，我国农产品质量监督工作的开展，相对工业产品质量监督工作来说，有它的特殊性，主要表现在以下几个方面。

（1）农产品质量监督工作的系统性有待加强。农产品质量监督不像工业产品质量监督那样，有《中华人民共和国产品质量法》等法律法规来调整。农产品质量监督法律的规定，主要是依据相关部门法，开展农产品质量监督的部门涉及农业、林业、卫生、质监、工商等部门，也不像工业产品有一套完整的质量监督管理制度，因此，农产品质量监督工作需要系统性地建设和提高。

（2）农产品质量监督的标准急需更新。我国农业生产发展较快，新兴农业产业、先进的农业生产方式不断涌现，农产品的流通也发生了较大变化，这些现实情况对开展农产品质量监督提出了新的要求，但作为农产品质量监督的依据——标准的建立健全还没有及时跟上来。目前，很多农产品还没有标准，现有标准的标龄也较长，制约农产品质量监督工作。

（3）农业生产本身的特点制约农产品质量监督的严格实施。农产品特别是作为生活资料的农产品，如水果、蔬菜等，从收获到加工、食用，时间短，且生产方也是众多农户，给农产品质量监督带来很大难度。

（4）农产品质量监督成本较大。例如，无公害农产品仅农药残留检测费用就成千上万元，往往出现受检单位生产的农产品本身的价值抵偿不了检测费用的现象。急需快速准确且成本低的检测技术来支撑。

现阶段，农产品质量安全是人民群众关注的热点。农产品质量监督关系到维护市场经济秩序、保障人民生命财产安全、提高农产品竞争力等，如何组织开展好，值得认真探讨。

第三节　农业检测体系的组成和建设

要做好农业标准实施的监督和农产品质量监督，离不开检验检测手段的建立健全。除此之外，农业、林业等部门应加强植物病、虫、草、鼠害等灾害监测，提高病虫害预报预测水平；加强草原、森林火灾监测，及时发现成灾火情，为迅速扑灭火灾提供准确信息；加强动植物疫情的监测，及时发现国外入境检疫对象，保障我国生物的安全。气象、水利、环保等部门应加强洪水、暴雨、水土流失、山体滑坡、土壤侵蚀和生态环境的监测。上述这些活动均是农业标准化的重要内容，都离不开农业检验监测手段的建立和完善。

我国政府一贯十分重视农业检测体系的建立和完善，早在"八五"期间，国务院就做出了发展高产、优质、高效农业的决定，明确提出要建立和健全农业标准体系和检测体系。"十五"以来，中央农村工作会议也把建立健全农业标准体系和检测体系作为农村工作的重点。2014年，农业部为贯彻落实《国务院关于加强食品安全工作的决定》和《国务院办公厅关于加强农产品质量安全监管工作的通知》精神，加快农产品质量安全检验检测体系建设，规范农产品质量安全检验检测机构运行和管理，依据《中华人民共和国农产品质量安全法》《中华人民共和国食品安全法》等相关法律法规，就加强农产品质检体系建设与管理提出了意见。各地方政府也把建立当地农业监测体系作为重点工作，加大资金投入，积极建设。农业检测体系建立健全是发展"两高一优"农业、市场农业、现代农业必不可少的前提和基础，也是开展农业标准实施监督工作的基础。所谓农业检测体系是指，为提高农副产品的质量、农用生产资料的使用率和保护农业生态环境，由各类具备农业专业技术和监测能力的检验、测试机构组成的检测网络。

一、农业检测体系的组成

1. 农产品检测体系

农产品检测体系，又称农产品质量安全检验检测体系，是依照国家相关法律法规和技术标准，对农产品生产和农产品质量安全实施检验检测的重要技术支撑体系，也是农产品质量安全评价、农业行政执法、农产品公平贸易和市场秩序监管的重要技术执法体系。其对农产品质量监督及各类农业标准的实施进行监测，加强对粮油、果蔬、畜禽、水产等农产品及其加工品质量和农药残留、兽药残留的监测，确保人身安全健康。主要监测对象为粮、棉、油、毛、麻、丝、果蔬、畜禽、糖茶、水产品、蜂产品、烟草等，以及其加工品。

2. 农用生产资料检测体系

农用生产资料的质量，直接关系到农产品的质量。农用生产资料的检测体系监测的主要对象为：肥料、农药、饲料、种子、种苗、种畜、种禽、亲鱼、兽药及兽用器械、农林机具、热作机械、农机零配件、渔机仪器、渔具渔材、渔用药品、农膜等。

3. 农业生态环境检测体系

整个农产品质量因素涉及农业生产的产前、产中、产后全过程。农业生产的全过程，始终离不开农业生态环境，农业监测体系的建立，是对生态环境造成的影响进行监测，以及对农业生态标准实施的监测。农业生态环境监测体系监测的主要对象为农业环境、病虫害、疫情、土壤地力、水质、大气污染等。

农业检测体系的建立健全，主要是围绕上述检测对象，根据检测对象标准中提出的参数，合理规划检测设备和手段，确保检测对象的全部检测参数都能够检测。由于我国幅员辽阔，各地气候、生态环境、农业生产技术水平都存在较大差异，农业产业结构各不相同，农产品的类型也有很大差别，各地农业检测对象的检测参数也不完全相同，因此，各地农业检测体系的建立健全也不尽相同，应紧贴当地农业生产的实际开展这项工作。

二、农业检测体系的建设

农业检测体系的建设主要是针对农业标准实施的监督对象，对检测机构进行规划，合理布局。农业检测体系的建立健全，离不开对农业检测体系的结构层次和功能的定位。

1. 农业监测体系的机构组成

1）权威、公正的政府监督管理体系

政府监督管理体系主要是为农产品质量监督、农业生产资料的执法检验及农业生态环境监测提供技术支撑。建设的重点是农产品、农业生产资料监测体系。政府监管体系可分为国家级、省部级和市县级三级机构。

2）以农业、林业等部门为主的行业管理体系

农业、林业部门的检验监测机构在农业生产过程中，为保证农产品质量，必须开展检验和监测，尤其是农业生态环境、疫情的监测及病虫害的测报等工作。建设重点可在农业生态环境监测体系上。

3）科研院所和大专院校用于科研和教学的检验检测手段

随着我国科教兴国战略的实施，这些机构的检测手段建设发展很快，设备也先进，从事检测人员的素质也比较高，部分实验室还对外开展检测业务。

4）以农产品规模生产、加工和销售单位为主的自我检测体系

农产品生产、加工、销售单位的自我检测，并保证农产品质量符合国家有关标准的要求，是法律规定的销售单位的应尽之责，因此，配备相关的检验检测手段是必要的。各个单位根据各自产品的特点，建立检测手段，形成了以农产品检测为主的自我检测体系。

5）社会中介性质的检测体系

随着我国市场经济体制的逐步完善，农产品检验监测市场逐步形成，应运而生的中介性质的农业检测机构将会越来越多。随着政府机构改革的深入和科技体制的改革，现有隶属于某些部门的检测机构也将会推向社会，成为社会中介性质的检测监测机构。这些机构将会具备农产品检测体系、农用生产资料检测体系、农业生态环境检测体系三种功能，为政府监管、行业管理及企业自检提供服务。

2. 履行政府监管的农业检测体系建设

1）农产品方面

省、部级机构要能覆盖所有产品和参数，不断提高设备水平和技术能力，要与国际接轨，满足生产、加工、销售、外贸及政府农产品安全管理等各个方面的需要。市、县级机构要根据区域农业生产的特点，加快建设特色明显、机动性强、贴近农业、贴近农村、贴近市场的检测机构。农产品批发市场要建立快速检测点，重点检测关系到人身安全、人体健康的农药、化肥残留和重金属含量等。

2）农业生产资料方面

完善省、市、县三级农业生产资料检测网络，加强对农药、肥料、饲料、种子、农机、农膜等方面的检验，确保农业投入品的质量。

3）农业生态环境方面

进一步加强对省、市、县三级农业生态环境监测机构的建设，加强对农业环境、病虫害、疫情、土壤、大气污染等生态环境的质量监测。

履行政府监管的农业检测体系的建设是实现农业现代化的一项基础性工作，在促进农业和农村经济结构战略性调整，推动传统农业向现代农业转变，增强农产品在国内外市场的竞争力，保护农业生产者和消费者的合法权益，规范市场经济秩序，实现农业可持续发展等方面都具有重要意义。

履行政府监管的农业检测体系的建设是一项社会公益事业，也是一项复杂的系统工程，必须坚持由政府统一领导、统一规划，各相关部门明确分工、积极实施。现阶段我国农业检测体系建设实施应立足现有基础，增加投入，明确重点，合理规划，满足需求。

农业检测体系建设必须结合当地农业产业结构、生产水平、农产品贸易及政府财力

等实际情况。

农业检测体系建设的实施，各级政府应成立领导小组，由政府分管领导为组长，质检、农业、林业、粮食、环保、卫生、气象、工商、供销、财政、物价等部门为组员，对农业监测体系的建设实行统一领导。

3. 农业检测体系的建设应遵循的原则

（1）统筹规划，循序渐进。政府对农业监测体系的建设应有近期、中期、长期计划，统筹规划，逐步建立健全，确保农业监测体系的系统化。

（2）突出重点，分清主次。应以关系到国计民生和人民生命安全为主的检验监测手段建设为重点。

（3）市场优化。围绕生产者、经营者、消费者最关心的问题，重点研究农残、药残等农产品质量安全的快速检测技术，建立农产品市场快速监测体系。

农业检测体系建设的目标应是各地方建立起功能齐全，适应生产和市场需要的，省、市、县相配套，生产基地、加工、流通相衔接的，涉及农产品产前、产中、产后全过程的检测体系。

4. 区域性农业检测体系的建设和企业内部农业检测体系的建设

区域性农业检测体系的建设，要做好如下几项工作：一是做好本地区农业产业结构、主要农业生态类型及农产品贸易情况的调查，明确重点检测对象。例如，湖北省主要农业产业有水稻、"双低"油菜、蔬菜、淡水产品、速生林、柑橘、棉花、小麦。主要农业生态类型是山地农业生态系统、湖泊及湿地农业生态系统和矿区农业生态系统，要建设好该地区农业检测体系，就要围绕上述检测对象进行，分析涉及的检测参数和涵盖这些参数的检测设备。二是做好当地检测手段的普查。也就是对农业检测体系五大机构的检测手段进行普查，对检测手段的现状进行分析。三是将建立健全当地检测体系所需的检测设备与现在的检测设备进行比较，明确需要重点配置的检测手段。四是做好检测体系的合理布局。检测体系的布局，一方面要考虑省、地（市）、县（市）、乡镇在功能上的定位，另一方面要考虑不同地方农业产业结构和农业生态环境的不同，检测体系的建设要有所侧重，同时生产加工领域、流通领域的检测要相互配套。五是区域性农业检测体系建设的具体实施，其主要工作是经费的投入和人员的培训。

企业内部农业检测体系的建设，必须服从于企业自身的发展计划和质量保证体系的建设。农产品检测实验室的规模、能力、设备、人员配置，要根据企业的产品涉及范围，以及国内外对产品的检测要求，也要根据企业的经济实力逐步建设并发展。例如，对于一个纯净水加工企业建设的水质检测实验室项目，首先要建设微生物检测的常规检测项目，如细菌总数、大肠杆菌、大肠菌群、沙门氏菌、金黄色葡萄球菌这5个项目；继而是理化项目，包括水质和水分、灰分、糖分、酸碱度等；然后是农药残留、兽药残留、重金属或者生物毒素检测项目。微生物和理化项目一般投资几万元就可以开展工作，而开展农药残留、兽药残留或者生物毒素、重金属业务的投资在几十万至几百万元。

本章小结

农业标准实施的监督是农业标准化的重要环节，是推动标准实施的重要手段，具有重要的意义。

农业标准实施的监督有多种形式，内容也不相同。监督的方法主要有检测检验、资料审查、调查走访、测算评估。农产品质量监督能够有效指导农业生产，促进农业生产水平不断提高；维护市场经济秩序；维护消费者的利益和保障人民权益。做好农业标准实施的监督和农产品质量监督，积极推进和建立健全农业标准体系建设。

思考与练习

1. 简述农业标准实施监督的意义。
2. 按照实施监督的主体来分，农业标准实施监督的形式有几种，它们之间的关系是什么？
3. 简述农产品质量监督的作用。
4. 农业检测体系的建设应遵循的原则有哪些？

主要参考文献

陈瑞剑. 2005. 河南省农业标准化及其体系建设研究. 郑州：河南农业大学硕士学位论文

金忠发. 2014. 关于我国农产品检测体系的建设与发展. 农业经济问题，（1）：51-54

刘小兰. 2015. 农产品质量安全研究：基于批发市场交易模式视角. 北京：中国社会科学出版社

梅星星. 2016. 农产品质量安全监管存在问题及成因分析. 蔬菜，（5）：1-6

肖灵敏. 2016. 论我国农产品质量安全监管机构建设. 全国商情：经济理论研究，（2）：56-58

郑秋芬. 2016. 农产品质量检验检测服务的案例研究. 农业经济与管理，（6）：76-83

第八章 农产品认证

【内容提要】 本章主要介绍农产品认证的重要性，有机食品、绿色食品和无公害食品的特点。

【学习目标】 全面理解农业标准中有机食品、绿色食品和无公害食品的概念、异同，理解不同食品生产、加工、销售等技术规范。

【基本要求】 通过本章教学，学生应掌握有机食品、绿色食品和无公害食品的概念，理解和掌握三者的不同点和相同点，了解国内外有机农业、绿色农业的发展历程及农业标准与此三类可持续食品的关系；全面理解有机食品、绿色食品和无公害食品的生产环境、生产、加工、销售等技术规范，了解有机食品、绿色食品和无公害食品的发展趋势。

第一节 认证的概念、由来和作用

一、认证的概念

按照《中华人民共和国认证认可条例》的定义，认证是由认证机构证明产品、服务、管理体系符合相关技术规范、相关技术规范的强制性要求或者标准的合格评定活动。

以上定义可以从以下几个方面理解：①认证的主体是认证机构。认证机构是国家认证认可监督管理部门批准，并依法取得法人资格，从事批准范围内的合格评定活动的单位。认证机构属于第三方性质。②认证的对象是产品或服务及提供产品或服务的管理体系。③认证的依据是标准、技术法规和规范。④认证的方法包括对产品质量的抽样检验和对企业质量管理体系的检查和评定。⑤认证的合格表示方式是颁发"认证证书"和"认证标志"。⑥认证的目的是保证产品、服务、管理体系符合特定的要求。

二、认证的类别

按照认证所依据标准的性质，认证的类别可分为强制性认证和自愿性认证。强制性认证是为了贯彻强制性标准而采取的政府管理行为，故也称为强制性管理下的产品认证。因此，它的程序和自愿性认证基本相似，但具有不同的性质和特点（表 8-1）。

表 8-1 强制性认证和自愿性认证的特点比较

项目	强制性认证	自愿性认证
认证对象	主要是涉及人身安全或公共安全的产品	非安全性产品或已达到政府强制性标准要求的产品
认证依据	政府统一的强制性标准和技术规范	政府推荐性标准、国际组织标准、企业标准
证明方式	国家统一发布的认证标志	认证机构自行制定的认证证书和认证标志
制约作用	未认证合格、未在产品上带有统一的认证标志，不得销售、进口和使用	未取得认证，仍可销售、进口和使用，但可能受到市场制约

按照认证对象的不同，可分为产品质量认证和质量管理体系认证。产品质量认证（以下简称产品认证）是依据产品标准和相应技术要求，经认证机构确认并颁发认证证书及认证标志来证明某一产品符合相应技术标准及相应技术要求的活动。质量管理体系认证（以下简称体系认证）是指经认证机构确认并颁发体系认证证书，证明某一企业的质量管理体系的质量保证能力符合质量保证标准要求的活动（表8-2）。

表8-2　产品认证与体系认证的特点比较

项目	产品认证	体系认证
认证对象	特定产品	供方的质量管理体系
评定依据	①产品质量符合指定的标准要求；②质量管理体系满足制定的质量标准要求及特定的产品补充要求；③认证依据应经认证机构认可	①质量管理体系满足申请的质量保证模式标准要求和必要的补充要求；②保证模式由申请企业选定
认证证明方式	产品认证证书，认证标志	体系认证证书
证明的使用	认证标志能用于产品及其包装上	认证证书和认证标志可用于宣传资料，但不能用于产品及其包装上
认证性质	既有自愿性认证，也有强制性认证	一般属于自愿性认证

三、认证的由来与发展

认证主要来自买方对产品质量放心的客观需要，是市场经济的产物。在市场交易中，购买者为了能在鱼龙混杂的市场中挑选信得过的产品，卖方为了证实自己的产品符合质量要求，由第三方来证实产品质量的认证制度也就应运而生，这个第三方就是掌握专业技术的担保人，也就是认证机构。

国际质量认证开展100多年来，大致经历了三个发展阶段。第一阶段是第二次世界大战之前，一些工业化国家建立起以本国法规标准为依据的国家认证制，仅对在本国市场上流通的本国产品实施认证。第二阶段是第二次世界大战之后至20世纪70年代，本国认证制度开始对外开放，由国与国之间认证制度的双边、多边认可，发展到以区域标准为依据的区域认证。第三阶段是20世纪80年代至今，开始在几类产品上试行以国际标准为依据的国际认证制。例如，为统一各国认证制度并走向以国际标准为依据的国际认证制，国际标准化组织（ISO）和国际电工组织颁布了20多个认证方面的国际指南，并成立国际标准化组织合格评定委员会（ISO/CASCO）。

质量认证既可能促进国际贸易，也可能成为国际贸易的技术壁垒。由于各国采用的认证制度之间有差异，认证证书得不到相互承认，有些国家便以此作为抵制对方的技术壁垒。为此，《技术性贸易壁垒协议》专门对认证作了一些规定，如统一合格评定程序的定义、关于技术条例和标准的基本规定、关于合格评定程序的基本规定等。

我国的认证工作起步较晚，从1981年建立第一个认证机构——中国电子元器件认证委员会，我国才有了认证机构和认证活动。2006年4月29日，《中华人民共和国农产品质量安全法》的出台，标志着我国农产品质量安全进入依法监管阶段，形成了以我国法律法规为主体，部门规章相配套，地方性法规为补充的农产品质量安全监管法律法规体系，并成立了统一监督管理的国家主管机构。

总之，认证来源于市场经济贸易活动和政府法规的要求。随着市场经济的成熟及标准化水平的提高，现代认证已经发展成为市场经济体制的一个有机组成部分，一个复杂的技术-经济体系，认证本身已经形成一个新的产业。而且，随着经济全球化进程的加快，认证活动越来越多地由国家认证制走向国际认证制。

四、认证的作用

认证对经济和社会发展具有以下积极作用。
（1）提高供方的质量信誉，给供方带来更多的利润。
（2）指导需方选择自己放心的供方单位和产品。
（3）促进企业健全质量管理体系。
（4）增强企业和产品国际市场的竞争力。
（5）减少社会重复检查检测费用。
（6）有利于改善生态环境，促进农业可持续发展。

第二节　农产品的分类、概念和农产品认证的类型

一、农产品的分类及概念

广义的农产品包括农作物、畜产品、水产品和林产品；狭义的农产品是指农作物和畜产品。随着我国社会主义市场经济的不断发展和完善，市场不断地规范化和有序化，农产品质量安全越来越被人们所重视。我国是一个农业大国，在农产品生产过程中，传统的一家一户农业生产和现代的规模化、集约化、程序化、科学化农业生产同时存在，由于生产方式和水平的不同，农产品质量水平和安全性存在很多隐患和不确定性。例如，农产品生产区土壤、空气、水的不一致性；化肥、农药使用的不一致性；生产方式和水平的不一致性，导致了不少农产品存在有毒、有害物残留超标的问题，如农药、兽药等。因此，如何保证农产品的质量和安全性，将不符合质量要求的农产品排除在市场之外，杜绝它们走上餐桌，规范农产品的生产和质量控制，这就需要对农产品实行认证，只有获得认证的农产品，才能准入市场，在市场中流通和交换。

开展农产品认证工作，从源头上确保农产品质量安全，对转变农业生产方式、提高农业生产管理水平、规范市场行为、指导消费和促进对外贸易等具有重要意义。因此，了解和掌握我国农产品认证目前的状况与发展，对于做好农产品认证工作至关重要。

（1）有机农产品：根据有机农业原则和有机农产品生产方式及标准生产、加工出来的，并通过有机食品认证机构认证的农产品。有机农业的原则是，在农业能量的封闭循环状态下生产，全部过程都利用农业资源，而不是利用农业以外的能源（化肥、农药、生产调节剂和添加剂等）影响和改变农业的能量循环。有机农业生产方式是利用动物、植物、微生物和土壤4种生产因素的有效循环，不打破生物循环链的生产方式。有机农产品是纯天然、无污染、安全营养的食品，也可称为"生态食品"。

（2）绿色农产品：遵循可持续发展原则、按照特定生产方式生产、经专门机构认定、许可使用绿色食品标志的无污染的农产品。可持续发展原则的要求是，生产的投入量和

产出量保持平衡，既要满足当代人的需要，又要满足后代人同等发展的需要。绿色农产品在生产方式上对农业以外的能源采取适当的限制，以更多地发挥生态功能的作用。

（3）无公害农产品：是指产地环境、生产过程和产品质量符合国家有关标准和规范的要求，经认证合格获得认证证书并允许使用无公害农产品标志的未经加工或者初加工的食用农产品。

二、农产品认证的类型

农产品认证分为以下几类，下面就对农产品安全性和质量要求由低到高进行阐述。

（一）无公害农产品认证

（1）无公害农产品是保证人们对食品质量安全最基本的需要，是最基本的市场准入条件。按照国家有关法律法规对涉及人类健康和安全、动植物生命和健康及环境保护和公共安全的产品进行强制性认证制度。无公害农产品是规范生产、产地环境和质量安全符合国家强制性标准并使用特有标志的安全农产品。

（2）无公害农产品的标准：是判定无公害农产品的尺度。为了使全国无公害农产品生产和加工按照全国统一的技术标准进行，消除不同标准差异，树立标准一致的无公害农产品形象，农业部组织制定了一系列标准，包括产品标准、投入品使用标准、产地环境条件、生产管理技术规范和认证管理技术规范5个方面，贯穿了"从农田到餐桌"所有关键的控制环节，促进无公害农产品生产、检测、认证及监管的科学化和规范化。

（3）无公害农产品认证机构：农业部农产品质量安全中心，是国家认证认可监督管理委员会批准登记，专门从事无公害农产品认证工作的机构。下设种植业产品、畜牧业产品和渔业产品三个认证分中心。根据认证工作的需要，紧紧依靠国家和农业部已有的检测机构，建立遍布各省、覆盖全国的无公害农产品认证检测体系。有统一的标志。

（4）申请无公害农产品需提交的材料：①无公害农产品认证申请书；②无公害农产品产地认定证书；③产地《环境检验报告》《环境现状评价报告》（2年内的）；④产地区域范围和生产规模；⑤无公害农产品质量控制措施；⑥无公害农产品生产计划；⑦无公害农产品生产操作规程；⑧专业技术人员的资质证明；⑨保证执行无公害农产品标准和规范的声明；⑩无公害农产品有关培训情况和计划；⑪申请认证产品上个生产周期的生产过程记录档案（投入品的使用记录和病虫草鼠防治记录）；⑫"公司＋农户"形式的申请人应当提供公司和农户签订的购销合同范本、农户名单及管理措施；⑬要求提交的其他材料（详见种植业、畜牧业、渔业产品认证申请书）。申请材料符合要求，由无公害农产品认证检测机构或分支机构组织检查员和专家进行现场检查和抽样检验。合格的发给《无公害农产品认证证书》，有效期为三年，期满应重新申请认证。

（二）绿色食品认证

（1）绿色食品是遵循可持续发展原则，按照特定生产方式生产，经权威机构认定，使用绿色食品标志的安全、优质、营养类食品，有与普通食品相区分的特定标志。

（2）绿色食品的标准：是由农业部发布的推荐性行业标准，既是绿色食品生产者的生产技术规范，也是绿色食品认证的基础和质量保证的前提。对于绿色食品生产企业来说，是强制性标准，必须严格执行。绿色食品的标准包括产地环境标准、生产技术标准、产品标准、包装标准、储藏和运输标准及其他相关标准，是一个完整的质量控制标准体系。

a. 绿色食品产地环境标准，内容主要包括产地空气质量标准、农田灌溉水质标准、渔业水质标准、家禽养殖用水标准和土壤环境质量标准。现行的绿色食品产地环境标准是《绿色食品 产地环境质量标准》（NY/T 391—2013）。

b. 绿色食品生产技术标准，是绿色食品标准体系的核心，它包括绿色食品生产资料使用准则和绿色食品生产技术操作规程两部分。

c. 绿色食品产品标准，是衡量绿色食品最终产品质量的指标尺度。该标准规定了食品的外观品质、营养品质和卫生品质等内容，且卫生品质要求高于国家现行标准，主要表现在对农药残留和重金属的检测项目种类更多、指标更严，同时要求加工产品使用的主要原料必须来自绿色食品产地、按绿色食品生产技术操作规程生产出来的产品。

d. 绿色食品包装、贮藏和运输标准，应符合《绿色食品 贮藏运输准则》（NY/T 1056—2006）的要求。对绿色食品标志的标准图形、标准字体、图形与字体的规范组合、标准色、广告用语及用于食品系列化包装的标准图形、编号规范等要做严格规定，同时加上了应用示例。

以上标准对绿色食品产前、产中、产后全过程质量控制技术和指标做了明确规定，既保证了绿色食品产品无污染、安全、优质、营养的品种，又保证了产地环境，并使资源得到合理利用，构成一个完整的、科学的绿色食品标准体系（图 8-1）。

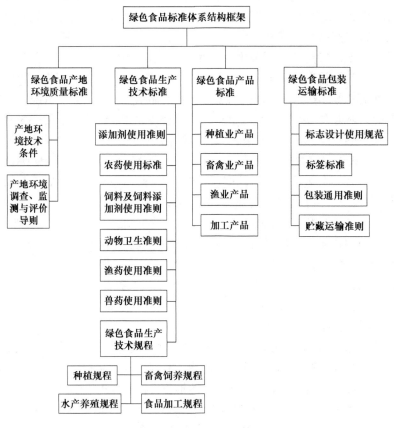

图 8-1　绿色食品标准体系

我国的绿色食品分为 A 级和 AA 级两种。其中 A 级绿色食品生产中允许限量使用化学合成生产资料，AA 级绿色食品则较为严格地要求在生产过程中不使用化学合成的肥料、农药、兽药、饲料添加剂、食品添加剂和其他有害于环境和健康的物质。按照农业农村部发布的行业标准，AA 级绿色食品等同于有机食品。

（3）绿色食品认证机构：由农业农村部中国绿色食品发展中心负责认证，该中心在各省、自治区、直辖市及部分计划单列市设立了 40 个委托管理机构，负责辖区的有关管理工作，有统一的标志在中国内地、香港注册使用，认证分 A 级和 AA 级，有效期 3 年。

（4）申请绿色食品认证需提交的材料：①申请人应提交绿色食品标志使用申请书；②调查表；③保证执行绿色食品的标准和规范的声明；④生产操作规程；⑤公司对"基地＋农户"的质量控制体系；⑥产品执行标准；⑦产品注册商标文本（复印件）；⑧企业营业执照（复印件）；⑨企业质量管理手册。

（三）有机食品认证

（1）有机食品是指来自于有机农业生产体系，根据国际有机农业生产要求和相应的标准生产、加工，并经独立的有机食品认证机构认证的一切农产品。有机农业是一种完全不用或基本不用人工合成的化肥、农药、生产调节剂和畜禽饲料添加剂的农业生产体系，在这一体系下生产出来的农产品为有机农产品。其核心是建立和恢复农业生态系统的生物多样性和良性循环，以维持农业的可持续发展；其基本出发点是为了保持土壤，为人类生产健康的食品；主要思想是"与自然秩序相和谐"，强调尊重自然，而非干预自然；目标上追求生态上的协调性，资源利用上的有效性；其目标是发展有机农业，开发有机食品，并同时得到经济效益、社会效益和生态效益的平衡。

（2）有机食品认证标准：有机食品认证，在全球范围内无统一标志，各国有各国的标志。目前，主要是采用欧盟、美国、日本和国际有机联盟（IFOAM）的有机农业和产品加工基本标准，其质量标准与我国 AA 级绿色食品标准基本相同。有机农产品的认证，主要是生产体系和生产方法的认证，它结合了产品认证和质量体系认证。有机食品在国际贸易中，一般采用两种认证方式，一是出口国家按进口国的标准生产并给进口国的有机食品认证机构检查，实施直接认证，加贴认证标志；二是两国的认证机构，在标准上达成相互认证，由出口国的认证机构认证产品、加贴认证标志。目前，我国有机食品是采取前一种方式出口的。

（3）有机食品认证机构：有机食品在国际上一般由政府管理部门审核、批准的民间或私人认证机构认证，全球范围内无统一标志，各国标志呈现出多样化，我国有代理国外认证机构进行有机食品认证的组织，我国的中绿华夏有机食品认证中心，是经中国国家认证认可监督管理委员会批准的从事有机食品认证、管理的专门机构。目前，该中心已与美、日及欧洲有关有机运动发达国家开展了互认业务。

（4）申请有机食品认证需提交的材料：①营业执照（企业提供）；②组织机构代码证（企业提供）；③种植地块布局图及土地承包租赁合同（企业提供）；④人员任职名单、农业设备及运输设备清单（企业提供）；⑤申请表、认证委托协议（认证咨询师协助提供）；⑥管理手册、基地调查表、管理体系文件（认证咨询师协助提供）。

（四）ISO 9000 认证

（1）ISO 是国际标准化组织（International Organization for Standardization）。现有成员

117 个国家和地区。主要工作是制定各种产品的国际标准。在世界上促进标准化及其相关活动的发展，以便于商品（包括农产品）和服务的国际交换，在智力、科学、技术和经济领域开展合作。按照国际经济合作和技术交流的惯例，合作双方必须在产品（包括服务）品质方面有共同的语言、统一的认识和共守的规范，方能进行合作与交流。ISO9000 品质体系认证提供了这样的信任，有利于双方迅速达成协议。ISO9000 不是指一个标准，而是一族（包括各行各业）标准的统称。ISO9000 族是由 ISO/TG176（指 ISO 中第 176 个技术委员会）制定的所有国际标准。ISO 于 1987 年颁布了 ISO9000 质量管理和质量保证系列标准。ISO9000 的目标是全面提高制造业和服务业的质量。它的实施为衡量一个企业的质量管理水平和质量保证能力提供了一个共同尺度。它通过对生产、经营的再策划，以规范化管理、科学化管理代替无序管理，从而达到全面提高质量的目的，它是对消费者和客户的一种品质保证。

（2）认证机构：国内知名认证机构有中国进出口商品质量认证中心、中国质量管理协会质量保证中心、华信技术检验有限公司和中国方圆认证中心。以上 4 家认证机构均得到了中国国家认证认可监督管理委员会批准认可。

（3）ISO9000 认证的内容：①产品质量的认证。该认证包括依据标准中的性能进行认证（如蛋的分级认证）、合格认证和安全认证（如农产品中的农兽药残留量和细菌数）。②品质管理体系认证。该认证是由西方品质保证活动发展起来的，主要是对产品生产过程品质管理体系的认证。例如，欧盟从 1998 年 12 月起禁止养鸡生产中使用螺旋霉素、杆菌肽锌、维吉霉素和太乐菌素。这就要求出口到欧盟的鸡肉必须得到品质管理体系认证。必须拿到经权威认证机构签发的在养鸡过程中没有使用过上述 4 种抗生素的认证书。

（4）1SO9000 认证的重要性：许多国家为了保护自身的利益设置了种种贸易壁垒，包括关税壁垒和非关税壁垒。其中非关税壁垒主要是技术壁垒，技术壁垒中又主要是产品品质认证和 ISO9000 品质体系认证的壁垒。特别是在 WTO 内各成员方之间相互排除了关税壁垒，只能设置技术壁垒。我国入世后，没有了国内贸易和国际贸易的严格界限，所有贸易都可以遭遇上述技术壁垒。所以，获得认证是消除技术壁垒的主要途径。

（五）农产品认证类型的比较

农产品无公害认证、绿色认证、有机食品认证、ISO9000 认证的比较如下。

（1）质量标准水平不同：无公害农产品质量标准与国内普通食品卫生质量标准基本相同，部分指标略高于国内普通食品卫生标准；绿色食品质量标准参照联合国粮食及农业组织和世界卫生组织食品法典委员会标准、欧盟质量安全标准；有机食品标准是采用欧盟和国际有机运动联盟的有机农业和产品加工基本标准；ISO9000 认证标准是国际标准化组织中第 176 个技术委员会制定的所有产品（包括农产品）质量管理和质量保证系列标准。在这 4 类认证中，农产品质量要求由低到高依次为无公害农产品认证、绿色食品认证、有机食品认证、ISO9000 认证。

（2）认证要求不同：在实际操作中，农产品无公害认证只注重农产品结果的检测，对其生产过程的监测不是那么很严格；而农产品绿色认证、有机食品认证、ISO9000 认证，不仅注重按该三种认证各自的标准对农产品结果的检测，最主要的是实施"从农场到餐桌"的全过程质量控制，按该三种认证要求进行标准化生产，通过认证，贴上各自的认证标志，准入市场流通。农产品无公害认证只能在国内有效，农产品绿色认证、有机食品认证可通过各国的权威认证机构认证或互认，并贴上相应的认证标志；ISO9000认证是世界通行的标准化认证，只要经加入了国际标准化组织的国家的权威认证机构认证并贴上认证标志的产品，均可在国际上通行，无论国家、种族，它均是对消费者和客户的一种品质保证。

（3）认证标识不同：有机食品标识不同国家、不同认证机构标准不同，我国环境保护部有机食品发展中心在国家市场监督管理总局注册了有机食品标志。绿色食品的标识在我国是统一的，也是唯一的，由中国绿色食品发展中心制定并在国家市场监督管理总局注册。无公害食品在我国由于认证机构不同而不同。

（4）认证级别不同：有机食品无级别之分，在生产过程中不允许使用任何人工合成的化学物质，且需要三年的过渡期，过渡期生产的产品为"转化期"产品。A级绿色食品产地环境质量要求评价项目：综合污染指数不超过1，在生产过程中，允许限量、限品种、限时间地使用安全的人工合成农药、兽药、肥料、饲料添加剂等；AA级绿色食品对产地环境质量要求评价项目的单项污染指数不超过1，生产过程不得使用任何人工合成的化学物质，且产品需三年的过渡期。无公害食品不分等级，生产过程中允许使用限品种、限数量、限时间的、安全的人工合成化学物质。

（5）认证机构不同：我国有两家有机食品权威认证机构，一是国家环境保护部有机食品发展中心，二是中国农业科学院茶叶研究所。绿色食品认证机构只有一家，即中国绿色食品发展中心。无公害食品认证机构最多。

（6）认证方法不同：有机食品和AA级绿色食品认证实行检查员制度，认证方法上以实地检查认证为主，检测认证为辅，有机食品的认证重点是农事操作的真实记录和生产资料购买及应用记录。A级绿色食品和无公害食品的认证以检查认证和检测认证并重，同时强调从土地到餐桌全过程质量控制，在环境技术条件的评价方法上，采用调查评价与检测认证相结合的方式。

（六）发展认证农产品的基本条件

各地区根据各自的具体条件，在发展认证农产品的生产中应该具备以下基本条件。

（1）了解和掌握农产品无公害认证、绿色食品认证、有机食品认证、ISO9000认证的认证标准。无论何种认证，认证农产品生产均是标准化生产，有别于传统的农产品生产，要求生产者的素质要高，管理水平要与认证农产品生产协调一致。

（2）计划发展的认证农产品，在本地区或一定区域范围内，要具有相对的资源优势，包括规模和特色，主导产品要有较高的商品率。

（3）发展认证农产品地区的大气、土壤、水资源状况，要达到认证标准。根据环境资源状况和认证标准，政府要制定相关的政策或地方行政法规，限制非标准的农药、兽药、水产用药、饲料、添加剂、林业用药、化肥在本地区的使用和流通，做好城市生活污水处理和工业"三废"的处理，使本地区自然环境状况长期有利于认证农产品的生产。

（4）要有生产认证农产品运作灵活的组织载体、专业技术人员、管理人员、熟练工人、标准化生产程序，对具体生产者和操作者的标准化生产培训等。

（5）制定生产认证农产品从土壤到餐桌的标准化生产技术规程和品质保证体系，并辅以相应的措施来完成。

（6）根据计划提高认证农产品地区自然环境、社会、自然资源状况、组织载体的实力和水平，涉及生产认证农产品的定位（无公害农产品、绿色食品、有机食品或 ISO9000 认证农产品）。

第三节 我国"三品"认证的主要特点及发展状况

一、我国"三品"认证的主要特点

无公害农产品、绿色食品和有机食品构成了我国农产品认证的基本框架，正确理解"三品"的概念、内涵、相互关系和发展状况，对促进农产品质量安全工作、推动生产、引导消费、保护农业生态环境有着积极的作用。

（一）基本概念

无公害农产品是产地环境、生产过程和产品质量符合国家有关标准和规范的要求，经农业农村部农产品质量安全中心认证合格，获得认证证书并使用无公害农产品标志的未经加工或者初加工的食用农产品。绿色食品是遵循可持续发展原则，按照绿色食品标准生产，经中国绿色食品发展中心认证并许可使用绿色食品商标标志的无污染的安全优质营养食品。有机食品是根据有机农业原则和有机农产品生产、加工标准生产出来的，经过有资质的有机食品认证机构颁发证书的农产品及其加工品。国外一般以"有机产品"（organic product）称谓，其中包括有机农产品、有机禽产品、有机水产品、有机纺织品等。

（二）主要特点

由于无公害农产品、绿色食品和有机食品产生的背景、追求的目标和发展的过程不同，形成了各自典型的特征。

（1）目标定位：无公害农产品定位于规范农业生产，保障基本安全，满足大众消费；绿色食品定位于提高生产水平，满足更高需求，增强市场竞争力；有机食品定位于保持良好生态环境，人与自然和谐共生。

（2）产品质量水平：无公害农产品代表中国普通农产品质量水平，依据标准等同于国内普通食品标准；绿色食品达到发达国家普通食品质量水平，其标准参照国外先进标准制定，通常高于国内同类标准的水平；有机食品达到生产国或销售国普通农产品质量水平，强调生产过程对自然生态友好，不以检测指标高低衡量。

（3）生产方式：无公害农产品生产是科学应用现代常规农业技术，从选择环境质量良好的农田入手，通过在生产过程中执行国家有关农业标准和规范，合理使用农业投入品，建立农业标准化生产、管理体系；绿色食品生产是将优良的传统农业技术与现代常规农业技术结合，从选择、改善农业生态环境入手，通过在生产、加工过程中执行特定的生产操作规程，减少化学投入品的使用，并实施"从土地到餐桌"全过程质量监控；有机农产品生产是采用有机农业生产方式，即在认证机构监督下，建立一种完全不用或基本不用人工合成的化肥、农药、生产调节剂和饲料添加剂的农业生产技术和质量管理体系。

（4）认证方法：无公害农产品和绿色食品，依据标准，强调从土地到餐桌的全过程质量控制，检查检测并重，注重产品质量；有机食品实行检查员制度，国外通常只进行检查，国内一般以检查为主，检测为辅，注重生产方式。

（5）运行方式：无公害农产品认证是行政性运作、公益性认证；认证标志、程序、产品目录等由政府统一发布；产地认定与产品认证相结合。绿色食品认证是政府推动、市场运作；质量认证与商标转让相结合。有机食品认证是社会化的经营行为，因地制宜、市场运作。

（6）法规制度：无公害农产品认证遵循的法规文件有农业部与国家质量监督检验检疫总局2002年第12号令《无公害农产品管理办法》、农业部与国家认证认可监督管理委员会2002年第231号公告《无公害农产品标志管理办法》、农业部与国家认证认可监督管理委员会2003年第264号公告《无公害农产品认证程序》和《无公害农产品产地认定程序》；绿色食品认证遵循农业部《绿色食品标志管理办法》《中华人民共和国商标法》《中华人民共和国产品质量法》等有关证明商标注册、管理条文；有机食品认证按照欧盟2092/91条例、美国联邦有机产品生产法、日本农业标准（JAS）等有关国家或地区的有机农产品法规。2015年，我国公布了《有机产品认证管理办法》。

（7）采用标准：无公害农产品认证采用相关国家标准和农业行业标准，其中产品标准、环境标准和生产资料使用准则为强制性标准，生产操作规程为推荐性标准；绿色食品采用农业行业标准，为推荐性标准；有机食品采用国际有机农业运动联盟（IFOAM）的基本标准为代表的民间组织标准与各国政府推荐性标准并存，2011年我国公布了有机产品国家标准，即GB/T 19630.1—2011～GB/T 19630.4—2011《有机产品》。

（三）相互关系

无公害农产品、绿色食品、有机食品都是经质量认证的安全农产品；无公害农产品是绿色食品和有机食品发展的基础，绿色食品和有机食品是在无公害农产品基础上的进一步提高；无公害农产品、绿色食品、有机食品都注重生产过程的管理，无公害农产品和绿色食品侧重对影响产品质量因素的控制，有机食品侧重对影响环境质量和生物自然属性的因素的控制。

二、我国"三品"认证的发展及所面临的问题

1. 我国"三品"认证的发展

我国绿色食品认证是20世纪90年代初，农业部为顺应"高产、优质、高效"农业发展的要求和国民消费水平不断提高的需求而开展的一项农产品认证工作，采取的是"政府推动，市场运作"的方式，即政府统一制定管理规范、技术标准，建立专门的机构，实行质量认证与证明商标使用许可相结合的自愿性认证制度。有机食品是20世纪90年代中期，为能够因地制宜地发挥部分地区生态环境良好、人力资源充足的劳动密集型农业的优势和针对国外部分特别消费群体的消费需求而开展起来的"洋认证"，采用的是纯市场运作方式，即由社会中介性质的各家认证机构，借鉴国外一些认证机构的标准和规范，进行经营性认证，具有典型的民间行为特征。无公害农产品认证是为适应当前我国农产品质量安全工作的需要和完成"无公害食品行动计划"目标，由各级农业行政主管部门组织开展的一项重要的农产品质量安全工作。2001年，部分省级、市级农业部门开始试验性地开展无公害农产品认证相关工作；2002年，国家政府部门开始制定统一的法规和标准；2003年，经中国机构编制委员会办公室批准成立农业部农产品质量安全中心，并经国家认证认可监督管理委员会核准，负责全国无公害农产品认证工作。这项

工作是采用行政性运作模式、实行产地认定与产品认证相结合的公益性认证制度。目前，无公害农产品、绿色食品和有机食品各有特色，相互补充，在我国形成了"三位一体，整体推进"的农产品认证发展格局。农产品认证具有如下特色。

（1）认证体系主体框架基本建立。无公害农产品：农业农村部成立农产品质量安全中心，下设 3 个行业分中心，各省明确承办机构 64 个；农产品质量安全中心培训检查员 328 名，委托环境检测机构 115 个，委托产品检测机构 8 个，聘请评审专家 80 名。绿色食品：中国绿色食品发展中心直接委托省、地级承办机构 42 个，省级委托地市级管理机构 180 个，县级管理机构 840 个，培训检查员 2369 人，委托环境检测机构 59 个，产品检测机构 20 家，聘请标准专家 40 人、评审专家 50 人、咨询专家 439 人。有机食品：中绿华夏有机食品认证中心设立分支机构 38 个，培训检查员 78 人，聘请技术专家 32 人。

（2）认证产品迅速增加。2003 年底，全国统一的无公害农产品认证 2071 个，产地认定 7758 个，地方产品认证 7119 个，顺利完成了 4 个省的统一转换；另有 6 个省的转换工作正在进行，基本形成了全国一盘棋；全国绿色食品企业总数达到 2047 家，有效使用绿色食品标志产品总数达到 4030 个，产品实物总量 3260 万 t，其中加工产品占 70%，初级农产品占 30%；认证有机食品企业 102 家，产品 231 个，实物总量 13.5 万 t，以初级农产品为主。2007 年 6 月底，全国已累计认定无公害农产品产地 34 406 个，其中种植业产地 24 517 个，面积 2697 万 hm²，接近全国耕地面积的 20%（总面积按 1.3 亿 hm² 计算）；畜牧业产地 6116 个，合计 33.7 亿头（只）；渔业产地 3773 个，面积 243.7 万 hm²。2007 年 2 月，绿色食品在全国 14 个省份 119 个市、县（场）创建标准化原料生产基地 151 个，基地面积超过 4050 万亩，生产总量达到 1878 万 t，带动 420 万农户增收 2 亿多元。2009 年，全国认证无公害农产品已达到 49 000 个，认定无公害农产品产地已超过 51 000 个；认证的种植业产地面积 6.7 亿亩（约 4467hm²），占全国耕地面积的 35% 左右。全国有效使用绿色食品标志的企业达到 6000 家，产品达到 15 700 个。绿色食品产地监测面积达到 2.5 亿亩（约 1667hm²），农作物种植面积 1.7 亿多亩（约 1133hm²）。经农业系统认证的有机食品生产基地（企业）达到 1003 家，产品接近 5000 个，实物总量 210 多万吨。

2. 我国"三品"认证体系面临的问题

（1）农产品质量安全认证相关法律法规相对滞后，认证监管乏力。市场上假冒无公害农产品、绿色食品和有机食品事件时有发生，严重影响"三品"的形象和效益，影响生产者的生产积极性。各相关职能部门对获得认证的产品进行质量抽检、生产行为督察和标志标识使用规范性等活动时难度较大，查处假冒伪劣产品、维护市场秩序的成本较高。

（2）相关农产品质量安全的标准数量少、配套性差，部分农产品认证缺乏足够的技术依据。截至 2005 年，我国发布的标准涉及的农产品种类不足 200 个，而市场上销售的农产品的种类达 1000 多个，且同一产品的质量标准、生产技术规范和产地环境标准三者不配套，标准规定的检测项目和检测方法不配套。例如，我国制定了 79 种农药、197 项残留限量标准，但只有 33 种农药有配套的相关检验检测方法标准。食品添加剂、重金属、农药、兽药等有毒、有害物质的限量标准因缺乏风险评估等基础研究，标准制定还缺乏一定的科学性。

（3）农产品质量安全认证的专业技术人员相对不足，缺乏相应的检查员和评审专家。

一是广大人民群众和大部分消费者对农产品质量安全认证的基本知识缺乏一定的了解，"三品"认证相关的技术服务体系不健全；二是从事安全优质农产品的生产人员和管理队伍素质不高，从业人员数量有限；三是农产品认证的专业化队伍建设现状与其承担的认证任务和责任不完全适应，客观上也限制了认证工作的进一步发展。

（4）产品认证能力不能满足日益增长的市场需求。2005年，无公害农产品产地认定面积只占农作物种植面积的6%；绿色食品的认证规模不到全国食品总量的1.5%。2009年，认证无公害农产品种植业产地面积占全国耕地面积的35%左右；绿色食品农作物种植面积占全国耕地面积的9%左右。这些产品占全国同类产品总量的比重仍然较低，与保障消费者基本安全的发展目标和任务差距较大；与我国农业资源、环境和劳动力成本等优势相比，其发展潜力还需要进一步充分发挥。

加强农产品质量安全认证的措施：一是进一步完善相关法律法规和制度建设，强化制度保障。尽快制定和完善《无公害农产品管理办法》《绿色食品标志管理办法》《有机种植农业管理办法》以及其他的农产品认证规章制度。健全各项规章制度和技术规范，完善质量手册和程序文件，强化工作系统内部管理，规范认证工作机构和工作人员的行为。二是推动农产品质量安全认证，扩大安全优质农产品总量规模，进一步加强监督管理，切实提高认证农产品的有效性和公信力。对认证农产品实行从产地到餐桌的全过程监督，确保认证产品质量符合标准的要求；加大对假冒伪劣认证产品和认证行为的监督检查；建立并积极推动认证农产品信息网上公示、查询、追溯制度，完善认证产品追溯查询网络，通过广播、电视、网络、新媒体等多种信息平台，广泛受理认证农产品投诉，并及时公布监督检查结果；建立认证农产品质量档案和监管档案，强化生产者的质量安全责任意识。三是强化品牌意识，打造安全优质农产品品牌。围绕树立认证农产品的品牌形象，采取多种形式，加大认证产品、获证企业、生产基地和标志标识的宣传，营造关注和支持农产品质量安全认证事业的良好氛围，提高认证产品知名度，增加其附加值，实现优质优价。四是完善认证农产品标准、检测、技术、培训、信息等支撑体系。

3. 正确认识和处理好无公害农产品、绿色食品和有机食品的发展

（1）顺应形势，把握重点。鉴于我国农产品质量安全水平状况，以及实现"无公害食品行动计划"既定目标的要求，无论是从政府管理公共事务、保证公众安全的职责出发，还是从农业行政管理部门抓农业标准化生产和农产品质量安全工作的普遍性出发，发展无公害农产品是目前农产品认证工作的主攻方向和最为紧迫的任务，也是需要着力解决的主要矛盾。今后，随着农产品质量安全形势的根本好转，农产品质量安全有了保障，生产者和消费者可能更多地追求优质、营养环保和高效，绿色食品可能成为继无公害农产品之后的主要认证产品。由于我国耕地资源的问题，有机食品只会是少量的。因此，当前农产品认证工作应以无公害农产品认证为主体，以绿色食品认证为先导，以有机食品认证为补充。

（2）因地制宜，突出特色。我国幅员辽阔，农业资源丰富，各地经济发展水平差距较大，农业生产技术水平和组织化程度有很大差异。虽然发展无公害农产品是当前抓农产品质量安全带有普遍性的工作，但对部分适宜已经具备发展绿色食品或有机食品的地区和企业，不能忽略自身的特殊优势，应根据本地区条件和市场的需求状况，积极选择，有所侧重，突出特色，扩大影响。一般来说，立足国内市场的大宗农产品及组织化程度不高的生产单位，适宜开发无公害农产品；面向国内国外两个市场的农产品及组织化程度较高的生产单位，适宜开发绿色食品；针对国外市场，并有一定的有机食品市场需求的劳动密集型农产品，适宜开发有机食品。总之，在选择认证产品的种类时，应在认清"三品"特点的基础上，根据本地资源条件和生产水平，结合市场需求状况，准确定位，予以选定。

（3）抓住机遇，打造品牌。农产品认证最直接的作用，就是通过第三方的信誉保证，促进产地与市场、生产者与消费者的连接和互动，为生产者树立品牌，帮消费者建立信心。因此，在开发无公害农产品、绿色食品和有机食品时，一定要有品牌意识，应注意赋予产品有利于产权保护的名称和商标，建立有利于不断提升品牌的标准化生产技术和质量管理体系。各地区及企业应积极把握当前国家高度重视农产品质量安全、狠抓农产品认证工作的有利时机，将质量认证与创立和提升产品品牌、企业品牌、地方品牌相结合，发挥市场机制的作用，实现农产品优质优价，使农业发展进入用品牌吸引消费、以消费引导生产、靠市场需求拉动产品供给的良性发展轨道，从根本上解决农业的"三品"问题。

本 章 小 结

开展农产品认证工作，从源头上确保农产品质量安全，转变农业生产方式，提高农业生产管理水平，规范市场行为，指导消费和促进对外贸易。农产品认证的类型主要有有机食品、绿色食品和无公害农产品认证。有机食品、绿色食品和无公害农产品有不同的生产环境、生产、加工、销售等技术规范。

思 考 与 练 习

1. 简述农产品认证的作用。
2. 试进行农产品认证类型的比较。
3. 发展认证农产品的基本条件有哪些？
4. 我国"三品"认证的主要特点有哪些？

主 要 参 考 文 献

成昕. 2009. 我国农产品质量安全认证对策研究. 北京：中国农业科学院硕士学位论文
樊红平. 2007. 中国农产品质量安全认证体系与运行机制研究. 北京：中国农业科学院博士学位论文
樊红平，温少辉，丁保华. 2005. 中国农产品质量安全认证现状与发展思考. 农业环境与发展，22（6）：27-30
郭春敏. 2011. 中国农产品质量安全认证的发展. 生物学通报，46（2）：5-7
李国. 2015. 中国绿色食品认证与生产发展路径研究. 中国农业信息，（20）：14-15，17

第九章 农业标准化与农业国际贸易

【内容提要】 介绍农业国际贸易中贸易壁垒的形式与种类，农业标准在国际农业贸易中的重要作用；介绍当前农业贸易中的贸易壁垒案例。
【学习目标】 学生对农业贸易中的贸易壁垒及标准在贸易中的作用能够掌握并有一个清楚的认识。
【基本要求】 通过本章教学，学生掌握当前农业贸易壁垒的主要形式和种类，掌握农业标准在农业国际贸易中的重要作用，通过案例分析讲解在农业国际贸易中产生的主要壁垒及解决途径与方法。

第一节　技术性贸易壁垒

一、技术性贸易壁垒的概念

技术性贸易壁垒（technical barriers to trade，TBT）是国际贸易中商品进出口国在实施贸易进口管制时通过颁布法律、法令、条例、规定，建立技术标准、认证制度、检验制度等方式，对外国进出口产品制定过分严格的技术标准、卫生检疫标准、商品包装和标签标准，从而提高进口产品的技术要求，增加进口难度，最终达到限制进口目的的一种非关税壁垒措施。它是目前各国，尤其是发达国家人为设置贸易壁垒和推行贸易保护主义最有效的手段，涉及农产品、食品、机电产品、纺织服装、信息产业、家电、化工医药等贸易的各个领域，以及加工、包装、运输和储存等环节。

随着全球经济一体化，国际贸易的发展如火如荼，在国际贸易的推动过程中，技术性贸易壁垒无处不在，并呈现出形式上的合法性、内容上的复杂性和广泛性、手段上的灵活性和隐蔽性、做法上的歧视性等特征，使其作用和影响力不断强化，对世界经济发展和国际贸易进程，尤其对发展中国家产生了巨大影响。作为世界上最大的发展中国家和第二大贸易国，我国对外贸易的发展受到了技术性贸易壁垒的严重制约，技术性贸易壁垒已经成为限制我国对外贸易发展的第一大非关税壁垒。

二、技术性贸易壁垒的由来

随着经济全球化浪潮的兴起和贸易自由化的发展，加上 WTO 规则的有关限制，国际贸易壁垒的种类和形式在不断地发生变化：关税税率越来越低，传统的非关税壁垒也在逐步减少，新型、更灵活、更隐蔽的贸易壁垒——技术性贸易壁垒却在不断发展，种类在不断增多。但世界各国在国际贸易中，必须按照 WTO 规则和有关国际惯例行事。为了在更加开放的环境中促进经济发展，很多国家在国际贸易中设置贸易保护手段——技术性贸易壁垒来维护本国利益，有其深层次的原因，具体如下。

（一）维护本国的利益是一切国际关系的根本目的

虽然为了推进经济全球化和贸易自由化的发展，各国在"乌拉圭回合谈判"中承诺进一步降低关税和在保持现状下逐步消除各种非关税壁垒。但现在国际竞争日益激烈，各国为了维护本国的贸易利益，在逐步取消明显有违 WTO 精神的一些传统的非关税壁垒的同时，又不断推出更为隐蔽的技术性贸易壁垒，而且名目繁多、要求苛刻。在发达国家之间、发达国家与发展中国家之间、发展中国家之间都存在技术性贸易壁垒。只是由于在技术水平上，发展中国家远低于发达国家，因此技术性贸易壁垒对发展中国家影响更大。

（二）《WTO 协定》中存在许多例外条文和漏洞

例如，《技术性贸易壁垒协议》中规定："任何国家在其认为适当的范围内可采取必要的措施保护环境，只要这些措施不致认为在具有同等条件的国家之间造成任何不合理的歧视，或成为对国际贸易产生隐蔽限制的一种手段。"《实施卫生与植物卫生措施协定》规定："缔约方有权采纳为保护人类、动物或植物生命或健康的卫生和植物卫生措施"而且只要缔约方确认其措施有科学依据和保护水平是适当的，就"可以实施或维持高于国际标准、指南和建议的措施"。这意味着技术性贸易壁垒的建立具有很大的合法性。

（三）各国和国际性环保组织的地位在不断地提高

各国政府在实行有关政策时，不得不考虑环保组织的声音，在有关方面做出让步，增加贸易壁垒。由于地球环境在不断地恶化，引起了国际社会的关注。自 20 世纪 70 年代以来，世界性的环保组织纷纷成立，如绿色和平组织、国际环境影视集团、世界自然基金会等，它们在许多国家都设有分机构，拥有众多的会员，进行广泛的环境保护宣传，并极力反对各国政府各种破坏环境的行为，强烈要求各国政府实施可持续发展的经济和社会政策。欧盟就曾在环保组织的压力下，多次提高环保标准要求，以减少生产过程中对环境的污染及增加对人类健康和生命的保障。

（四）可持续发展观念的深入人心

可持续发展观念的深入人心，为各国进行技术性贸易壁垒提供了理论支持。如前所述，世界环境问题已引起各国人民及政府的重视，可持续发展正在深入民心。

所以，各国为了在国际贸易中取得更加有利的地位，在逐步消除一些明显违反 WTO 精神的非关税壁垒的同时，举起了可持续发展大旗，越来越多地转向了卫生检疫标准和环境保护标准等与人民的健康和可持续发展相关的非关税壁垒。由于这些措施在很大程度上符合广大民众的意愿（尤其在发达国家），因此各国实施起来有恃无恐，而且标准越来越苛刻，种类越来越多。这是技术性贸易壁垒愈演愈烈的主要原因。

三、技术性贸易壁垒的特点

与众多的关税和非关税壁垒相比较，技术性贸易壁垒有其鲜明的特点。

（一）双重性

技术性贸易壁垒的双重性是指，一方面，技术法规、标准及合格评定程序本身通过对贸易商品的质地、纯度、规格、尺寸、营养价值、用途、产地证书、包装和标签等做出规定，起到提高生产效率、促进贸易发展的作用，达到驱除假冒伪劣商品、维护消费者合法权益、保护生态环境的目的；有时它还能迫使出口货物的发展国家中成员加快技术进步、技术改造的步伐，提高本身的生产、加工水平。这是其积极的一面。另一方面，由于使用不当，往往利用对贸易商品各种形式的技术规定和措施提出过高的要求，且常常变动，使出口成员的货物难以符合这些技术要求，造成妨碍贸易正常进行的严重后果。这是构成其贸易壁垒的一面。

（二）广泛性

技术性贸易壁垒的广泛性主要是指，有的成员为了阻挡货物进口，在科学技术、卫生、检疫、安全、环保、包装、标签、信息等方面，制定了名目繁多、内容十分广泛的技术法规、标准和合格评定程序，以达到保护本国（地区）市场的目的。

（三）复杂性

技术性贸易壁垒的复杂性通常是指除其数量多、涉及领域广和扩散效应大外，它还往往具有一定的技术含量，且体系庞杂、灵活多变。

（四）针对性

技术性贸易壁垒的针对性是指某成员针对特定出口成员的特定货物采用技术性措施加以限制，以达到阻碍出口的目的。

（五）隐蔽性

技术性贸易壁垒的隐蔽性实质上是指一些发达成员利用其技术上的优势，以貌似合法的理由，如保护环境、维护消费者利益等，施行事实上阻碍其他成员（特别是发展中国家成员）商品进入该成员市场的措施。

四、技术性贸易壁垒的类型

技术性贸易壁垒是非关税壁垒的一种。所谓技术性贸易壁垒就是由技术问题引起的贸易障碍。WTO《技术性贸易壁垒协议》将技术性贸易壁垒的类型分为以下几类：技术法规壁垒、技术标准壁垒、绿色壁垒、质量认证（合格评定）壁垒、商品包装和标签壁垒、检验程序和检验手续壁垒、计量单位制壁垒、条码壁垒等。

（一）技术法规壁垒

1. 技术法规壁垒的含义

技术法规壁垒是规定强制执行的产品特性或其相关工艺和生产方法，包括可适用的管理规定在内的文件，如有关产品、工艺或生产方法的专门术语、符号、包装、标志或标签要求。

2. 我国技术法规的文件

我国符合《技术性贸易壁垒协议》所指的技术法规概念特征的法律规范性文件，常见于法律、行政法规、部门规章及行政管理型文件中，目前认为尚无明确的技术法规体系。人们称之为技术法规的文件，按照立法层次可划分为以下6类。

（1）法律层面上：如《中华人民共和国产品质量法》《中华人民共和国标准化法》《中华人民共和国计量法》《中华人民共和国食品卫生法》《中华人民共和国药品管理法》《中华人民共和国进出口商品检验法》《中华人民共和国进出境动植物检疫法》《中华人民共和国对外贸易法》的个别条款包括了技术法规性质的内容。

（2）行政法规层面上：如《中华人民共和国进出境动植物检疫法实施条例》《中华人民共和国标准化法实施条例》《中华人民共和国计量法实施细则》《医疗器械监督管理条例》《特种设备安全监察条例》《棉花质量监督管理条例》《中华人民共和国认证认可条例》等。

（3）部门规章层面上：如《进境水果检疫监督管理办法》等。

（4）地方法规层面上：如《北京实验动物管理条例》《北京市电梯安全监督管理办法》《北京市产品质量监督管理条例》等。

（5）规范性强制文件：如《电站锅炉压力容器检验规程》等。

（6）强制性标准：根据《技术性贸易壁垒协议》的规定，《中华人民共和国标准化法》已将强制性标准列入了强制执行的规范，因此也是技术法规的组成部分。

3. 我国技术法规存在的主要问题

（1）技术法规体系不健全，内容上很不完整。我国法律和行政法规的规定一般都比较原则化，涉及的技术要求较少，尽管国务院各部门也制定了一些涉及技术内容的规章，但有些技术法规专门针对进口或出口产品，不符合国民待遇原则，极易引起贸易争端。

（2）主题上过于分散，缺乏技术法规的协调机制。到目前为止不清楚全国有多少部门、地方政府和授权单位有技术法规的制定发布权，没有形成一个系统化的技术法规协调和管理体系。除全国人民代表大会、国务院、地方政府等颁布的法律、行政法规外，由于实行国家授权分工，涉及多种行业、设备及产品方面的管理主要还是集中在国务院关于各个行业的主管部门，如水利部、住房和城乡建设部、生态环境部、国家市场监督管理总局、农业农村部等。

（3）规章及规范性文件的职责主体关系不明确。现行的规章及规范性文件多数是在1998年的政府机构改革前制定的，这些文件的执行主体大多是行政部门。机构改革职能调整后，其主体关系发生了变化。应对这些规章及规范性文件进行修改，明确各方面的主体关系。

（4）体系上不能配套。我国在制定涉及产品技术内容的技术法规、规章时，常忽视与标准、合格评定程序的衔接，操作性不强，技术法规缺乏标准及合格评定程序的支持，造成了法规、规章的操作性差，未起到真正意义上的技术法规的作用，影响了法规目标的实现。

（二）技术标准壁垒

1. 技术标准壁垒的含义

技术标准的实质就是对一个或几个生产技术设立的必须符合要求的条件及能达到此标准的实施技术。它包含了两层含义：第一，对技术要达到的水平设定了最低要求，凡是不符合该要求的技术即为不合格；第二，技术标准体系中的技术是完备的，如果生产厂商的技术能力无法达到标准体系规定的要求，可以向标准体系管理机构寻求技术许可，获取可以达标的生产技术。发达国家的技术标准既涉及产品标准，又涉及试验检验方法标准和安全卫生标准；既涵盖工业品标准，又包括农产品标准。而且他们的标准伪装得很隐蔽，往往以保护人类的健康、保护环境和保护消费者利益的合法形式出现；灵活多变，使国外厂商很难适应；标准繁多，保护程度难以估计。事实上，把技术标准作为一种贸易的技术壁垒，是一些发达国家经常使用的方法。

对于一些技术上不发达的国家来说，由于生产技术水平的制约和缺乏严格的质量管理，难以达到相应标准，就只能通过从标准体系获得许可从而取得生产技术，因此给进口商品增加认证许可等技术和费用负担，以此形成壁垒。倘若达到了标准规定的要求，也会因为修改设计、改变工艺、增加成本、推迟交货等原因对进口商品形成贸易壁垒的障碍。

2. 技术标准的分类

1）从功能上分类

（1）最低质量标准：是对产品、工艺的最低要求。Ledand 曾于 1979 年指出，当产品交易双方存在信息不对称时，最低质量或者质量区别标准能帮助克服逆向选择现象。

（2）减少多样性技术标准：是指力图在众多相似、非必要的流程、工序中，建立较为统一、简约的标准，以提高信息传递的效率。

（3）兼容性技术标准：是指按行业惯例或正式协议规定的产品技术规格（兼容性是指两个产品可以有意义地发送、接收信息）。一类产品中，不同产品的组件相互兼容可以增加产品多样性，消费者的选择余地更大，可以买到自己更为喜欢的产品，互相兼容如果可以降低成本，则可以使消费者获得更大消费者剩余，生产者得到更大利润，社会整体福利将会提升。兼容性标准比最低质量标准、减少多样性标准要复杂得多，它主要与计算机、电信、传媒等产业相关。

2）从市场形成机制上分类

（1）事实技术标准：是指在没有官方标准化机构批准的情况下，行业内接收并形成的标准。它是通过在市场中大量使用而形成的、公认的企业标准或行业标准。事实技术标准一般分为两类：一类是单个企业或者少数具有垄断地位的企业，因为市场优势形成统一或者单一的产品格式。最典型的例子是微软公司的 Windows 操作系统，以及英特尔公司的微处理器，学者称之为 WinTel 事实标准。然而，单个企业垄断市场的情况并不多见，所以这一类的事实标准是很少见的。在大多数情况下，大多数领域中，单个企业很难独占核心技术，往往是实力相当的企业在竞争中与对手合作，最终形成联盟，构成对整个行业的技术控制与垄断，这是另一类事实标准。一般来说，事实技术标准一开始都是企业标准，随着企业的发展而逐渐成为行业标准及国际标准。

（2）机构技术标准：一般由行业内的特定机构制定。

（3）法定技术标准：是指经过法定程序确定、公告并由标准化组织建立并管理的标准。

3）从我国标准上分类

我国标准分为强制性技术标准和推荐性技术标准两类。在我国，如果进出口商品必须执行强制性技术标准，均由国家法律法规明确规定，由各地出入境检验检疫机构严格执行。推荐性技术标准是鼓励、建议企业采用，而并非需要一定执行。例如，2009 年备受争议的《电动摩托车和电动轻便摩托车安全要求》《电动摩托车和电动轻便摩托车通用技术条件》等，就属于推荐性技术标准。

（三）绿色壁垒

1. 绿色壁垒的含义

绿色壁垒（green barrier，GB），也称为环境贸易壁垒（environmental trade barrier，ETB），是指为保护生态环境而直接或间接采取的限制甚至禁止贸易的措施。绿色壁垒通常是进出口国为保护本国生态环境和公众健康而设置的各种保护措施、法规和标准等，也是对进出口贸易产生影响的一种技术性贸易壁垒。它是国际贸易中的一种以保护有限资源、环境和人类健康为名，通过蓄意制定一系列苛刻的、高于国际公认或绝大多数国家不能接受的环保标准，限制或禁止外国商品的进口，从而达到贸易保护目的而设置的贸易壁垒（表 9-1）。

表 9-1　截至 2009 年底对我国农产品出口设置绿色贸易壁垒的主要国家和地区

国家或地区	绿色贸易壁垒所占比例 /%	国家或地区	绿色贸易壁垒所占比例 /%
美国	42	中国香港	2
日本	32	中东	1
欧盟	18	其他	1
韩国	5		

2. 绿色壁垒的分类

（1）目前，国际上经常使用的绿色壁垒主要有以下几种。

a. 绿色关税：又称环境进口附加税，是指以保护环境为理由，对某些进口产品除征收一般关税外，再加征环境税。

b. 绿色技术标准：以保护环境的名义，通过立法手段制定苛刻的强制性环保技术标准，限制或禁止外国产品进口。

c. 绿色检疫：某些国家制定严格的卫生检疫标准，对商品中农药残留量、放射性物质残留量、重金属含量等要求十分严格，限制或禁止外国产品的进口。

d. 强制性措施：一般是以进口产品的生产制造环境、方法、过程等不符合本国环境要求为理由，强行禁止某些产品进口。

e. 环境贸易制裁：即一国以另一国的违反国际环境条约为理由采取的强制性进口限制措施。

f. 环境许可证制度、环境配额等其他形式：其限制的又多是发展中国家的主要出口产品，如初级产品、粗加工产品和劳动密集型产品，客观上保护了发达国家的利益，给发展中国家的出口贸易增加了难度。

（2）广义的和狭义的绿色壁垒。

a. 广义的绿色壁垒：是指一个国家以可持续发展与生态环保为理由和目标，为限制外国商品进口所设置的贸易障碍。

b. 狭义的绿色壁垒：是指一个国家以生态环境保护为借口，以限制进口、保护贸易为目的，对外国商品进口所专门设置的带有歧视性的或对正常环保本无必要的贸易障碍。

3. 绿色壁垒案例

（1）案例一：欧盟一些国家实施纺织品环境标志（对棉花生产中农药的使用，对漂白剂、染色剂等提出较高环保要求），对我国纺织品出口产生了严重的影响。例如，厦门丝绸进出口公司出口到欧盟的丝绸由于此标志的实施而出口量大大下降。

（2）案例二：各国都有针对进口产品从产品本身到产品生产、运输、消费和处置整个过程的严格的检验检疫制度。1996 年 8 月 1 日，欧盟以不符合其卫生检疫标准为由，禁止我国冻鸡和部分水产品进入其市场，每年损失达数亿美元；另外，条件近乎苛刻的美国食品药品监督管理局（FDA）检验等，都严重影响了我国产品出口。

（3）案例三：2008 年 6 月，在美国新通过的《雷斯法案》修订案中，增加了打击木材非法采伐和相关贸易的内容。修正案于 2009 年 7 月 1 日执行，涉及的产品扩展到木浆、纸和纸制品。这一绿色壁垒直接影响到中国浆、纸产品的出口贸易，提高了国内造纸企业开拓美国市场的门槛。

（四）质量认证（合格评定）壁垒

1. 质量认证的概念

质量认证是指由取得质量管理体系认证资格的第三方认证机构，依据正式发布的质量管理体系标准，对企业的质量管理体系实施评定，评定合格的由第三方机构颁发质量管理体系认证证书，并给予注册公布，以证明企业质量管理和质量保证能力符合相应标准或有能力按规定的质量要求提供产品的活动。

2. 质量认证的特点

（1）质量认证所依据的标准水平不同。

（2）质量认证制度的内容不同。

（3）强制性认证制度。

（4）认证机构的地位不同。

（5）检验机构的水平不同。

3. 质量认证的原则

1）技术条例规定原则

（1）技术案例和标准不应形成贸易壁垒。

（2）采用国际标准。

2）技术条例和标准的基本规定原则

（1）非歧视原则。

（2）透明度原则。

3）国际标准原则

如果技术条例的技术内容不符合有关国际标准的规定，各缔约方应在早期适当阶段在出版物上刊登该技术条例的通告，使其他缔约方有时间提出书面意见并加以考虑。各缔约方应确保在技术条例和标准方面给予来自任一缔约方领土的产品的优惠待遇不得低于本国生产的和给予其他国家同类产品的优惠待遇。具体原则如下：①符合国际指南原则；②早期通报原则；③不建立特殊的进口产品合格评定程序原则；④收费标准内外统一原则。

4. 质量认证的意义

面对各国的技术性贸易壁垒，质量认证是企业产品进入国际市场的重要通行证。在市场竞争激烈的今天，中小企业只有通过技术创新获得质量认证，才能保证已有的市场份额，并开辟出新的市场。质量认证是把双刃剑，一方面可以提高中小企业的技术创新能力，另一方面又容易被用作为贸易保护主义的有力手段妨碍中小企业技术创新。

（五）商品包装和标签壁垒

1. 国际包装壁垒的发展趋势

包装壁垒作为技术性贸易壁垒的一种，具有合理性、隐蔽性、扩散性、专业性、长期性、复杂性、动态性等特性，主要体现在对包装材料、容器结构、标识标签、包装体积及图形文字等方面的规定。

目前，发达国家制定了种类繁多的包装标准，以期实现对其国内相关产业的保护。日本先后颁布了《回收条例》等一系列法规，要求包装废弃物的再次利用率达到50%以上，并从1995年1月1日起不再使用非可循环利用的塑料包装。美国的《食品、药品和化妆品法案》对产品的包装贴签有很具体的法律法规要求。《美国 2009 食品安全加强法案》规定 FDA 要更频繁地对出口企业进行包装安全控制，以及包装过程、包装车间、包装储存库房等方面的检查。控制指标日趋严格的国外包装标准已成为中国产品出口的包装壁垒。

2. 包装和标签的意义

我国加入 WTO 以来，伴随着国民经济的飞速发展，包装、标签工业作为国民经济的主要行业，位列第十六位，年总产值高达 2000 多亿元，年均增长率为 14%。由此可以看出，我国包装、标签工业持续、快速、健康、稳定的发展是顺应我国包装市场经济发展需要的。商品包装不仅起到提升商品价值的作用，还能在商品流通过程中避免受到外界因素的影响，起到保护作用。科学的包装技术和方法是保证实现包装功能的前提。商品包装是商品重要的组成部分，是实现商品使用价值并能增加商品价值的一种手段。随着感性消费时代的到来，以及市场竞争的日益激烈、销售方式的变化，商品包装的功能已不仅局限于保护、容纳和宣传产品，而更重要的是通过包装来提升商品的附加值，提高商品的竞争力。商品包装和商品标签已成为贸易竞争中的重要手段之一。

3. 包装的要求

（1）对包装材料的特殊规定。一些国家以保护本国的生态环境为由，禁止某些材料制成的包装进入本国，或者要求对这些材料制成的包装进行特殊的处理。例如，美国规定禁止使用稻草作包装材料。新西兰则规定进口商品包装严禁使用土壤、泥灰、干草、稻草、麦草、谷壳或糠及用过的旧麻袋及其他废料。

（2）对包装上的标志、图案的特殊规定。由于各国都具有其独特的宗教习俗和文化背景，他们对同样的标志、图案会有完全不同的解释和意义。由于对一些图案很忌讳，一些国家禁止忌讳的标志、图案出现在进口包装上。例如，虽然国际上把三角形作为警告性标记，但捷克人认为红三角形是有毒的标记，而在土耳其，绿三角则表示为"免费样品"。

（3）为方便港口装卸的特殊规定。有些国家以方便港口装卸为由对某些进口商品的外包装做了特殊的规定。例如，沙特阿拉伯港务局规定：所有运往该港埠的建材类海运包装（卫生浴具设备、瓷砖、木制家具、厨房及浴室设备），凡装集装箱的，必须先组装托盘，以适应装卸，且每件重量不得超过 2t。

（4）对容器结构的规定。许多欧美国家为了保护本国消费者的健康和安全，对某些商品容器制定了一系列相当苛刻的标准。最典型的是美国加利福尼亚、弗吉尼亚等 11 个州以及欧洲共同体负责环境和消费的部门，禁止生产与进口带有拉环式易开盖的容器，因为可撕离的拉环式易开盖在海滨浴场等地随意丢弃，易割伤脚趾及造成环境污染。

（5）对包装使用语种的规定。许多国家都规定进口商品的包装上要使用进口国的文字。例如，加拿大政府规定进口商品说明必须英法文对照；希腊政府也公布凡出口到希腊的产品包装上必须用希腊文字写明公司名称、代理商名称及产品质量、数量等项目；运往法国的产品的装箱单及商业发票须用法文，包装标志说明不以法文书写的应附法文译注。

（6）对包装标签的特殊规定。发达国家还对一些进口商品的标签做了细致入微的规定，其内容非常繁杂，而且很难做到。例如，美国食品药品监督管理局要求大部分的食品标签必须标明至少 14 种营养成分的含量。

4. 绿色包装面临困境的因素

1）内部因素

（1）我国关于包装及包装废弃物处理方面的法规尚不健全。例如，前面提到的《中华人民共和国固体废物污染环境防治法》和《中华人民共和国清洁生产促进法》，这两个法规在实施过程中存在两个问题：它并没有规定"易回收处理、处置或在环境中易降解的产品包装物"的具体标准，也没有明确按哪一项"国家规定"回收、再生和利用。从客观环境来看，该法各项规定得以实施的条件尚不具备，包装废弃物回收、存放、处理的相应配套机构和设施还很不健全。总体来说，我国对于产品包装及其回收利用基本处于政策宣传的层面，没有具体的可操作性，仅靠简单的规定并不能解决现实中的问题。

（2）绿色包装方面的信息严重缺乏。我国许多企业对国际市场或出口目的地市场的信息严重匮乏，对进口国包装材料、包装标准及包装规格方面的要求了解有限，造成出口产品的包装不能迎合目标市场的要求。

（3）技术、人才因素制约绿色包装的发展。加快技术创新是开发绿色包装的关键，目前因为国家对包装环保项目没有明确的投资、信贷、税收等优惠政策，无法吸引大规模社会和民间投资，科技投入不足，导致包装行业的科技人才严重缺乏，技术开发能力非常薄弱。据不完全统计，目前包装行业专业技术人员的比例仅为 2% 左右，大大低于全国工业 6.8% 的平均水平；而且包装业的技术力量主要集中在包装容器的生产上，而对于包装材料、包装机械的技术还很不成熟，这种情况严重制约了我国包装工业技术的发展。

（4）我国环境标志制度产品过少。我国作为一个发展中国家，无论在资金、技术及生产者的环保意识等方面都和发达国家有相当大的距离，我们的包装达不到出口国标准时，或为达到标准使成本增加到无利可图时，面临的将是退出市场的后果。我国环境标志制度产品种类较少，所以使得产品市场占有率不高。

2）外部因素

（1）对包装材料的规定：欧美等国家的环保法规对商品包装材料的易处理性和可回收率有非常高的要求和标准，对包装材料的要求正在向节能低耗、防污染、防病虫害、高功能方向发展。例如，美国、新西兰、菲律宾等国禁止使用稻草作为包装材料；而德国政府禁止使用聚氯乙烯，只准使用聚乙烯或聚酯类可回收使用的包装材料。

（2）对包装标志、标识的规定：欧盟一直通过产品包装、标签的立法对外国产品设置障碍。例如，欧盟对纺织品等的进口产品要求加贴生态标签。目前，纺织品进入欧洲市场的通行证，最流行的生态标签为 OKO-Texstandard100，CE 标志则是工业产品进入欧盟市场的通行证，这成为我国机电产品出口的障碍。

（3）对包装再循环和再利用的规定：为了促进包装物的再循环、再利用，很多国家，如英国从 2000 年起就规定，实现对 60% 的工业包装物和 35% 的家用包装物回收再利用。

5. 商品包装和标签壁垒的实例

2006 年 1 月开始执行的"环境包装制品的回收率要达到 85% 以上"这条标准，对发展中国家的包装行业冲击很大。我国的一次性餐具因没有"绿色标准"而被禁止出口欧美市场，许多商品出口欧美还要支付高额的包装废弃物处理费用等。

（六）检验程序和检验手续壁垒

基于保护环境和生态资源，确保人类和动植物的健康，许多国家（地区），特别是发达国家（地区）制定了严格的产品检验、检疫制度。2000年1月12日，欧盟委员会发表了《食品安全白皮书》，推出了内含80多项具体措施的保证食品安全计划；2000年7月1日开始，欧盟对进口的茶叶实行新的农药最高允许残留标准，部分产品农残的最高允许残留量仅为原来的1%；美国食品药品监督管理局依据《公共卫生服务法》《茶叶进口法》等对各种进口物品的认证、包装、标志及检测、检验方法都做了详细的规定；日本依据《食品卫生法》《植物防疫法》《家畜传染病预防法》对入境农产品、畜产品及食品实行近乎苛刻的检疫、防疫制度。由于各国环境和技术标准的指标水平和检验方法不同，以及对检验指标设计的任意性，环境和技术标准可能成为技术性贸易壁垒。

（七）计量单位制壁垒

1875年《米制公约》的签订，为全世界各国统一计量单位制和量值的准确一致奠定了基础。但是，随着世界经济的发展，特别是世界贸易的发展，出现了实用计量学方面的问题。人们注意到，只是各国基准的统一不能充分消除所有与计量有关的国际贸易技术壁垒。特别是对测量仪器的性能要求，这些仪器的检定程序及溯源到国家基准的方式等，这些问题也需要国际协调。

国际法制计量组织（OIML）的宗旨可概括为：①建立并维持一个法制计量的信息中心；②研究并制定法制计量一般原则；③为计量器具的性能标准及其校准方法制定"国际建议"；④促进成员方相互接受或承认符合OIML要求的测量仪器和测量的结果；⑤促进各国国家法制计量机构的合作，并在需要和可能时帮助它们发展。

国际法制计量组织是联合国的一级咨询组织。它在法制计量方面为联合国提供咨询意见。

（八）条码壁垒

采用的条码可以对食品供应链全过程中的产品及其属性信息、参与方信息等进行有效的标识，进行食品的跟踪与追溯，要求在食品供应链中的每一个加工点，不仅要对自己加工成的产品进行标识，还要采集所加工的食品原料上已有的标识信息，并将其全部信息标识在加工成的产品上，以备下一个加工者或消费者使用。这好比一个环环相扣的链条，任何一个环节断了，整个链条就脱节了，而供应链中跨环节之间的联系比较脆弱，这是实施跟踪与追溯的最大问题。

第二节　农业标准化与消除技术性贸易壁垒

随着传统贸易壁垒的逐渐弱化，技术性贸易壁垒已成为国际农产品贸易壁垒的新特征，成为制约我国优势农产品出口的最大障碍。

一、农产品技术性贸易壁垒的特点

（一）农产品目前处于一个标准建立时期

农产品没有统一的国际标准，鉴于各国都根据自己的国情制定了适合自身发展水平的标准，并且变动频繁，这意味着农产品领域技术标准是隐蔽的、不透明的。而且根据WTO有关规定，在涉及国家安全、保护人类健康和安全、保护动植物生命和健康及保护环境的前提下，各国可以制定本国的标准和规则，甚至可以实施超出国际标准的技术性措施。显然，这给许多国家随意制定农产品技术标准留下了"合理"的空间。因此，在农产品领域新出现的标准较多，不甚明确的标准也较多。这就给一些国家利用农产品技术性贸易壁垒实行农业保护提供了可乘之机。日本的《食品中残留农业化学品肯定列表制度最终草案》（简称"肯定列表制度"）就充分体现了农产品技术标准的这种特殊性。

（二）农产品技术性贸易壁垒更具合理性、灵活性和隐蔽性

由于大多数农产品就是食品，随着经济发展和科技水平的提高，人们对食品安全性的要求也越来越高，因而，对农产品设置技术壁垒既能保护生产者的利益，也能获得消费者的支持，这就使技术性贸易壁垒在农产品领域更加具有存在的合理性。同时，农产品生产和加工的特点又增添了其技术性贸易壁垒的复杂性，许多食品安全问题是与农业自身生产特性相联系的，对其管理、控制与监测的难度远远大于工业品的生产，这就使得农产品的技术性贸易壁垒措施实施起来更为灵活，也更为隐蔽。

（三）农产品的政治内涵

农产品技术性贸易壁垒背后蕴含着深刻的政治内涵。农产品贸易的技术性限制措施，原本是为了保护国家经济安全，保护人类、动植物的生命或健康，保护环境，防止经济欺诈行为。目前技术性贸易壁垒已经成为发达国家农业保护的最主要、最有效的手段。

总的来说，随着科学技术的不断发展，贸易中涉及的各种技术问题将更加复杂，同时消费者对商品质量、卫生和安全的要求也越来越严格，对环境的要求也不断提高，而高技术含量的测试和检验检疫技术的不断发展，也给一些国家利用技术性贸易壁垒进行国际贸易限制甚至贸易歧视提供了更加便利的条件。同时，经济全球化带来的不断激烈的国际市场竞争，也使得国家间的贸易保护手段花样翻新。所有这些因素都将使有关技术性贸易壁垒问题不断升级，越来越成为影响国际贸易发展的重要因素。

二、技术性贸易壁垒产生的问题

（一）技术性贸易壁垒的实施使发展中国家产品出口受阻

随着技术的不断创新以及高灵敏检测检疫技术的迅速发展，发达国家更严苛的技术性贸易壁垒要求采取适当方式，使用更加先进的检测设备，这对一些国家实施贸易保护提供了更为有利的条件。这种通过技术性贸易壁垒的限制保护本国贸易的做法使发达国家受益良多。同时，发达国家的技术性贸易壁垒渐成体系，并在这一进程中不断完善。

（二）技术性贸易壁垒的产生使得贸易保护主义得以抬头

进入21世纪以来，贸易自由化的程度不断加深，全球一体化已成为一种必然趋势，"高关税"和"数量限制"这两种国际双边及多边贸易保护常用的形式明显受挫，WTO各成员在原则上不能通过这两种方式为国内产品市场提供保护。近年来，部分自愿性措施不断与强制性措施相结合，并以法规的名义被明确规定。

（三）技术性贸易壁垒以环保等名义掩盖其欺骗性

许多国家对于绿色经济或环保方面的要求越来越高，其中有关产品的标准也越来越严格。因此，技术性贸易壁垒便又产生了另外一种新的形式——绿色壁垒。绿色壁垒名义上是一种保护人类的健康、资源和环境的手段和方法，实际上就是用一连串对环境卫生标准和法规的严格要求和执行，想办法找出来各种各样的障碍来限制出口国的东西卖到他们的市场上，这样就能保护他们自己的产业。诸如此类表面公平、实则不公正的技术标准，必将会影响国际贸易的正常发展。

三、技术性贸易壁垒措施及其对我国农产品出口贸易的影响

（一）发达国家的法律影响

发达国家制定苛刻的法律、法规限制我国农产品的出口。大多数西方发达国家都制定了完整的保障食品安全的法律、法规和标准体系。这些法律既规范着国内农产品的生产和加工，同时也将不符合标准的国外产品挡在了国门之外。例如，日本依据《食品卫生法》《植物防疫法》《家畜传染病预防法》对入境的农产品及食品实行近乎苛刻的检疫、防疫制度。对于植物检疫，凡属日本国内没有的病虫害，来自或经过发生该病虫害国家的寄生植物和土壤均严禁进口。作为食品或食品原料的动植物、农产品还需要接受卫生防疫部门的食品卫生检查。对于强制性检查食品，要逐批进行百分之百的检验。对不同时间进口的相同商品，则规定每次必须检验；而对日本国内同类产品只需一次性检验即可。

（二）农产品受外国壁垒的制约

农产品国际贸易持续逆差。受日本"肯定列表制度"等国外技术壁垒制约，2006年前三季度我国农产品出口增速放缓，进口大幅增长，逆差规模扩大。政府、企业和行业协会等所采取的各种应对措施在第四季度方见成效，促使农产品进、出口额双增长，逆差规模缩小。

（三）包装与标签的要求升级

质量标准、食品标签和包装要求也影响着我国农产品出口贸易的发展和扩大。目前，发达国家仍然在不断升级质量检验标准，检测项目也越来越多。例如，美国是世界上食品标签要求最严格的国家之一，食品标签多达22种，且逐年修订补充。日本从前设定的进口农产品残留物限量标准是63种2470项，而实施"肯定列表制度"后则新增了51 392个限量，涉及264类食品中的734种化学品残留，同时禁止使用15种农药、兽药，这使得农产品检测项目成倍增加。日本是我国食品、农产品出口的大市场，占我国食品、农产品出口总量的32%，"肯定列表制度"的实施大幅抬高了出口技术门槛，直接影响了我国近80亿美元的农产品出口额，涉及6000多家出口企业。

（四）绿色壁垒的影响

技术性贸易壁垒最突出的表现就是绿色壁垒。绿色壁垒主要包括国际和区域性的环保公约、国别环保法规和标准、检验和检疫要求、"绿色包装"和标签要求、ISO14000环境管理体系和环境标志等自愿性措施、生产和加工方法及环境成本内在化要求等。

（五）国际技术贸易的影响

国际技术贸易的直接影响，就是农产品出口市场范围不断缩小，我国农产品主要的外贸出口集中在美国、日本、欧盟等发达国家和地区和东南亚等新兴工业化国家和地区，其中亚洲是我国主要的农产品出口市场，占出口总额的70%以上，欧洲是第二大市场，

约占出口总额的 15%，北美洲是第三大市场，约占市场份额的 8%，而这些国家和地区正是技术质量标准先进的国家（地区）。随着我国与这些发达国家进出口贸易的发展，他们对我国出口的农产品在质量和技术标准等方面要求越来越严格，技术性贸易壁垒体系也越来越健全。而我国出口的农产品很难在短时间内达到发达国家制定的标准，从而使我国农产品的出口市场范围不断缩小。

（六）现代农产品技术更新的安全问题

现代农产品的生产在运用新技术方面还存在着安全方面的问题。最典型的就是转基因食品，这一直是国际争论的焦点。美国由于占据转基因技术的制高点，对转基因食品的推广持积极态度，而欧盟和日本等国家（地区）则坚决反对，由此也引发了有关转基因农产品进口管理措施的讨论。因为各国对于转基因食品与转基因技术存在着不同的态度，使得我国农产品很难找到一条适合"大众"发展的道路，处处受挫。在面向欧洲或者美国市场的时候，不得不采取不同的经营方式、耕作模式和技术运用，这势必会增加我国农产品的生产成本，降低我国农产品在世界市场上的竞争优势。

四、我国农产品出口遭遇技术性贸易壁垒的原因探析

我国农产品出口频繁遭遇技术性贸易壁垒的原因是多方面的，其中既有自身主观的原因，也有国际方面客观的原因。

（一）国际贸易保护不断抬头

国际贸易保护主义加剧，我国劳动力资源相对丰富而又廉价，造成了我国农产品的价格低于国际市场价格。这种价格上的优势使得我国农产品能够大量进入国际市场。农产品的大量进口势必会对进口国同种行业的生存和发展构成威胁。为了对本国企业和市场进行有效保护，一些农产品进口国往往对我国农产品的进入设置障碍，特别是绿色壁垒障碍。

（二）环境保护与食品安全标准增多

基于环境保护和食品安全的卫生标准日益增多。近年来，随着人们健康意识的不断加强，人们对食品的卫生安全提出了新的要求，特别是转基因食品的安全问题。另外，人们对农产品农药含量的标准和对产品加工的技术标准也都有了新的要求。发达国家不断推出针对农产品检验的绿色规则和标准。我国农产品出口企业在短期内难以适应或满足这些标准，因此在出口贸易中常常处于非常被动的地位。

（三）知识水平限制

农产品的生产者和消费者知识水平有限，生产技术和设备落后。目前，我国农业生产和加工从业者的科学文化水平相对发达国家而言要低得多，生产技术和设备也十分落后。受自身素质的制约，农业生产和加工人员往往环保意识和安全卫生意识十分淡薄，难以进行科学的环保和安全卫生管理。另外，我国现在的农产品加工企业，大多规模较小，技术和装备落后，生产的产品难以达到发达国家的技术标准要求及商品包装和标签的规定。这些也都在一定程度上导致我国农产品在出口中遭遇到以绿色壁垒为代表的技术性贸易壁垒。

（四）农产品外贸体制不完善

随着我国进出口自主权的全面放开，国有外贸公司进出口专营的垄断局面被打破，

各种民营企业和私营组织纷纷在农产品进出口浪潮中崭露头角。但我国农产品出口还没有建立起行之有效的体制，通常的做法是拥有进出口权的贸易公司通过收购或者事先签订的订单从农村获得货源，经过进一步的加工和包装，然后出口。其弊端是生产与出口主体分离，负责生产的农民不懂出口，负责出口的经营者不参与生产。生产和出口经营主体的分离造成主体利益的不一致和交易双方掌握信息的不对称性，再加上相配套的法律法规不健全，使得双方在签订订单之初就处于不对等的地位，遭受损失的往往是农民。这在一定程度上也刺激农民寻求短期利益，片面注重经济效益而忽略产品质量，从而使得我国的农产品在出口方面处处"碰壁"，无法满足外国食品安全等相关法律的要求，遭受了巨大的损失。

（五）农产品市场信息系统不健全

由于我国现有的农产品出口企业大多规模较小，经营的产品种类也较为单一，对市场信息的了解有限，对国际市场信息的获得也比较滞后，往往造成不必要的损失。另外，整个行业也缺乏一个统一的组织机构从事市场信息的收集、整理和传递，经常是某家企业在遭遇绿色壁垒后的一段较长时间内，国内还有很多企业重蹈覆辙。

五、消除农产品技术性贸易壁垒的对策

（一）应对技术性贸易壁垒的对策

1. 加大对技术经济产业的支持和宣传力度

目前，技术性强的制成品在国际贸易商品结构中所占的比例将日益增大，绿色倾向也越来越强。随着中国经济与世界经济的不断接轨，中国需要加大参与国际标准化活动的力度，尤其是我国的大中企业，对国际产品标准要赋予更多的关注，这是打开和扩大国际市场的必由之路。

2. 完善技术法规体系

就政府而言，应完善技术标准和认证体系，为企业在国际竞争中求生存和求发展创造必要的外部条件。因此，制定统一的技术标准法规、规范各类产品的技术标准是当前我国立法的一项迫切任务。要充分利用"标准守则"的原则，制定切合我国国情的、统一的技术标准法规，尽快理顺技术法规与其他经济法规和技术标准的关系。

3. 通过技术引进跨越技术性贸易壁垒

技术性贸易壁垒本质上是国家间技术差异的具体体现。作为一个技术相对落后的发展中国家，由于我国的技术供给能力有限，要应对和跨越国外层出不穷的技术性贸易壁垒，必须十分重视对国外先进技术的引进。

4. 遭遇技术性贸易壁垒时，适当采取迂回战术

通过合资、对外投资、并购等手段，进行企业的跨国经营，利用外商的技术、生产标准、品牌和营销渠道，坚持市场多元化战略。在巩固与美、日、欧盟等发达国家和地区市场关系的基础上，大力拓展东南亚、东欧各国、拉美及中东等新市场。

5. 追求技术创新，调整产品出口结构，实施高科技发展战略

技术性贸易壁垒的实质是高科技壁垒，提高企业产品科技含量是突破技术性贸易壁垒的根本途径。为此，企业应加速提高技术水平，建立新产品的研究开发机构，加强质量管理，并采取有效的措施促使产品质量不断改进。

6. 建立实时高效的技术性贸易壁垒预警机制

首先，为了能对危机做出准确识别和早期判断，需要建立一个资料完备、更新及时、非静态的技术性贸易壁垒预警数据库和信息输送平台。其次，充分利用世界贸易组织的有关规则，对某些国家和地区的技术性贸易壁垒进行研究评价，将相关培训内容纳入企业发展规划，使企业明确自己在所处的国际贸易环境中的位置及可以有效利用的权利。第三，对以往发生过的典型案例进行深入细致的研究，并做好记录。通过不断的积累，建立一个应对国外技术性贸易壁垒的对策库，企业可以通过查阅对策库并从中吸取经验教训，找到突破技术性贸易壁垒的最佳方法。

7. 充分利用 WTO 特殊条款及重要原则，尤其是非歧视原则

TBT 与 WTO 的其他协议都遵循着世界贸易组织的一些基本原则，即包括"公平原则""非歧视原则""透明原则"的国民待遇要求，隶属于"非歧视原则"的内容。因此，应该充分利用这些原则，化劣势为优势，主动应对。这些原则可以使我国等发展中国家在一定程度上实现正常贸易，也有利于各国在政治、经济等方面实现睦邻友好，相互合作。

8. 着重建立我国技术性贸易措施体系，逐步加以完善

相对于发展中国家，发达国家起步早、发展快，较早地占用了社会资源并在此期间拥有了比较多的经验，甚至还包括了用法律法规的形式确定的标准，选择合适的时机进行合格的评定和检疫等方面。

9. 转变观念，提高绿色意识

随着社会的持续发展，在国际贸易中引入法规制度以约束、惩治污染和破坏环境的行为是一种必然趋势。发展中国家要冲破绿色壁垒，首先必须转变自身观念，提高绿色意识，顺应世界绿色趋势。必须充分认识到，低环境标准国家的资源会加速退化，环境污染加剧，并最终导致竞争力的进一步下降。而高环境标准国家将会从善待环境的技术和产品中获利，从而在环境保护产业领域占据优势地位，在国际贸易中更具竞争力。

10. 有理、有力、有节地反对绿色贸易壁垒

要辨证地看待绿色贸易壁垒，判断其合理与否的依据是世界贸易组织《卫生与植物卫生措施协议》。依据该协议，世界贸易组织成员对进口动植物设置的合理的绿色壁垒，要适应和改革；反之，则要有理、有力、有节地反对，经过磋商解决。

11. 建立与完善本国的农产品质量标准体系

谁控制了技术标准，谁就掌握了进入市场的主动权。因此发展中国家必须加快建立和完善自己的绿色食品技术标准、认证和检测体系。对农产品的生产和销售实施全过程管理及检测，确保食品达到标准和保证质量，积极促成农产品向规范化、标准化、法制化方向发展，打通农产品的"绿色通道"。

12. 中国农产品突破技术性贸易壁垒的限制

政府和企业共同努力。政府应努力营造公平、健康、可持续发展的贸易环境，积极引导和帮助国内企业提高技术、服务和管理水平，以应对国外的技术性贸易措施；企业面对形形色色的技术性贸易壁垒，应尽快了解《技术性贸易壁垒协议》的规则，加快技术创新。主要包括：①加快信息网络建设，建立和完善技术性贸易壁垒预警机制；②重视双边与区域合作和协调机制，积极推行与国外权威认证机构的相互认可机制；③实施标准化战略，构建完善的农产品技术法规和标准体系；④加快建立和完善绿色食品技术标准、认证和检测体系；⑤企业加快技术创新步伐，提高技术创新能力。

13. 完善农产品出口模式，降低我国农产品在对外贸易中受绿色贸易壁垒的制约

面对这样的形势，我国农产品出口行业要努力调整产业结构，提高优质农产品生产比例，优化产业价值链；强化出口经营企业的联合，建立集团公司，提高专业化、规模化、集团化水平，不断增强市场开拓能力，尽可能实现农产品生产、加工、出口一体化，完善农产品的出口经营模式。加强农产品的生产者和经营者的沟通与交流，建立有效的约束机制，把生产者和出口者的目标利益统一起来，从而健全农产品出口体制，共同提高对绿色壁垒的应对能力。

（二）微观层面的对策建议

（1）提高中小企业的研发能力，加强产品创新。中小企业积极与高校、科研机构开展合作交流活动，建立起三方合作、优势合作、共同科研、利益共享的产品创新机制，确保开发出的新产品符合中小企业实际需要，促进中小企业以产品创新领先优势取得市场竞争优势。

（2）充分运用质量认证系列标准保护国内市场和经济安全，提高中小企业核心竞争力。质量认证系列标准反映了当代生产技术发展的水平，积累和综合了先进的科技成果，容易得到各国的认可。而且按照质量认证标准生产的产品，质量高，具有竞争力，在国际市场上比较容易穿透技术性贸易壁垒。我国在标准化方面起步较晚，质量认证标准的采标率较低，远远不能克服和消除技术性贸易壁垒。因此，要提高标准引用质量，引用标准时要注意该标准的修订情况和最新版本，做到动态引用。

（3）中小企业技术创新应随我国质量认证政策的变动而变动，向个性化、特殊化发展。中小企业受到国家标准化和达标论证式的质量认证体系的限制，缺乏根据市场变化进行产品改革和创新的意识。我国质量认证体系应该从国家标准化向特殊化、个性化的标准创新发展，重视从达标论证式标准向顾客满意度评价标准的需求方向发展。中小企业技术创新也应该灵活机动，以顾客的需求为目标，向个性化、多样化发展。

（4）按照 ISO14000 系列标准提高中小企业环境效益，树立绿色意识，倡导绿色创新。中小企业经营过程中应同时兼顾经济效益与环境效益，与环境和谐发展。中小企业要树立绿色意识，在选择产品和技术时，应尽量减少商品中不利于环境保护的因素。把商品及劳务推向市场的过程中，降低污染。同时对市场现有产品进行调查研究和细致剖析，开发绿色产品。中小企业对现有产品的绿色创新处理应做到：产品设计与开发要注意增加再生资源开发和利用，减少非再生资源开发和利用，设计节省原材料和能源易回收利用的产品。设计和生产清洁产品，包括满足人类健康、安全的低污染或无污染的产品。对于不得不污染环境的产业，也要确定在环境净化容量以内的排污量。

（三）宏观层面的对策建议

（1）降低中小企业认证门槛，调节质量认证收费制度，减轻中小企业的负担。对于想要进行产品创新和工艺创新的企业，政府在政策上给予相应的优惠；促进我国质量认证的发展，控制和降低质量认证的成本，降低中小企业质量认证的门槛。

（2）加强政府间国际合作，统一各国质量认证系列标准。消除地区间质量认证发展的不均衡，必须有效地形成质量认证在发展中国家与发达国家间的利益均衡机制网。通过进一步加强国际合作，特别是政府间合作，将质量认证作为政府间国际合作的重要内容，使质量认证的开展同步于国际上普遍关注的绿色认证发展，关注 ISO14000 认证的发展和国际交流，实现我国质量认证的国际化进程。

（3）建立和健全我国的质量认证贸易壁垒服务体系，完善协助和监督功能。政府对于质量认证贸易壁垒构建的服务体系是一个有效应对质量认证这一贸易壁垒的系统，是协调政府、行业协会及企业，规范应对我国质量认证体系而建立起来的统一体，以维护我国不受贸易壁垒的损害和威胁，使得我国中小企业技术创新的成果受到保护。

（4）积极采用国际质量认证标准，致力于掌握制定国际质量认证标准的主动权。超一流企业卖标准，一流企业卖技术，二流企业卖产品，三流企业卖劳力。我国政府应该由首先立足考虑国内标准，转向最大限度地掌握国际标准，尽力将我国质量认证标准纳入国际标准中，致力参与 ISO、IEC 各种标准的制定，特别是在国际标准制定、修订方面，积极争取承担起草工作，借以保证国际标准充分体现本国利益，或将本国标准纳入国际标准，积极倡导在世界范围内采用，以保护、发展自己的产品，使创新的产品和生产工艺打入并占领国际市场。

第三节　农业国际标准化

一、农业标准化在国际农业贸易中的重要作用

农业国际标准化是农业国际贸易自由化的重要前提，是一国农产品进军国际市场的重要手段。推行农业标准化有利于提高产品质量，规范市场秩序，促进农业贸易，同时拥有先进合理的农业标准有助于在竞争中享有主动权。农业标准和技术规范是保护本国农产品市场的重要技术措施，可以在农业国际贸易实践中实现创新和发展。

农业标准化在国际农业贸易中具有重要作用。

（一）农业市场化是标准化促进农产品国际贸易的前提与基础

农业标准是市场经济发展的产物，来自于市场。因此，其可以沟通市场与农业，促进农业标准化。它可以增强农民的市场观念、市场意识，使企业和农民更加懂得依靠科技进步、实行标准化生产、提高农产品质量是走向市场的成功指南；它有利于将千家万户的农民组织起来进行规模经营和规范管理，为农业企业化、产业化经营提供可能，促使我国农业国际贸易主体向多元化迈进。标准化是服务于生产、服务于企业和农民的，是农业发展的重要工具。它既是农业科技的催化剂，又是农业科技成果的传媒。它使整个农业生产过程更加科学化、规范化，并迅速向高产、优质、高效方向迈进，推动农业产业升级；它促进劳动者素质的提高，普遍提高农产品的产量和质量，逐步走上集约化经营的道路；它有利于消化、吸收和创新从国外引进的优良品种及农业先进技术、仪器设备、机械等，从而提高农业国际竞争力。

（二）农业标准化是解决国际贸易中信息不对称的一个工具

生产者比消费者更多地拥有产品的"私有信息"，如生产环境、生产过程、产品成分、性能等信息。这就会产生所谓的信息不对称和"逆向选择"行为。结果是整个产品市场萎缩，损害生产者、消费者和整个社会的利益。有效的途径是通过第三方独立的质量见证，来保证生产者向外界传达信息的真实、准确。农业标准出现之前，没有统一的

标准和管理规程及质量认证，信息不对称要求消费者到现场逐个看货，逐个定价成交，因此农产品国际贸易中也存在信息不对称和"逆向选择"行为。农业标准化及达到了国际标准和水平的检测方式、方法和结果，就像一面镜子，将产品的信息如实地反映出来，并在贸易双方传达，能简化交易手续，节约流通时间和检测费用，提高交易效率，降低交易成本。尤其是双方都能接受和认可的标准有利于消除信息不对称产生的"逆向选择"行为，建立起生产者和消费者之间的信任关系，完成商品交易。

（三）农业标准化是农产品进入国际市场、参与竞争的"绿卡"

1. 标准的本质

标准是个载体，背后是具有变迁和扩张性的资本和强大势力，资本的张力能带动科技和管理从高到低流向的潮汐涌动，从而提供农产品科技含量和竞争力；每一项标准后面，都承载着生产者对消费者、社会、自然的承诺；标准是一把尺子，蕴含着领先技术、管理和实践经验，是对产品安全、卫生、质量等诸指标的综合规定，是市场和消费者需求的全面反映，体现了原则和公平。标准有强制性和规范作用，有害消费者和大自然权益的商品不会畅通无阻。

2. 质量是农业标准和国际贸易的纽带

随着人们收入的增长和环保意识的增强，质量在市场和竞争中被赋予了崭新的内核，并得到世界范围的认可。质量与标准形影不离。标准被用来组织和调控农产品的经营、生产、加工和销售等环节，提升农产品的质量和档次；农产品的异质性决定的等级标准、分级制度和优质优价原则，有力地刺激了生产者生产优质农产品的积极性，进而促进农产品质量升级，提高优质农产品比率和增强其出口竞争力。因此，只有以标准化为基础，才能提升我国农产品竞争力的核心因素如质量、成本的水平，打开和占领国际市场，促进农业国际贸易的发展。

3. 品牌是质量的代名词

市场经济条件下，打造品牌是跻身于国际市场的有效途径。标准是农产品品牌建设的基石，标准化是农产品创名牌的必由之路。信息标准化是树立品牌的前提和基础，要创立农产品品牌，首先要把握农产品市场律动的脉搏，对资源、科技、生产经营、配套服务体系等进行充分论证。按照标准要求进行农业生产，是提升农产品品质、使之成长为品牌的技术基础。要求从优良品种、养殖技术，到农产品加工质量、包装贮运及生产资料供应和技术服务，全面实行标准化的生产与管理。标准化还有利于品牌的维护。因此，品牌是农业标准的积累和证明。品牌的出路在于"质量管理"。

4. 拥有先进的农业标准可以在竞争中占据主动

一个国家的农业标准在国际上是先进和有信誉的，无论是进口还是出口，在竞争中总是会处于主动地位。如日本，当其农业标准在国际市场上有竞争力时，他们便按 JAS 组织生产，同时日本出口商要求尽快以农业国际标准取代那些进口国的农业国家标准。发展中国家为了争夺国际市场，常常采用发达国家、特别是进口国家的农业标准进行生产，从而有利于消除技术性贸易壁垒，以增强本国农产品的国际竞争力。国际贸易发展的一个重要基础就是标准的对接。没有合格标准的农产品进不了国际市场，终将失去国际市场。我国农产品由于国外苛刻的技术标准要求而不能进入国际市场的例子很多。例如，我国牛肉就不能进入欧盟市场，龙眼、柑橘、苹果、香梨不能进入美国市场，日本对我国鳗鱼、冷冻蔬菜、禽肉等的禁令等。

5. 农业标准是保护本国市场的"防御工事"

打破贸易壁垒和技术壁垒是标准的"矛"的作用，农业标准还有"盾"的保护作用。发达国家和新兴的工业化国家凭借其贸易大国的地位和先进的技术优势，假借农业标准的差异，高筑技术标准、技术法规、技术认证等技术壁垒阻止发展中国家商品出口。技术壁垒就是高标准、苛刻的标准。它具有隐蔽性强、透明度低、不易监督和预测等特点，是阻挡外国商品进入本国市场的屏障。美国就曾于20世纪60年代修改了市售番茄的标准，将绿色和成熟番茄直径尺寸改小，从而阻止了墨西哥的大个番茄进入美国市场，促进了本国番茄的生产和销售。我国农产品要参与国际竞争，有必要制定出具有中国特色的农业标准和技术规范，以阻止低质、劣质产品蜂拥而入，也是防止病虫害入侵、合理保护资源和农产品的需要，还可以相应增加对手的成本，削弱其竞争力。

（四）标准化有利于协调和仲裁国际争端

国际标准为技术协调提供了有效的途径。国际标准本身是通过标准制定的"协商一致"原则协调过的技术要求。贸易双方关于农产品质量问题发生的争议，一般不应也无法拿到法官面前去争论。而国际上通常的做法是在实验室进行分析测试，并依据共同的农业标准进行仲裁。标准为解决农业国际贸易纠纷创造了公正的条件。我国国际标准采用率低是制约农产品出口和出现国际贸易争端的一个原因。

二、国际农业标准的制定

（一）ISO农业标准是国际贸易的主要标准依据

国际标准化组织（ISO）是世界上最大、最有影响力的国际标准制定机构。ISO的224个技术委员会（TC）中有3个TC负责农业标准制定工作。TC23有28个成员和35个观察员，分成11个分委员会（SC）共同制定了农作物耕作、灌溉、防护、收获和贮藏等农用机械国际标准260项。TC34有43个成员和37个观察员，分成13个SC，共同制定了农业动植物产品及其加工制品586项食品国际标准。TC190有19个成员和31个观察员，分成6个SC，制定了化学、生物、物理方法和土壤质量等内容的51项土壤质量国际标准。

（二）WTO/TBT协议是成员方共同遵守的非关税壁垒措施

WTO/TBT协议是在1974年4月达成的第一个技术性贸易壁垒协议（GATT/TBT）的基础上，于1994年3月重新修改的正式文本。它通过技术标准、认证制度、检验制度等方式以确定实现各成员方的正当目标：①国家安全；②防止欺诈行为；③保护人身健康和安全；④保护动植物的生命和健康；⑤保护环境。WTO/TBT的标准是推荐性的，但标准被某一成员方引用为强制要求时，就成为各成员方共同遵从的技术法规。为保证国际标准的合理性，WTO/TBT附件3制定了《良好行为守则》：①一视同仁的国民待遇原则；②不故意提高标准的公平竞争原则；③国际标准化机构、区域标准化机构之间相互统一的协调一致原则；④相互通报标准变动的透明性原则。

（三）CAC标准是全球食品生产者、经营者、消费者和管理机构最重要的基本参照标准

联合国粮食及农业组织（FAO）和世界卫生组织（WHO）分别通过了食品法典委员

会（CAC，Joint FAO/WTO）负责协调制定的农产品和食品标准、卫生或技术规范、农药残留限量、污染物准则、添加剂和兽药的评价准则。从保护消费者健康与安全、保证农产品和食品的国际贸易免受非公平贸易影响的角度出发，CAC 要求各成员方在国际贸易中的农产品和食品中不得含有毒、有害或有损健康的任何成分，不得含有不洁、变质、腐败、腐烂或致病的物质及异物，标识不得有错误、误导内容，不得掺假，不在不卫生条件下加工、包装、贮藏、运输和销售。

三、我国农产品国际贸易的特点

现阶段，我国农业正朝着集约化方向发展，农业标准化恰恰契合了新时期政府部门应用科学技术指导农业生产与农村经济发展的需要，在保障农产品质量安全、规范农业生产过程、增加农村居民收入、保持生态平衡等方面有着重要作用，农业标准化工作得到了里程碑式发展，"标准化＋"拓展了新领域、标准化改革取得了新突破、标准国际化迈上了新台阶。我国成功承办第 39 届 ISO 大会以后，在 ISO 等国际标准组织中担任领导职务的次数和机会逐渐增多，表明我国正努力朝着国际化的方向前进。因此，要保持与 ISO、CAC、国际植物保护公约（IPPC）等国际标准组织间的交流合作，更加深入地参与到国际标准的修订、制定当中，利用农业标准网络化平台，及时、有效、准确地收集最先进的标准信息，提高我国农业标准的质量，提升我国农业标准的国际影响力，创建具有中国特色的标准品牌。

我国农产品贸易总体的变化特点如下。

1. 农产品贸易额持续快速增长，贸易逆差迅速扩大

20 世纪 90 年代末，我国农产品贸易额基本维持在 250 亿美元左右，出口额约为 150 亿美元，进口额约为 100 亿美元。自加入世界贸易组织以来，我国农产品贸易由此前的徘徊状态转为快速增长。2001～2011 年，农产品贸易总额由 279 亿美元增加到 1557 亿美元，增加了 4.6 倍，年均递增 18.8%。进口额由 119 亿美元增加到 949 亿美元，增加了 7 倍，年均递增 23.1%；出口额由 161 亿美元增加到 608 亿美元，增加了 2.8 倍，年均递增 14.2%。由于近几年来农产品进口增速快于出口，从 2004 年起，我国农产品贸易由加入世界贸易组织前 50 亿美元左右的长期顺差转变为连续逆差，且逆差呈快速增长态势，2008 年和 2010 年先后超过 100 亿美元和 200 亿美元，不断刷新历史记录。2011 年，农产品贸易逆差急剧扩大到 341.1 亿美元；2012 年第一季度，我国农产品进口延续上年的持续快速增长态势，达到 258.5 亿美元，同比增长 29.3%；贸易逆差达 113.8 亿美元，同比扩大八成。

2. 土地密集型农产品进口迅猛增长，劳动密集型农产品出口稳定发展

自加入世界贸易组织以来，随着市场开放程度的提高、国内国际两个市场融合程度的加深以及出口能力的增强，农产品进出口结构日益符合我国农业比较优势状况。油菜籽、植物油、棉花等土地密集型农产品进口快速增加，三种产品进口额占农产品进口总额的比例由 2001 年的 32.7% 提高到 2011 年的 54%。出口方面，水产品、蔬菜、水果等劳动密集型农产品出口稳定发展，三者出口额占农产品出口总额的比例由 45.6% 提高到 57.7%。进口土地密集型农产品、出口劳动密集型农产品的趋势在主要农产品贸易盈余变化方面表现得尤为明显。2001～2011 年，油菜籽、植物油的净进口额分别由 25.8 亿美元和 5 亿美元扩大到 299.7 亿美元和 100 亿美元；棉花由 0.1 亿美元的净出口额变为 93.9

亿美元的净进口额；水产品、蔬菜、水果的净出口额分别由 23 亿美元、22.6 亿美元和 4.5 亿美元增长到 97.8 亿美元、114.2 亿美元和 24.2 亿美元。

3. 农产品进口价格在波动中大幅上涨，进口产品涨幅显著高于出口产品

加入世界贸易组织以来，我国优势农产品出口价格总体呈稳中有升态势，波动不大，多数年份都低于 20%。相比之下，大宗农产品进口价格则大幅上涨：大豆进口平均价格在 2004 年、2007 年和 2008 年分别比上年上涨 32%、40.5% 和 56.7%；食糖进口价格 2001 年、2006 年和 2010 年分别上涨 47.3%、44.8% 和 44.3%；奶粉进口价格 2007 年上涨 53.4%，2010 年上涨 42.3%。主要进口农产品的价格涨幅大于出口农产品价格涨幅。

4. 与自贸区伙伴和新兴市场之间的贸易快速增长，但市场集中度依然较高

加入世界贸易组织初期，我国农产品进出口市场高度集中。农产品出口主要集中在日本、中国香港、韩国等周边国家（地区）以及欧洲、美国等发达国家（地区），其中日本市场占我国农产品出口额的比例保持在 1/3 左右。农产品进口主要来源于美国、澳大利亚、阿根廷、欧盟。近年来，我国与新兴市场经济体和发展中国家不断加强沟通交流，建立了多个贸易促进平台，持续推进贸易便利化，促进了相互之间农产品贸易的发展。我国与巴西、墨西哥等南美国家，乌克兰、俄罗斯、土耳其等中亚国家，以色列、沙特阿拉伯等中东国家，埃及、南非等非洲国家的农产品贸易增长迅速，与这些国家的农产品贸易增长率普遍高于我国农产品贸易的总体增长率。随着我国与东盟、新西兰、智利、秘鲁自由贸易协定的实施，自贸区效应逐渐显现，双边农产品贸易快速增长。在这种背景下，我国农产品出口市场逐渐多元化，但出口集中度仍较高，2011 年对日本、欧盟、中国香港、韩国、东盟、美国等前六大市场农产品出口额占出口总额的比例仍高达 75.6%。进口方面，由于主要进口产品产地集中等原因，进口市场的集中度不降反升，2001～2011 年，自美国、东盟、澳大利亚、阿根廷、欧盟、巴西等六大进口来源地农产品进口额占农产品进口总额的比例由 71.1% 提高到 76.9%。

四、运用农业标准化推动我国国际贸易发展

1. 敲开国际市场之门

标准化就是国际化，制定和实施农业标准就是解决"市场准入"问题，制定统一的、多领域的、全过程的先进标准是将农产品领入国际市场的"通行证"。应做到以下几点：①把农业标准化渗透到农业产业化全过程中。通过实行统一标准、统一产品规格、统一质量，逐步创出独特品牌，并形成产业化。②积极争取国际标准化组织如 ISO9000 和 ISO14000 质量体系认证。争取更多的企业和产品获得国外注册。③标准化生产示范基地和龙头加工示范企业可以起到"航空母舰"的作用，其承载力强、带动力强、攻击力强、外向性强。基地和企业的跨国化可以入地随俗，绕开壁垒，顺利进入国际市场。

2. 捅破"绿色壁垒"之网

要想打破壁垒，必须做好以下工作：①尽快建立并完善我国以技术壁垒、绿色壁垒为主要内容，符合世界贸易组织规则的贸易保护措施，健全反倾销、反补贴等保障机制，增强自我保护能力。②发展绿色农业食品产业。按照标准和技术规范指导出口基地和农户生产有机食品、绿色食品。积极推行动植物疫病综合防治技术，建立健全农产品质量安全信息体系，加强农药和防疫监控、标准加工、绿色包装等。③实施农产品出口市场

多元化、产品多样化、时间均衡化战略。在巩固现有市场的同时，开拓新市场，寻找新的合作伙伴；要注意特定农产品、特定市场的标准。不同区域、不同目标国、不同消费水平和生活习惯等对农业标准必然有质量、规格、等级方面要求的差别，提高标准的瞄准性，使相应标准具有灵活性、差异性、针对性和替代性等；可以选择合适的区域和细分市场，创办跨国公司，建立国际性营销网络。④发展行业协会，帮助农户和企业冲破国际贸易壁垒。行业协会有指导咨询作用，按收集的国外市场信息和标准信息指导生产、加工、包装、运输等；行业协会通过行业自律约束，保证质量，维护品牌，制止行业恶性竞争；行业协会的组织作用体现在组织技术和信息交流、攻克技术难关、劳动力技术培训等方面。

3. 接通国际标准之轨

追踪农业国际标准和国外先进的标准，不断调整农产品质量指标。要重视情报信息工作，建立以国内技术对口单位和企业为主体的国际标准跟踪制度，动员和带领企业积极投身国际标准化活动。在跟踪活动中，不仅要学习和引进技术法规，而且要吸收农业技术、农副产品加工、包装、贮运等符合国际贸易需要的标准；不仅要引进标准体系，还要学习管理方法。同时，要灵活引进，或直接运用，或修订转化，或过渡试用等。要根据动态及时调整指标，保持其相应质量的代表性。

积极开展国际标准化交流与合作，将我国的先进标准推介出去，让其他国家了解我国的标准体系。继续开展农业标准化重点项目的科学研究，组织开发相应的"农产品采标数据库"，为我国主要农副产品采标及与国际标准接轨提供技术支持，利用科研院所、大学的现有设备和力量，创新方法。着重加强国际上空白或薄弱领域的研究，使我国在这些领域的标准有发言权，将我国在国际上处于领先地位的科研成果和重大技术创新及时转化为技术标准，并推荐为国际标准。

联合发展中国家，积极参加谈判，制定出符合发展中国家的合理的多边贸易规则、积极参与国际标准互认，以取得通往国际市场的通行证。

第四节　农业国际贸易标准化案例

一、农业国际贸易案例

在过去的对外贸易中，我国是一些发达国家名目繁多的卫生和检疫措施的直接受害者，有不少农产品和食品因不符合发达国家过于苛刻的卫生、检疫措施而遭拒收、卡关甚至退关或销毁，造成贸易障碍和重大经济损失。例如，我国出口到日本的大米，日方规定的检验项目多达56个，其中有90%以上是卫生和检疫措施项目（一般为9个项目）；我国输入日本的家禽，其卫生标准要求竟高出国际卫生标准的500倍；出口至德国的蜂蜜因为不能满足进口方的特殊卫生要求，使输往德国的3万多吨蜂蜜不得不停止出运而一度退出欧洲市场；出口至欧共体国家的冻兔肉也因卫生标准不符合进口方过于苛刻的规定，而被迫退出市场；出口至美国的陶瓷产品（稻草包装）因与美国植物检疫措施有违而被勒令销毁；因某一规格的蘑菇罐头有不符合检疫的嫌疑，而使我国几百家生产企业出口至美国的所有蘑菇罐头全部遭卡关，连已在美国市场上销售的也全部被撤下来，其损失是巨大的。因此，在当今的农产品、食品贸易中，发达国家采取苛刻的卫生、检疫措施，是他们构筑非关税贸易壁垒的一个重要方面。

（一）案例一　蜂蜜的出口

1. 背景

蜂蜜是我国传统出口商品。1996年出口量约为10万t，其中40%销往欧盟国家，年创汇达1.1亿美元，居世界首位。由于诸多原因，1997年的出口量下降到4.8万t，1998年出口量进一步减少。蜂蜜产品直接涉及人类安全卫生，各国对此十分敏感。自20世纪80年代日本提出蜂蜜中抗生素限量要求，90年代初欧洲提出杀虫脒的限量要求后，我国对养蜂技术做了许多改进，停止使用杀虫脒等高残留量的敏感药品。但是，由于卫生监控体制不够健全，一些蜂农对抗生素、螨克等药物使用量、使用方法不当，出口蜂蜜中残留药物超标现象没有从根本上消除。欧盟是我国蜂蜜的主要销售市场，在当前我国蜂蜜出口不景气的情况下，欧盟又将蜂蜜列为80%的植物性产品和20%的动物性产品，并依据其1996年4月29日制定的96/23EC指令性文件，实施对蜂蜜产品的卫生监控计划，对四环素、链霉素、磺胺、螨克等药物和杀虫剂提出严格的限量要求。此外，还要求对苯酚、硫黄、C13、酵母菌等进行检验控制，这使我国出口蜂蜜面临前所未有的严峻挑战，蜂蜜出口屡遭壁垒，给蜂蜜出口企业的发展带来了严峻的挑战。2015年11月，"蜜蜂与人类健康创新峰会"提出中国蜂业发展必须走创新之路，如何解决蜂蜜出口频繁遭遇壁垒成为亟待解决的问题。通过推进标准的实施，蜂蜜出口正在走创新的道路，逐步树立"中国蜂蜜"品牌形象，向世界营销中国蜂蜜。

2. 案例分析

1）发达国家希望"保护"国内市场，制约了我国蜂蜜产品的出口

日本、美国、欧盟是我国蜂蜜主要的出口地，也是我国蜂蜜出口遭遇贸易壁垒最多的国家（地区）。近年来，随着我国经济的迅速发展，参与经济全球化、一体化的能力日益增强，"中国崛起"使部分国家感到不安。尤其是我国蜂蜜产品以其价格比较优势，逐渐占领了日、美、欧三大市场。

统计数据显示，2015年10月，我国天然蜂蜜出口数量为14 085t，金额为2861.3万美元。2015年1～10月，我国天然蜂蜜出口价格基本保持在2000美元/t，同期，越南对美国蜂蜜出口价格约为3000美元/t。然而，这三大市场虽然标榜倡导自由贸易，但出于对本国产业的"保护"，对我国蜂蜜出口企业的反倾销、歧视性待遇频发。以美国为例，为保护本国蜂蜜产业，相继出台了一系列贸易保护措施，最为突出的就是对从我国进口的蜂蜜征收高达25.88%～183.8%的反倾销税。

整体而言，我国蜂蜜出口产品存在一定的技术性问题，如药残留超标等，但针对我国蜂蜜产品如此频繁的反倾销调查，是保护本国蜂蜜产品的一种手段。我国蜂蜜产品频繁遭遇反倾销调查，既耽误了我国蜂蜜在国外的销售时间，又动摇了出口信息。在全球经济自由化背景下，我国必须提高国际话语权，才能有效遏制发达国家为"保护"国内市场的反倾销、歧视性调查。

2）我国蜂蜜产品出口秩序混乱，导致在国际市场中遭遇反倾销征税

近年来，我国蜂蜜出口量保持着20%以上的增速，但从国内出口市场来看，秩序混乱是导致我国蜂蜜产品出口频繁遭遇贸易壁垒的原因之一。一方面，我国出口蜂蜜产品

成本计算不合理。目前我国蜂蜜产品的价格计算公式为"劣等地的生产价格＋利润"，导致价格相对低廉。

2015 年，我国蜂蜜出口价仅为同期越南蜂蜜出口价的 2/3。而国际市场上，则通常以中等地甚至优等地的生产价格为标准。另外，我国蜂蜜出口缺乏统一的管理。无论是政府部门还是行业协会，对蜂蜜出口数量、出口对象都没有合理的管理体系，导致蜂蜜商在国际市场上肆意竞争、低价竞争。我国蜂蜜产品出口价格越来越低，导致在国际市场上频繁遭遇反倾销征税。例如，2015 年 5 月，美国商务部就对我国蜂蜜做出了反倾销行政复审仲裁，核定我国蜂蜜出口企业的普遍税率为 2.63 美元/kg。

3）我国蜂蜜出口企业不能积极应诉，导致贸易壁垒愈演愈烈

我国蜂蜜出口企业中，中小企业居多，在面对国外恶意反倾销调查时"畏难"心理作祟，不能做到积极应诉。例如，对国外法律、法规不熟悉，底气不足，或者不愿支付高额的官司费用，尤其是部分企业指望搭"便车"，坐享其成。我国蜂蜜出口企业不积极应诉，无形中给予国外贸易壁垒集团更多的借口。对于中国蜂蜜企业而言，最终结果要么是丢掉市场，要么是保住市场丢掉利润。

数据显示，我国蜂蜜出口企业在遭遇贸易壁垒时，仅有 18% 左右会积极应诉，更多的是消极以待。例如，2014 年我国蜂蜜倾销事件后，起诉方律师抓住中国企业不愿应诉的弱点，鼓励美国对其他行业提起反倾销诉讼，继而发生"连锁反应"，给我国企业带来了数以亿计的损失。据统计，2014～2015 年，美国对我国反倾销案件共计 14 起，除蜂蜜外还包括葡萄酒、自行车、靛蓝染料等行业。

4）贸易壁垒针对性加强，限制我国蜂蜜产品市场份额

我国蜂蜜产品在全球市场中的占有率达到 25% 以上，多年蝉联全球首位。近年来，在我国经济崛起的背后，发达国家纷纷对我国产品采取针对性的贸易壁垒。2015 年，我国蜂蜜出口的欧盟和日本两大市场以四环素、胺素等抗生素含量过高为由，对我国蜂蜜产品实行封关。我国蜂蜜产品在欧盟、日本市场的份额分别从原有的 36%、28% 降至13%、14%，阿根廷已逐步取代我国在国际市场的主要地位。

（二）案例二　中国—欧洲冻虾仁遭退货案

1. 背景

浙江舟山出产的冻虾仁以个大味鲜而闻名海内外，欧洲是其多年的传统市场。2005年，舟山冻虾仁突然被欧洲一些公司退货，并要求索赔。究其原因，原来是当地检验部门从部分舟山冻虾仁中查到了 0.2×10^{-10} g 的氯霉素。冻虾仁里哪来的氯霉素？浙江省有关部门立即着手调查，发现问题出在加工环节上。剥虾仁要靠手工，一些员工因为手痒难耐，用含氯霉素的消毒水止痒，结果将氯霉素带入了冻虾仁，造成大量退货。

2. 案例分析

我国的绿色食品规范化起步于 20 世纪 80 年代末，尽管目前已形成了由各级绿色食品管理机构、环境监测机构、产品质量监测机构组成的工作系统，建立了涵盖产地环境、生产过程、产品质量、包装储运、专用生产资料等环节的技术标准体系，但绿色食品的数量和产值仍然偏低。其根本原因在于我们长期在农业生产上片面追求数量，忽视了对农产品质量的要求。我国加入世界贸易组织之后，质量将成为绿色食品的生命和市场价值所在，必须严格执行科学的绿色食品标准，确保质量，以质量促发展，才能保障我国

农产品在国际竞争中的地位，否则是无法抗拒"洋产品"挑战的。

从"冻虾仁"事件中吸取了教训，浙江省开始制定一系列鼓励发展绿色食品、打击危害食品安全活动的措施；浙江省农业厅制定了浙江省绿色食品标准，动员越来越多的农户自觉地参与绿色食品的开发。杭州市对肉猪实行强制性尿检，凡发现有"瘦肉精"等激素的，一律不准上市，并对责任人加以处罚。

（三）案例三　1980 年反倾销调查（中国连续 21 年成为全球遭遇反倾销调查最多的国家）

1. 背景

1980 年，美国对我国薄荷醇发起第一起农产品反倾销调查，之后，针对农产品的反倾销呈现增长趋势。截至 2015 年 12 月 31 日，针对中国出口的农产品，共有 15 个国家和地区提起 54 起反倾销调查，7 个国家和地区提起 9 起保障措施调查，1 个国家提起 1 起 337 调查，2 个国家和地区提起 2 起反规避调查，2 个国家提起 2 起反补贴调查。针对中国农产品的贸易救济调查达到 67 起，涉及 34 种商品。涉及反倾销商品包括鬃刷、塑编袋、罐头、桃罐头、番茄罐头、花生仁、蘑菇罐头、菠萝罐头、大蒜、木衣夹、复合木地板、蜡烛、烟花、松香、薄荷醇、香豆素、蜂蜜、小龙虾、苹果汁、暖水虾、糖水梨、各种刷、羽绒原料、油鞣革、冷冻草莓、干酵母、面粉、木地板、橘子罐头、高强度木地板、浓缩大豆蛋白等 32 种，涉及保障措施商品包括大蒜、竹木地板、橘子罐头、冷冻草莓、松香、烟草、焦糖、葡萄糖等 8 种，涉及 337 商品包括复合木地板等 1 种，涉及反规避商品包括石油蜡蜡烛、香豆素等 2 种，涉及反补贴商品包括木地板、暖水虾等 2 种。据不完全统计，涉案产品金额达到 226 325 万美元。2016 年上半年，我国出口产品遭遇 17 个国家（地区）发起的 65 起贸易救济调查案件，同比上升 66.67%，涉案金额 85.44 亿美元，同比上升 156%。

2. 案例分析

1）外国对华反倾销的特点

（1）倾销指控的次数多、频率快、国家多。自 1979 年欧共体发起第一起反倾销调查案以来，我国受到越来越多的反倾销指控。2000 年底，共有 29 个国家和地区对我国商品提出反倾销调查，涉案数 412 起，其中欧盟 99 起，美国 78 起，印度 38 起，澳大利亚、阿根廷、南非、墨西哥 4 国对华反倾销均超过 20 亿美元。2002 年，我国产品共遭遇反倾销调查 509 起，遭遇保障措施 46 起，两者共高达 555 起，涉案金额超过 500 亿美元。2009～2012 年，我国共遭受贸易救济调查 328 起，涉案金额 531 亿美元；2013 年（至 12 月 24 日），19 个国家（地区）对我国发起贸易救济调查 89 起，涉案金额 36.19 亿美元；2014 年，22 个国家（地区）对我国出口产品发起 97 起贸易救济调查案，涉案金额 104.9 亿美元；2015 年，我国遭遇来自 22 个国家（地区）发起的贸易救济调查 85 起，涉案金额 80 亿美元；截至 2016 年，我国已连续 21 年成为全球遭遇反倾销调查最多的国家，连续 10 年成为全球遭遇反补贴调查最多的国家。2016 年上半年，针对中国产品的反倾销、反补贴等贸易救济调查更如疾风骤雨，平均每月超过 10 起，差不多三天一起。2016 年上半年的 65 起贸易救济调查案中，反倾销案件达 46 起，占比约 70.8%；在 2015 年、2014 年和 2013 年，反倾销案在总案件数中

---

① 337 调查是指美国国际贸易委员会（USITC）根据美国《1930 年关税法》第 337 节（简称"337 条款"）及相关修正案进行的调查，禁止的是一切不公平竞争行为或向美国出口产品中的任何不公平贸易行为

的占比分别为 73.5%、60% 和 69.4%，均高出反补贴和保障措施的案件。

截至 2016 年，曾对我国出口商品提出反倾销的国家近 40 个，其中 80% 的案件由发达国家提起，以美国、欧盟等最多；近几年来，一些发展中国家如智利、泰国、尼日利亚等也加入了对华反倾销的行列，并有愈演愈烈之势。国外对我国的反倾销给我国带来了巨大的经济损失，每年对我国外贸的整体影响为 1400 亿～1500 亿美元；几十万人潜在失业。

（2）被诉倾销产品范围扩大、反倾销税高。西方国家只要认为危害或将要危害到其本国竞争力的产品，都列为反倾销产品的范围。我国被诉产品从最初的轻工、纺织等传统商品，扩大到机械、电子等新兴出口商品。尤其是美国的特别 31 条款和超级 31 条款，相继把保护的范围由一般商品扩展到劳务、投资、知识产权等，其可诉的范围还有进一步扩大的趋势。

我国商品被征收的反倾销税明显偏高。西方一些国家对我国征收的反倾销税税率非常高，征收幅度低则百分之十几，高则达百分之百甚至上千。

1980～1994 年的 12 月 31 日，美国对华反倾销案仲裁决定征收反倾销税税率在 100% 以上的有 10 件；拉美国家确定的反倾销税税率相当一部分为 300%～600%。如此大规模的反倾销调查及如此高的反倾销税税率在国际上也是极为罕见的。

（3）世界经济下滑、贸易保护主义抬头。贸易摩擦增加，与全球经济和整体市场形势的恶化有关。由于需求的普遍缺乏，各国都在争夺有限的市场，在彼此激烈的竞争中，各国使用贸易保护主义措施的意愿和频率也就会更强烈。

（4）外国对中国的歧视性政策。根据 WTO 反倾销协议，构成倾销必须具备三个条件：一是产品以低于国内的价格或向第三国出口的价格向进口国进行销售；二是销售的数量猛增；三是销售的产品对进口国造成实质性的损害，且这种损害与倾销之间存在因果关系。长期以来，西方一些国家将中国认定为非市场经济国家或市场经济转型国家，对我国的出口商品进行反倾销调查时采用"替代国价格"的做法（即在裁定出口产品是否存在倾销时，不以出口方本国的成本，而是使用第三国的生产成本作为比对价格）。其结果是我国被认定为高幅倾销，征收高额反倾销税，我国商品不得不退出该市场。替代国标准的确立，不仅影响我国商品的出口，而且制约了我国引进的外资，外资企业对其出口商品无法得到市场经济待遇，甚至被征收巨额反倾销税，直接影响了我国的投资环境。

2）应对国外反倾销的措施

（1）政府角度：第一，正确认识反倾销的本质。政府应引导我国企业认清反倾销的本质，不应总是在遇到反倾销指控时，对我国的倾销行为作自我检讨，而应主动参与到反倾销诉讼中，争取我国企业的合法权益，保证我国企业在国际市场上受到普遍的尊重和公正的待遇。第二，完善我国反倾销立法。逐步完善我国的反倾销法律法规，熟练掌握反倾销策略及技巧，及时采取相应的对策，保护我国涉诉企业的利益。第三，推进经济改革，摘掉"非市场经济国家"的帽子。通过深层次的经济体制改革，建立真正的市场经济体制，摘掉"非市场经济国家"的帽子，才能使西方国家取消对中国的一些歧视性规定。第四，主动对外沟通，营造良好的贸易环境。我国政府应积极同外国政府交涉，加强对外宣传、沟通，同有关国家达成协议，稳定双边或多边贸易关系，为中国企业创建一个有利的贸易环境，减少国外对华反倾销调查，并帮助企业在反倾销应诉中取得胜利。第五，建立奖惩机制，鼓励企业积极应诉。第六，加强宏观调控政策指引、开辟广阔的市场空间，制止恶性出口竞争行为。我国许多企业存在非理性出口、恶性竞争行为。政府应积极进行宏观调控，加速建立市场经济的价格运行机制，使西方国家在反倾销中对中国实行价格歧视失去依据；加强对企业的宏观调控和协调管理，严禁出口企业低价竞销；整顿外贸秩序，改革配额招标，加强企业自律。政府应加强对外贸易管理，引导国内企业全方位、多层次地打开国际市场。

（2）企业角度：第一，转变营销观念，实施多元化国际营销战略。我国企业要从单一的货物贸易向技术贸易领域发展，提高产品的科技含量，减少国内企业间的冲突，避免形成低价竞销的状况。在商品结构上，要加大科研投入，变"以廉取胜"为"以质取胜"；在市场结构上，变目标市场过于集中为市场多元化；积极开拓新兴的海外市场；在竞争手段上，变单纯价格竞争为多种竞争手段并用；在经营方式上，改单纯出口商品为直接对外投资，转移国内剩余生产能力，提高企业国际化程度。第二，规范企业内部管理。加快实现对账目的统一管理，与国际接轨。第三，国内企业应团结起来，一致对外，维护企业的合法权益。应全面联合起来筹措和募集基金，对参与诉讼的企业，同行业其他企业应予以全方位的支持和鼓励。第四，加强与外国企业的联系与合作。在对外贸易中，我国企业应加强与对方企业的深层了解与合作，达成相关协议，以求在中国产品被指控倾销时，该国相关企业能共同参与诉讼，提供有利于我方的相关证明，甚至说服起诉方撤诉。第五，加深对进口国法律的了解，拓展信息渠道。第六，用反倾销手段，保护自己的正当权益。出口企业必须主动使用反倾销措施，从而保护自身利益不受损害。

（四）案例四　日本"肯定列表制度"的施行

1. 背景

2006年5月起，日本正式施行《食品中残留农业化学品肯定列表制度最终草案》，该草案明确设定了进口食品、农产品中可能出现的734种农药、兽药和饲料添加剂的近5万个暂定标准，大幅抬高了进口农产品、食品的准入门槛。目前全球约有700种农药，即便是拥有先进设备和检测人员的日本横滨进口食品检疫检查中心也只有检测其中200种农药的能力。即使这200种农药的检测，也因化验数据收集和管理工作量大、设备和人手严重不足而影响了工作进度。"肯定列表制度"规定每种食品、农产品涉及的残留限量标准平均为200项，有的甚至超过400项。

2. 案例分析

（1）辩证认识日本的"肯定列表制度"。由于农兽药残留限制范围的扩大和限量标准的提高，"肯定列表制度"必然对我国农产品、食品顺利进入日本市场产生较大的影响。从长远看，"肯定列表制度"对我国企业的影响应该是利大于弊，一是有利于改变现行农业生产模式，使我国农业组织生产方式发生重大变革，农业合作组织在组织农产品生产、销售及农业投入品的采购中的作用得到充分发挥；二是有利于规范农业经营者的生产行为，保证国际及国内消费者的食用安全；三是有利于规范农民和食品生产企业的市场经营行为，降低食品加工企业原料采购成本，保证农业生产者和食品加工企业的经济效益。

（2）从政府角度，重点做好以下几方面的工作：一是要加大对外交涉力度，利用多边渠道，积极参与国际规则的制定，不断提高谈判的能力和水平，为我国农产品争取更大的国际市场空间。积极与日方开展交涉，促使日方采纳我方合理建议。通过风险评估，确定主要输日食品重点检测项目，大大提高检验把关的有效性，加快了通关速度，减轻了企业负担。二是通过紧急组织，研制农兽药检测方法国家标准和行业标准，基本建成应对"肯定列表制度"的检测方法标准体系。并通过加强培训，狠抓源头管理，制定相关促进出口政策，切实提高企业的应对能力。三是要营造良好的出口政策环境，制定农产品出口发展规划，为出口企业提供信息、咨询、培训等公共服务，帮助他们及时了解有关进口国最新技术标准、市场动态、关税、非关税措施变化等情况，提高企业应对技术性贸易壁垒的能力和水平。四是建立健全政策性信用保险制度，帮助企业提高风险防范能力；减免检验检疫费用，改善出口企业的融资环境，减轻企业的经营负担；给予农业合作组织或行业组织政策指导和资金扶持。

（3）各行业协会要发挥桥梁纽带作用。各行业协会应成立专门小组，组织专家、专业人员认真分析研究日本"肯定列表制度"的内容，及时收集、分析与之相关的信息，明确哪些药不能用，哪些药可以用但要严格控制使用量，哪些药比较安全等，尽快形成本行业出口日本的重要农产品不同阶段的应对预案。同时，行业协会要充分发挥桥梁作用，加强与企业的沟通并提供相应的技术支持，加强中日双方企业之间的信息交流，通过中日两国企业在种养殖方面的交流，对日本允许使用的农药及残留等相关信息进行及时沟通，最大限度地减少风险，取得双赢。

（4）从出口加工生产企业角度，重点做好以下几方面工作：一是要加强对"肯定列表制度"相关内容的分析研究，深入了解"肯定列表制度"的内涵，积极主动应对，建立企业的应对预案。二是企业必须自律、规范用药。从源头上抓起，保证农业化学品质量，严格按照使用规范用药。三是建立出口食品农兽药残留追溯和控制体系，做到"源头能控制、过程可追溯、质量有保证"。四是建立健全有效的疫病疫情防控体系。五是健全质量保障体系，提高管理水平和企业自检自控能力。

（五）其他案例

（1）2006年6月2日，中国出口到日本的甜豌豆被日方要求收回，成为"肯定列表制度"实施后首件超标被查的农产品。此后，我国鳗鱼、干青梗菜、大粒花生、冷冻木耳、天然活泥鳅等产品被陆续查出药残超标。

（2）为保护环境，不少发达国家采取各种措施限制或禁止某些产品的进出口贸易。经济合作与发展组织成员方已禁止多种化工产品的生产和进出口贸易，其中包括DDT和六六六等农药。针对食品中农药残留污染、重金属含量、化肥使用、微生物污染、动物饲料及添加剂等进行了严格的规定；对食品包装的要求也越来越严格。各国政府尤其是日本、欧盟、美国等发达国家（地区）对食品中的农药残留量和有毒物质含量标准规定到了近乎苛求的地步，过去我国大量出口冻猪肉和冻兔肉到欧洲，现在都被禁止了。同样，我国的很多纺织品由于环保原因不得不退出国际市场。

（3）发达国家实施绿色贸易壁垒呈逐年上升趋势。对我国出口的茶叶实施绿色壁垒的以欧盟、美国和日本为主。美国食品药品监督管理局主要是针对联苯菊酯和三氟氯氰菊酯两项残留指标最高限量标准对中国输美茶叶进行抽查和监控，浙江出入境检验检疫机构对浙江省输美茶叶监控检测的项目也主要是这两项，而日本与欧盟在茶叶农药残留方面检测的项目则比美国还多。浙江蔬菜出口遭遇绿色壁垒事件日益增长。浙江蔬菜最传统出口的三大类为新鲜蔬菜、冷冻蔬菜、盐渍蔬菜等，现在它们经历的绿色壁垒次数最多、限制条款最严密、遭受的损失最大。

（4）自 2006 年 1 月 1 日起，欧盟施行了包括微生物标准及食品和动物饲料生产管理的新规定。这些规定对欧盟成员方及向欧盟出口食品或饲料的第三国产生了重大影响。

（5）2011 年，美国对中国月饼又有了"专项指令"。美国规定，蛋黄必须是月饼中唯一的动物成分，不能有其他肉的成分。而且，对蛋黄和月饼的焙烤温度和时间也有严格的要求。

二、案例情况应对措施

扩大农产品出口，推进农业国际化是 21 世纪我国农业现代化建设的战略重点之一。扩大农产品出口，关键在于突破贸易壁垒，全面提高农业的综合竞争力，提高农产品的技术含量和档次，从综合能力上缩短与发达国家的差距，从而实现我国农产品出口贸易的新突破。

（一）认真研究进口国农产品进口法律法规，完善我国的相关法律法规

目前，我国的食品卫生及环保法律法规尚不完善，规定的标准普遍低于发达国家水平。以食品为例，我国只规定了 62 种农药在食品中的最高残存量，而日本规定了 96 种，美国规定了 115 种，加拿大规定了 87 种，此外许多国家还针对不同食品规定了不同的农药最高残留标准。我国应认真研究国外相关法律法规，建立符合 WTO 规则、与国际标准相一致的农产品及食品安全、卫生、环保、地理标志保护等方面的法律法规体系，使我国农产品的安全卫生质量适应日益严格的国际市场的要求。

（二）注重品牌建设，提高产品质量和档次

我国现有农产品出口市场主要是发达国家，这些市场大多是世界名牌产品的竞技场。市场对产品的多种要求档次较高。我国在农产品生产的规模化、标准化和质量、分选、包装、检验检疫、开发等方面向其学习，大力研发绿色产品，建立健全农业标准体系，树立品牌意识，从根本上改善我国农产品的质量水平。加强农产品质量检验检测体系建设，引进、开发同发达国家处于同一水准的监测技术和设备，推动主要农产品检验检测体系的技术升级，加速与国际接轨的进程。做好质量认证工作，对食品及农产品实施质量安全认证，是保障食品安全质量和突破贸易"绿色壁垒"的重要手段，能够增强我国农产品在国际市场中的竞争力。

（三）注重出口市场趋势、特点，及时调整产品结构，扩大市场占有率

不同市场的消费结构不同，同一市场的消费需求也在不断变化，认真研究市场，跟踪消费走向，抓住时机，积极扩大我国农产品的市场占有率。例如，我国的新鲜果蔬在荷兰市场前景看好，有必要通过提高保鲜技术、利用各种展销会、主动送样品检疫等途径扩大荷兰市场。

（四）积极开发有潜力的市场

有些国家或地区农业生产资源相对缺乏，农业基础薄弱，农业发展缓慢，农产品自给率低，对农产品进口的依赖度较大，有一定的购买潜力，整体上这是一个很有潜力的大市场。特别是与我国农产品互补性较强的国家和地区，如南美、中东等地区，加强与这些国家和地区的经济贸易联系与合作，使我国能够尽快地进入这些市场并扩大在这些市场中的份额。例如，科威特从我国进口的农产品，虽然品种较少，数额不大，但市场价格稳定，且具有良好的发展前景。有些国家与我国接壤，其生活习惯及相似的口味使

之对我国农产品认知程度、熟悉程度较高；又因为交通运输的便利性，可使储运成本大幅度降低，这为我国农产品发挥比较优势创造了条件。

（五）享受加入世界贸易组织的权利，加大对农业的支持度

《WTO 协定》中，我国可以使用的支持农业措施包括：所有"绿箱"政策措施；发展中国家免于削减的三项措施，即普惠性的投资补贴、低收入货票资源贫乏地区的农业投入补贴和停种非法麻醉作物补贴；国内支持中的微量许可、"蓝箱"措施以及反映在减让表中的直接支付等。目前，WTO 规则允许的 12 项"绿箱"措施中，我国尚有 6 项是空白；按照加入世界贸易组织谈判允许的 8.5% 补贴上限，中国还有较大的投入增长空间。有关部门要加强研究、积极探索财政直接补贴与农业保险相结合的农业保障制度，以及采取对农民直接补贴等"黄箱"措施，增加农业国内支持总量。

（六）加强对农产品出口的研究与指导

建立农产品出口市场的研究指导机构。我国农产品出口企业规模小、实力弱，不但要负责生产、销售，还要承担自然灾害带来的风险，几乎没有能力再对出口市场进行充分的研究。农业生产有一定的周期性，前期合理的预测国外农产品消费需求、农产品市场状况、贸易政策的变化、贸易途径等，对指导农业生产、减少出口风险非常必要。还应建立专门的农业信息机构，为农产品出口企业提供权威、可靠、有价值的供求信息和相关法律法规，对农产品贸易过程中出现的或潜在的摩擦、障碍及时反馈给相关部门，为政策的研究及国际谈判提供及时准确的依据。实现出口前、出口过程中、出口后的全程信息支持，降低决策成本，减少运作的盲目性，促进我国农产品国际竞争力的提高。

本章小结

农业国际贸易中贸易壁垒有多种形式与种类。技术性贸易壁垒的特点为双重性、广泛性、复杂性、针对性和隐蔽性，其主要类型有技术法规壁垒、技术标准壁垒、绿色壁垒、质量认证（合格评定）壁垒、商品包装和标签壁垒、检验程序和检验手续壁垒、计量单位制壁垒、条码壁垒等。农业标准化在国际农业贸易中发挥着重要的作用，也是消除贸易技术壁垒的重要途径。

思考与练习

1. 试述各国设置技术性贸易壁垒的原因。
2. 试述技术性贸易壁垒的特点和类型。
3. 农产品技术性贸易壁垒的特点有哪些？
4. 消除农产品技术性贸易壁垒的对策有哪些？
5. 农业标准化在国际农业贸易中的重要作用有哪些？

主要参考文献

毕克新，田淑云，王晓红. 2006. 质量认证对我国中小企业技术创新的影响研究. 科学学与科学技术管理，27（11）：98-102

陈建武. 2003. 国外农业质量标准体系建设现状及其启示. 科技进步与对策，（6）：95-96

郭丽．2010．技术性贸易壁垒与我国技术法规问题研究．辽宁行政学院学报，12（1）：38-40

杭争．2003．技术性贸易壁垒对我国对外贸易的影响及对策．国际贸易问题，（2）：33-37

贺明辉，曹军，卞建明，等．2007．欧美农产品标准化监管体系现状及其启示．湖南农业科学，（4）：163-166

李晓桐，印中华，胡琛，等．2014．中国蜂蜜出口应对美国反倾销问题研究．广东农业科学，（3）：232-236

刘爱东，周以芳．2009．我国农产品遭遇反倾销的案例统计分析．重庆理工大学学报：社会科学版，23（2）：58-63

刘福全．2017．浅谈农业标准化与农产品质量安全．中国科技投资，（14）：332

刘晓慧．2012．包装的贸易壁垒对我国食品出口的影响．中国储运，（9）：102-104

聂资鲁，刘小春．2015．WTO/TBT框架下纺织品与服装护理标签壁垒应对的法律对策．财经理论与实践，（1）：140-144

牛宝俊．2003．农产品技术贸易壁垒的经济学分析与对策．南方农村，（5）：4-7

潘阳，黄水灵．2014．绿色壁垒对浙江省茶叶出口的影响与对策．对外经贸，（1）：19-23

彭寒飞．2008．中国农产品出口突破技术贸易壁垒的思考．生产力研究，（5）：25-27

仇华磊，刘环，张锡全，等．2015．澳大利亚食品安全管理机构简介．食品安全质量检测学报，6（7）：2547-2551

任静．2010．浅谈绿色包装壁垒与我国包装行业发展建设．包装世界，（5）：10-11

隋明芳．2007．多维条码对食品质量安全溯源与监督的应用．企业标准化，（9）：57

孙龙中，徐松．2008．技术性贸易壁垒对我国农产品出口的影响与对策．国际贸易问题，302（2）：26-34

王英军．2003．论中国计量法律制度的完善．北京：对外经济贸易大学硕士学位论文

吴静．2011．中国出口产品突破包装壁垒的路径探索．对外经贸实务，（7）：44-46

谢汉杰．2010．我国应对技术性贸易壁垒研究．合肥：安徽大学硕士学位论文

杨志龙．2009．我国面临国外反倾销及其应对措施．中国经贸，（6）：3-5

余红娟．2008．以农业标准化促进农产品国际贸易的对策探讨．农业质量标准，15（12）：146-150

虞轶俊．2006．日本"肯定列表"制度与应对策略探讨．浙江农业科学，（2）：113-117

袁先富．2010．现代工业企业计量管理系列讲座第十二讲国际法制计量的兴起与国际法制计量组织的活动．工业计量，20（4）：61-62

张德纯，刘中笑．2006．日本"肯定列表制"对我国蔬菜出口的影响．中国蔬菜，（5）：1-3

郑光辉．1998．世界经济一体化趋势与我国标准化发展的策略问题．质量与标准化，（5）：35-40

郑琴文．2017．我国农业标准化现状及发展思考．种子科技，（9）：5-7

主要参考网站

标准网 http://www.standardcn.com/

杨凌现代农业标准化研究所 http://www.agristd.org.cn/

中国农业标准网 http://www.chinanyrule.com/

第十章　农业标准化效果评价

【内容提要】　本章主要介绍实施农业标准化的效果、农业标准化经济效果的评价指标及其经济效果评价的计算方法。

【学习目标】　了解农业标准化实施的效果及其产生的原因，掌握农业标准化经济效果评价指标的计算并评价其经济效果。

【基本要求】　了解农业标准化实施的效果及其产生的原因，掌握农业标准化经济效果的评价指标及其经济效果评价的计算方法，能够根据不同条件运用不同的计算方法对实施农业标准产生的效果进行量化评价。

第一节　农业标准化效果

国际标准化组织（ISO）于1965年提出加强研究标准化的经济效果问题，由国际标准化组织标准化原理研究常设委员会第十工作组（ISO/STACO/WG10）在大量调查研究的基础上，撰写了《贯彻国际标准的效果》《贯彻国际标准经济效果的判断》《经济效果的分析》《产品国际标准化优先顺序评价》等文件，在推动标准化方面发挥了重要作用。世界上多数国家从20世纪60年代开始对标准化的经济效果进行了大量研究，并已取得了重要成果。在国际上的一些标准化著作中也均把标准化的经济效果放在显著的位置上，标准化的经济效果研究已成为标准化学科的重要组成部分。

国内外的农业标准化实践表明，除了安全、卫生、环境保护标准及某些农业基础标准、方法标准等较难计算直接的经济效果之外，其余农业标准贯彻实施之后，基本上可以计算出农业标准化的经济效果。农业标准化所获得的技术效果和社会效果（包括生态效果）不可估量，它们又能间接地转化为经济效果。获取全面的、最佳的农业标准化技术效果、经济效果和社会效果是我们积极推行农业标准化工程的重要目的。

农业标准系统中，制定农业标准是为了谋求效益，实施农业标准是为了取得效益，修订农业标准是为了增进效益，废止农业标准是因为它促进效益的作用已经不复存在。高效益的农业标准系统是要通过监督检验使系统运转得更好，低效益的农业标准系统应通过监督检验找出原因所在，修订农业标准或改进农业标准的实施，而无效益的农业标准系统应尽快予以废止。

一、农业标准化效果的基本概念

农业标准化效果就是运用农业标准化原理和方法，以制定和贯彻农业标准为手段，有组织地进行农业生产活动所产生的各种技术、经济和社会效果的总和。农业标准化效果是通过一定的农业标准化活动，在一定投入的前提下产生的。农业标准化所产生的效果是一种综合效果，可以概括为技术效果、经济效果和社会效果等三个方面。因此，任何农业标准，或表现为技术效果，或表现为经济效果，或表现为社会效果。技术效果与经济效果是密切相关的，技术效果往往发生在经济效果之前，它是达到一定经济效果的基础。从这个意义上来说，农业标准化的效果也可视为实施某项农业标准所产生的技术、经济和社会效果的总和。而一切技术效果最终将转化为社会效果和经济效果。

二、农业标准化经济效果产生的原因

农业标准化经济效果的研究是农业标准化工程的重要构成部分。农业标准之所以能产生经济效果，是由于它对人类的农业生产实践活动产生多方面的有益影响和有序制约，协调了人与自然、人与人之间的关系，促进了农业生产力的发展。其产生经济效果的主要原因如下。

（1）农业标准为人类的农业生产实践活动确立了有序的活动规范，使农业生产活动能够高质量、高效率运行，从而实现高效益。

（2）农业标准是农业生产实践经验与农业科学技术相结合的结晶。通过农业标准化手段，可以促使农业标准在时间、空间和数量等方面转化为现实生产力。

（3）农业标准化可以起到简化程序、节本增效的目的，化繁为简并规范生产环节，尽量减少重复劳动和无效劳动。

（4）农业标准可以提高农产品质量，并节约投资，从而扩大销路、增收节支，为农业生产部门或企业带来显著的经济收益。

（5）农业标准使农产品根据市场需求合理分等分级，形成产品系列，降低生产成本，并通过产业化、基地化、标准化、系列化经营的开展，获取最大的经济效果，这是农业标准化产生经济效果的重要原因。

三、评价农业标准化效果的意义

开展农业标准化效果的研究，对促进农业标准化工作的发展，提高农业生产综合效益，具有重要的现实意义。评价农业标准化效果的意义如下。

（一）农业标准化效果是衡量农业标准化活动成果的重要尺度

农业标准化活动的最终成果是通过反映农业经济的综合效果来体现的，即通过农业标准化活动在农业生产、加工、流通、消费等各领域中的技术效果、经济效果和社会效果来体现的。

1. 农业标准化活动的技术效果

通过农产品的产地环境技术条件、生产技术操作规范、产品标准、分级标准、包装与标签标准、贮藏运输标准等一系列标准的制定和实施，促使农产品生产、加工、贮藏、运输、包装的技术水平有所提高，以保证生产出高质量的农产品。在现代市场竞争非常激烈的情况下，许多农业企业通过制定和实施企业内控标准，提高了农产品生产、加工的技术水平和农产品的市场竞争力。

例如，黑龙江省质量技术监督局业务主管部门颁发了《农业机械田间作业质量标准》，对农业机械进行整地、播种、中耕、收获等主要作业环节的技术要求、质量标准和检查方法均做了明确规定，推行后收到了很好的技术效果、经济效果和社会效果。又在对拖拉机和农业机械进行维护保养、恢复性修理、机具的保管等方面，各级农机业务部门也都制定了相应的标准；各县（区）根据各自发展农业生产的实际需要，还制定了一些地方标准。这些有关农业机械化方面的标准化措施，在很大程度上保证了拖拉机及农业机械经常处于良好的技术状态，提高了作业效率和作业质量，改善了农业基本条件，使农作物获得了很好的产量和收益。

2. 农业标准化活动的经济效果

农业标准化活动成果的重要标志是农业标准化的经济效果。农业标准化活动通过制定、实施各项农业标准，可以降低农产品的生产、加工和流通费用，并相应地提高农产品的质量和竞争能力，从而产生非常显著的经济效果。目前衡量农业标准化经济效果的方法多种多样，但最普遍、最常用的是农业标准化活动的投入产出比，即农业标准化活动的投入和农业标准化活动所产生的各种效益之比，以此来评价农业标准化活动的经济效果。据一些国家的调查和估算，目前世界各国标准化活动的投入产出比在1∶10左右，即在标准化活动中，若标准化活动所发生的各项支出为1万元，则标准化活动后将产生10万元的效果。

湖北省农作物种子标准化工作得到了广大农民群众的欢迎和各级领导的重视。按种子标准化的要求生产出来的种子，用于大田生产时，在不增加肥料和劳力的情况下，一般都能增产10%左右，而且品质有所改善。武汉市开展蔬菜种子标准化工作后，红咀燕豆角增产30%，洪山菜薹增产11%～32%，核桃纹大白菜增产10%～29%；全市推广的13个品种，共2300多公顷，平均每公顷增产15%，两年累计增产1.3万t。实践证明，开展农业标准化工作，是使农业生产走向科学管理、保证农作物稳产高产、提高农产品质量的一项有效措施。

3. 农业标准化活动的社会效果

（1）农业标准化活动使人类的农业生产实践活动有序化、规范化，使其整体协调性更加突出。随之而来的是产业化、协作化生产条件日趋完善，最终促进农业劳动生产效率的大幅度提高，产生出巨大的社会效果。

（2）通过农业标准化活动能够合理利用人力、水体、土壤、大气、森林、草场、矿山、海洋等资源，有效地控制环境污染，保护生态平衡。

（3）通过农产品的各项质量标准，可以维护国家、农业生产部门、企业和消费者的利益。在农业国际贸易往来中，难免因为农产品质量问题产生经济贸易纠纷。这时，贸易国双方可依据农产品质量标准的仲裁作用来解决贸易纠纷。

（4）农业标准化活动还可以产生促进农业科学技术的进步、加速农业科技成果转化为农业生产力，以及提高全民族文化素质和思想认识水平、加快信息传递速度等方面的社会效果。

（二）农业标准化效果是制定农业标准和农业标准化规划（计划）的依据

农业标准和农业标准化规划（计划）要制定得科学合理，就必须以农业标准化效果，尤其是农业标准化经济效果为依据。在制定农业标准的过程中，某项农业标准的具体指标如何确定，绝不是随意进行的，而是要经过周密的条件、技术、经济、政策等方面的分析，才能使其确定得科学合理。如果在制定农业标准的过程中，只注重农业标准某一方面技术上的先进性，而忽视了其经济上的合理性和政策上的可行性，就会使所制定的农业标准不仅不能产生预期的效果，反而会造成技术上的不可行，进而阻碍农业生产发展。因此，为了取得农业标准化活动的最佳效果，有必要对农业标准化活动效果进行事前评价。

　　由于农业标准化活动范围非常广泛，不能将农业生产实践活动中的各种问题都列在农业标准化工作的范围内。选择哪些农业生产实践活动作为农业标准化规划（计划）的对象，可运用农业标准化效果评价方法来确定，即选择那些农业标准化综合效果突出的项目，作为农业标准化规划（计划）的对象，才能使整个农业标准化活动的人力、财力、物力等得到合理有效的利用，从而取得最佳的效果，促进农业生产发展。

（三）进行农业标准化效果的评价可提高全社会对农业标准化工作重要性的认识

　　通过农业标准化效果的评价，可以明确实施某项农业标准所产生的技术效果、经济效果和社会效果，从而使组织实施农业标准的业务主管部门、农业生产部门、农业企业等进一步认识到农业标准化工作的重要性，对下一步制定、修订、实施新的农业标准确立信心。农业标准化效果的评价是提高全社会对农业标准化工作重要性认识的最佳方法。

（四）农业标准化效果的评价是农业标准化学科的重要有机组成部分

　　近年来，我国广大的农业标准化工作者在农业标准化技术效果、经济效果和社会效果的评价方法上取得了一些具体的成果。许多省、自治区、直辖市政府部门对实行农业标准化工作所产生的效果进行了很好的全面总结。这些内容都丰富了农业标准化学科的内涵，成为农业标准化学科不可缺少的重要有机组成部分。

四、评价农业标准化效果的原则

（一）局部效果与整体效果相结合的原则

　　农业标准化活动产生的效果是多方面的。在评价过程中，既不能只注重局部效果而忽视整体效果，也不能只注重整体效果而忽视局部效果，而是要将农业标准化活动在整体和局部两个方面所产生的效果进行通盘考虑。评价和计算农业标准化效果必须从农业经济全局和各方利益出发，充分考虑各方面相关因素进行综合评价。一般情况下，农业生产部门、农业企业开展农业标准化活动取得了明显的效果，则其经济效果也会非常显著。例如，某农业企业通过开展农业标准化活动提高了农产品质量，替代了进口农产品。这时进行农业标准化效果评价就要考虑到该农业企业所取得的具体的局部效果，也要考虑到国家获得的大量外汇节约的整体效果。在特殊情况下，可能个别企业还存在着农业标准化的局部负效果，而农业标准化活动的整体效果却很好。为此，农业标准化效果的评价要兼顾局部和整体两个方面的效果。

（二）当前效果与长远效果相结合的原则

　　全面、准确地评价农业标准化效果不仅要从当前效果出发，还要考虑到将来的、长远的效果，要有发展的眼光。例如，有些农业标准的制定和贯彻在较短的时期内，其效果可能不高甚至见不到效果，而在较长时期内却能达到很高的效果。因此，在评价农业标准化效果时，不能因为在目前较短的时期内，其效果不够理想而放弃农业标准化，而是要看到在未来较长的时期内其效果的显著性，从而积极地开展农业标准化活动。

（三）直接效果与间接效果相结合的原则

　　农业标准化活动产生的效果涉及多行业的生产、加工、流通和销售等多个部门。农业标准化效果评价过程中，农产品生产部门在实施某项农业标准时的效果，如降低生产成本、提高生产资料利用率等，能通过一些具体的方法将其计算出来。这方面的效果只是农业标准化的直接效果，它所包括的范围还不全面。在农业标准化效果评价过程中，除了将生产部门的直接效果进行评价外，还要将采用该项农业标准的产品，在加工、流通和消费部门产生的间接效果，如提高农产品及其加工品的保质期、保鲜期、货架期，降低农产品的流通费用，以及促进相关行业发展等方面的效果考虑在内。评价和计算农业标准化效果应全面，既着重分析效果显著的项目，又要注意农业标准化影响的效果扩展项目，只有将农业标准化直接效果与间接效果相结合计算出来的效果，才能综合反映农业标准化活动的最终成果。

（四）定性评价与定量评价相结合的原则

在农业标准化效果评价过程中，经济效果一般容易进行量化计算，技术效果和社会效果往往不易进行量化评价，而只能采用定性评价的方法。例如，一些农业基础标准的制定和实施，带来的结果是农业生产实践活动的有序化程度大大提高，而这方面的效果只能进行定性评价。因此，在农业标准化效果评价过程中，只有将定性评价与定量评价结合起来，才能使农业标准化效果的评价做到科学、合理。

评价和计算农业标准化效果必须依据准确可靠的数据，避免同一效果在不同环节上的重复计算。在具体起草编制农业标准时，对农业标准中各项规定的确定应进行农业标准化经济效果的论证，以获得最佳方案和最佳指标。

第二节　农业标准化经济效果的评价指标

研究农业标准化的经济效果，要结合农业生产的特点和现状，着重研究实施农产品质量标准的经济效果。

一、农业标准化经济效果的概念

农业标准化经济效果是指通过制定、贯彻实施农业标准等一系列农业标准化活动所取得的有用效果与完成该项农业标准化活动所发生的劳动耗费的比较结果。农业标准化有用效果是指实施农业标准化活动后所获得的节约额度或利润的增加额。农业标准化劳动耗费是指在农业标准化活动中，为制定和实施农业标准所产生的物化劳动耗费和活劳动耗费的总和。农业标准化经济效果可用如下两种公式表示。

$$农业标准化相对经济效果（E）＝有用效果（V）/劳动耗费（C） \qquad (10\text{-}1)$$
$$农业标准化绝对经济效果（X）＝有用效果（V）－劳动耗费（C） \qquad (10\text{-}2)$$

式（10-1）表明：农业标准化经济效果是农业标准化活动获得的有用效果与劳动耗费之比，它是一个相对值。当农业标准化经济效果大于或等于1时，说明这项农业标准化活动的所得大于投入或收支平衡，是可行的。当农业标准化经济效果小于1时，说明这项农业标准化活动所得小于投入。当开展农业标准化活动的方案有多种时，可能会存在以下三种方案的选优情况：①当对比方案的有用效果相同时，则以实现农业标准化活动劳动耗费最小的那个方案为最优方案；②当对比方案的劳动耗费相同时，可选用实施农业标准化活动后能够取得最大有用效果的方案；③当对比方案有用效果和劳动耗费均不相同时，可选用农业标准化经济效果最大的方案。以上原则正是我们在农业生产过程中所要遵循的以较少投入取得最大产出的原则。

式（10-2）表明：农业标准化经济效果是农业标准化活动获得的有用效果与实现这一活动所产生的劳动耗费的差值，它是一个绝对值。以这一指标来评价农业标准化经济效果的原则是：当农业标准化经济效果大于或等于零时，说明农业标准化活动的有用效果补偿了农业标准化活动所需的劳动耗费之外还有盈余，或农业标准化活动的有用效果刚好补偿了农业标准化活动所需的劳动耗费；反之，若农业标准化经济效果小于零，则说明农业标准化活动的有用效果还不能补偿农业标准化活动所需的劳动耗费。

以上两个公式虽然在方案的可行性及多方案的选优过程中，能够得出一致的结论，但它们的含义是不同的。前者表现了农业标准化活动的效率，后者却是农业标准化活动的净收入。绝对形式的农业标准化经济效果，能够给出农业标准化活动创造的有用效果扣除劳动耗费之后所得的差额价值，它是一个绝对量。以上两个公式在实际工作中同时使用，使之相互补充，以便全面了解农业标准化活动所能产生的经济效果。

二、农业标准化经济效果的计量方式

（一）用货币单位或自然单位计量

在商品经济条件下，价值指标可以理解为商品价值的比较，自然指标可以理解为使用价值的比较。农业标准化经济效果评价指标的计量，也应采用货币单位或自然单位表示。例如，种子、原料、生产资料、农产品产量的变化以吨、公斤表示，生产时间以小时表示，动力消耗的变化以千瓦表示等，这些都是自然单位。为了便于进行综合分析，需要把它们换算成可比单位（例如，种子、原料、生产资料、农产品产量、动力消耗，用实物量乘以相应单价来表示），通过价值或货币的形式，以具体的数字直接进行比较。自然指标也称实物量指标，是价值指标的补充。它表明贯彻该项农业标准后，创造的实际财富自然指标能够准确地反映出单个项目的使用价值量，但不能反映出多个项目的使用价值总量。不同单位的自然指标不能够比较，不能累加，而价值指标则能反映出多个项目的使用价值总量。

除价值指标和自然指标外，还有一个技术数据指标，如等级品率、保质（鲜）期等，也可以用数值来表达农业标准化前后的变化。因此，技术数据指标应包含在价值指标和自然指标之内。

（二）用文字或图表来描述

由于技术经济活动的复杂性，有些经济效果不能单纯用数值来表示，有时用数值表示很费力或很不确切。在此种情况下，可用文字或图表来描述，作为数值评价的补充。例如，提高安全性和卫生条件，改善劳动条件，降低劳动强度，提高环境质量，提高农产品市场竞争力，促进采用新技术，加速流动资金的周转以及有关名词术语、符号、代号及其他便于互相了解的效果，均可用文字或图表来描述。为了阐明农业标准化经济效果与其他技术措施效果的关系，以及某项农业标准化经济效果延伸或扩展时，也可用文字或图表来描述。

（三）定性分析与定量计算相结合

对农业标准化经济效果的分析，只有笼统地定性分析，没有或不重视定量计算，就不能用数量的形式生动地表达出农业标准化经济效果的大小，也不可能对农业标准化的各种方案进行数量的比较，反复验证，从而选取最佳的方案。因此，只有定性描述是很不够的，需要把定性分析和定量计算有机结合起来。没有定量计算，就不可能得出正确的结论。定性分析为定量计算提供考虑问题的因素，定量计算反过来进一步发展和丰富定性分析的结果。

三、农业标准化经济效果的评价指标

（一）农业标准化总经济效果

在农业标准化活动中，农业标准实施之日至该农业标准重新修订或废止时所经历的时间，称为农业标准有效期。一般情况下，农业标准有效期为 5 年。农业标准化总经济效果是指在农业标准有效期内，农业标准化活动节约总额与农业标准化投资总额之差。其计算公式为

$$X_{\Sigma} = \sum_{i=1}^{t} J_i - K$$

式中：X_{Σ}——农业标准有效期内的总经济效果（元或万元）；

J_i——第 i 年农业标准化年节约额（元/年或万元/年）；

K——农业标准有效期内的农业标准化投资总额（元或万元）；

t——农业标准有效期（年）；

i——某一时间年限。

从以上公式可以看出：农业标准化节约总额与农业标准化投资总额之差越大，说明农业标准化经济效果越好；反之，农业标准化节约总额与农业标准化投资总额之差越小，说明农业标准化经济效果越差。

（二）农业标准化年经济效果

农业标准化年经济效果是指在农业标准有效期内，农业标准化活动所产生的有用效果的年均值与农业标准化活动各项支出年均值的差额。其计算公式如下。

$$X = J - d \cdot K$$

式中：X——农业标准化年经济效果（元/年或万元/年）；

J——农业标准化活动年均节约额（元/年或万元/年）；

d——农业标准化投资年均值折算系数，它与农业标准有效期的相互关系是 $d = 1/t$，即当 $t = 5$ 年时，$d = 0.2$；

K——农业标准化投资总额（元或万元）。

从以上公式可以看出：农业标准化年经济效果反映了农业标准化活动在一个年度内产生的经济效果，这个指标数值越大，农业标准化经济效果越好；反之，农业标准化年经济效果越小，农业标准化经济效果越差。

（三）农业标准化投资收益率

农业标准化投资收益率是指农业标准化活动所产生的有用效果的年均值与农业标准化活动各项支出总额的比值，即农业标准化活动年均节约额与农业标准化投资总额的比值。其计算公式如下。

$$R_k = J/K$$

式中：R_k——农业标准化投资收益率；

J——农业标准化活动年均节约额（元/年或万元/年）；

K——农业标准化投资总额（元或万元）。

从以上公式可以看出：农业标准化投资收益率是一个相对值。它表明单位投资额所带来的年均经营费用的降低额或年均利润的增加额。这一指标数值越大，说明农业标准化经济效果越好；反之，这一指标数值越小，则表明农业标准化经济效果越差。

（四）农业标准化经济效果系数

农业标准化经济效果系数是指在农业标准有效期内，农业标准化活动所产生的有用效果的总和与农业标准化活动各项支出总额的比值。其计算公式如下。

$$E=\left(\sum_{i=1}^{t} J_i\right)/K$$

式中：E——农业标准化经济效果系数；

K——农业标准化投资总额（元或万元）；

J_i——第 i 年农业标准化年节约额（元/年或万元/年）；

t——农业标准有效期（年）。

从以上公式可以看出：农业标准化经济效果系数也是一个相对值。它表明在农业标准有效期内，单位数量的农业标准化投资所获得的经营费用的降低额或利润的增加额。显然，这一指标数值越大，说明农业标准化经济效果越好；反之，这一指标数值越小，则表明农业标准化经济效果越差。

（五）农业标准化投资回收期

农业标准化投资回收期是指农业标准化活动所需要的投资总额，通过农业标准化活动产生的节约来回收所需要的时间。农业标准化投资回收期可以用年（或月、日）为单位表示。其计算公式如下。

$$T_k = K/J$$

式中：T_k——农业标准化投资回收期（年）；

K——农业标准化投资总额（元或万元）；

J——农业标准化活动年均节约额（元/年或万元/年）。

从以上公式可以看出：农业标准化投资回收期是一个相对指标。它说明农业标准化投资总额需要经过多长时间，才能把产生的节约额回收回来。或者说，在农业标准化活动中，要想产生单位经营费用的降低额或利润的增加额，所需要的农业标准化投资总额为多少。农业标准化投资回收期是农业标准化经济效果的逆指标。这一指标数值越小，说明农业标准化投资总额的回收速度越快，即农业标准化的经济效果越好；反之，这一指标数值越大，则表明农业标准化投资总额的回收速度越慢，即农业标准化的经济效果越差。

（六）农业标准化追加投资回收期

在农业标准化活动中，为了达到农业标准化活动的目的，往往会有多种可行方案。不同方案会发生不同的投入和产出，即不同的农业标准化投资和农业标准化有用效果。当不同的投资方案所产生的节约额有所不同时，为了对农业标准化投资效果进行评价，就要采用农业标准化追加投资回收期这一指标。

农业标准化追加投资回收期是指不同的农业标准化方案所产生的投资差额与农业标准化活动不同方案的经营费用或节约额差额的比值。其计算公式如下。

$$t_K = (K_2 - K_1)/(C_2 - C_1) \text{ 或 } t_K = (K_2 - K_1)/(J_2 - J_1)$$

式中：t_K——农业标准化追加投资回收期（年）；

　　K_1，K_2——第一方案、第二方案的农业标准化投资总额（元或万元），一般 $K_2 > K_1$；

　　C_1，C_2——第一方案、第二方案的农业标准化经营费用（元/年或万元/年），一般 $C_2 > C_1$；

　　J_1，J_2——第一方案、第二方案的农业标准化活动的节约额（元/年或万元/年），一般令 $J_2 > J_1$。

从以上公式可以看出：农业标准化追加投资回收期，表明不同农业标准化方案的追加投资额通过农业标准化活动的经营费用的降低额或利润的增加额回收所需要的时间。从另一个角度来说，农业标准化追加投资回收期，是每降低单位经营费用或每增加单位利润所需要的追加投资的数额。由此可见，当农业标准化追加投资回收期大于农业标准有效期时，说明农业标准化追加投资不能在农业标准有效期内通过不同方案经营费用的降低额回收回来，即表明追加投资不合理，这时农业标准化投资小的方案为优。当农业标准化追加投资回收期小于农业标准有效期时，说明追加投资合理，这时农业标准化投资大的方案为优。当农业标准化追加投资回收期等于农业标准有效期时，应视其具体情况而言。若资金短缺时，应选择投资小的方案，其他情况下一般均应选择投资大的方案。因为农业标准化投资大的方案往往会产生较大的社会效果。

（七）农业标准化动态投资回收期

在农业标准化活动中，由于农业标准化活动的投入和产出发生在不同的时刻，为了能够准确地评价农业标准化的经济效果，就要把资金的时间价值因素考虑在内。所谓资金的时间价值，是指由于时间因素的作用而使资金产生的差额价值。

一般情况下，同量的资金发生的时间越早，其价值越高；反之同量的资金发生的时间越晚，其价值越低。资金的时间价值表现为各项资金产生的利息。因此，在农业标准化经济效果评价过程中，就要把各项资金的利息考虑在内。考虑资金的时间价值情况下计算的农业标准化投资回收期，称为农业标准化动态投资回收期。

农业标准化动态投资回收期的计算，要通过农业标准化投资总额加上投资回收期以前累计产生的利息，同实施农业标准化活动历年节约总额及其在投资回收期内产生的利息相互比较后求得。资金的时间价值一般采用复利计算方法，其计算公式如下。

$$F = P \cdot (1+i)^n \text{ 或 } P = F \cdot (1+i)^{-n}$$

式中：F——n 年后的本利和（元或万元）；

　　P——本金现值（元或万元）；

　　i——年利率（%）；

　　n——时间年限（年）。

根据上述公式，经过推导便可得出如下农业标准化动态投资回收期公式。

$$T_K = [\lg J - \lg (J - K^i)] / \lg (1+i)$$

式中：T_K——农业标准化动态投资回收期（年）；

　　J——农业标准化活动年均节约额（元/年或万元/年）；

　　K——农业标准化投资总额（元或万元）；

　　i——年利率（%）。

从以上公式可以看出：农业标准化动态投资回收期是农业标准化投资总额及其在投

资回收期内产生的利息，通过农业标准化活动的历年节约总额及其在投资回收期内产生的利息来回收所需要的时间。农业标准化动态投资回收期能准确地反映时间因素对农业标准化投入和产出的影响，这个指标的应用具有非常现实的意义。由于农业标准化动态投资回收期的计算比较复杂，在粗略评价农业标准化经济效果，或农业标准化投资较少，农业标准化经济效果延续时间较短，农业标准化经济效果非常显著时，可以不计算农业标准化动态投资回收期。

第三节　农业标准化经济效果的计算方法

农业标准化的经济效果，主要应按农业标准化经济效果评价指标并根据农业标准化活动中的投入和产出状况，即农业标准化投资与农业标准化活动的节约状况来评价。因此，在进行农业标准化经济效果评价时，应首先计算出农业标准化投资和农业标准化活动的节约总额，而后再采用农业标准化经济效果的评价指标进行评价。

一、农业标准化投资的计算

农业标准化投资是制定和贯彻农业标准所支出的劳动耗费。农业标准制定过程中的费用主要包括：科学研究试验验证费（设备费、仪器费、材料费等）、会议费、差旅费、资料费、工资费、函审费等。农业标准实施过程中的费用主要包括：实施农业标准的科学研究和实验费用、设备更新改造费、新建改建设施费、农业标准宣传贯彻费、技术人员和生产者的培训费，贯彻农业标准的差旅费、会议费、资料费、过渡农业标准损失费等。因此，只要把上述各方面的费用支出全面统计出来后求和，便可得出农业标准化投资，即

$$K = K_1 + K_2 + K_3 + \cdots + K_n = \sum_{i=1}^{n} K_i$$

式中：K——农业标准化投资总额（元或万元）；

　　　K_i——制定、实施农业标准而发生的某个方面的费用支出（元或万元）；

　　　n——费用支出科目数。

二、农业标准化有用效果的计算

在农业标准化活动的不同阶段和不同方面，分别产生不同的农业标准化有用效果。因此，只要分别计算出农业标准化活动在每一个方面产生的有用效果，而后求和得出农业标准化有用效果。下面介绍一些农业标准化有用效果的计算方法。

（一）工时费用的节约

实施农业标准降低工时消耗定额的年节约数额为

$$J_1 = Q_1 \cdot (e_{g0} \cdot F_{g0} - e_{g1} \cdot F_{g1})$$

式中：J_1——工时费用的年节约数额（元 / 年或万元 / 年）；

　　　Q_1——农业标准化后的农产品产量（kg/年，下同）；

　　　e_{g0}，e_{g1}——农业标准化前、后工时消耗数额（h/kg 产量）；

　　　F_{g0}，F_{g1}——农业标准化前、后每小时工时费用（元 /h）。

（二）农业生产资料费用的节约

农业标准化后降低了农业生产资料消耗定额的节约数额为

$$J_2 = Q_1 \cdot D_{c0} \cdot (e_{c0} - e_{c1})$$

式中：J_2——农业生产资料费用的年节约数额（元/年或万元/年）；

　　　D_{c0}——农业标准化前生产资料价格（元/kg）；

　　　e_{c0}，e_{c1}——农业标准化前、后生产资料消耗数额（kg/kg 产量）。

（三）延长农产品保质期或保鲜期的节约

当农业标准化前、后农产品成本不变时，其计算公式为

$$J_3 = Q_1 \cdot C_0 \cdot (T_{m1}/T_{m0} - 1)$$

当农业标准化活动使农产品成本发生变化而要综合计算农业标准化有用效果时，其计算公式为

$$J_3 = Q_1 \cdot T_{m1} \cdot (C_0/T_{m0} - C_1/T_{m1})$$

式中：J_3——延长农产品保质期或保鲜期的年节约数额（元/年或万元/年）；

　　　T_{m0}，T_{m1}——农业标准化前、后农产品的保质期或保鲜期（年）；

　　　C_0，C_1——农业标准化前、后农产品的成本（元/kg 产量）。

（四）农产品产量增加的节约

实施农业标准，农产品产量增加的节约数额为

$$J_4 = Q_1 \cdot \{ (C_0 - F_{c0}) \cdot [1 - (Q_0/Q_1)^a] + (F_{c0} - F_{c1}) \}$$

式中：J_4——农产品产量增加的年节约数额（元/年或万元/年）；

　　　Q_0，Q_1——农业标准化前、后的农产品产量（kg/年）；

　　　F_{c0}，F_{c1}——农业标准化前、后每千克产量的工时费用（元/kg 产量）；

　　　a——时间年限（年）。

（五）贯彻包装标准，减少农产品运输中损耗的节约

其计算公式为

$$J_5 = Q_2 \cdot [(R_0 - R_1) \cdot (D - Z_b) + (C_0 - C_1)]$$

式中：J_5——贯彻包装标准，减少农产品运输中损耗的年节约数额（元/年）；

　　　Q_2——农业标准化后年包装农产品产量（kg/年）；

　　　R_0，R_1——农业标准化前、后农产品损耗率（%）；

　　　D——农产品的单价（元/kg）；

　　　Z_b——受损农产品的残值（元/kg）；

　　　C_0，C_1——农业标准化前、后包装物成本或按包装标准包装的成本（元/kg）。

（六）实施农业标准，提高生产资料或原料利用率的节约

其计算公式为

$$J_6 = Q_3 \cdot (R_1 - R_0) \cdot (D_0 - D_1)$$

式中：J_6——实施农业标准，提高生产资料或原料利用率的节约数额（元/年）；

　　　Q_3——农业标准化后生产资料或原料年消耗量（kg/年）；

　　　R_0，R_1——农业标准化前、后生产资料或原料利用率（%）；

　　　D_0——生产资料或原料单价（元/kg）；

　　　D_1——剩余物单价（元/kg）。

（七）农业标准化后加速流动资金周转速度的节约

其计算公式为

$$J_7=（T_0-T_1）\cdot Z_\Sigma/360$$

式中：J_7——加速流动资金周转速度的年节约数额（元/年或万元/年）；

T_0，T_1——农业标准化前、后流动资金的周转天数（天）；

Z_Σ——农业总产值（元）。

（八）贯彻农产品分级标准，提高等级品率获得的节约

其计算公式为

$$J_8=Q_1\cdot（R_1-R_0）\cdot（D_1-D_2）$$

式中：J_8——贯彻农产品分级标准获得的年节约数额（元/年）；

D_1，D_2——一、二级品的单价（元/kg）；

R_0，R_1——农业标准化前、后的一级品率（%）。

（九）种子标准化，提高单位面积产量获得的节约

其计算公式为

$$J_9=Q_H\cdot[（Q_1-Q_2）\cdot D-Q\cdot（D_1-D_2）]$$

式中：J_9——实施种子标准获得的年节约数额（元/年）；

Q_H——年耕种土地公顷数（hm²/年）；

Q_1，Q_2——用一级、二级种子的公顷产量（kg/hm²）；

D——原粮收购单价（元/kg）；

Q——种子数量（kg/hm²）；

D_1，D_2——一级、二级种子的价格（元/kg）。

在农业标准化有用效果的计算过程中，只要各方面的有用效果不含有重复计算的内容，就可以将各方面的有用效果汇总，便可得出农业标准化总有用效果。其计算公式为

$$J=\sum_{i=1}^{n}J_i=J_1+J_2+J_3+\cdots+J_n$$

式中：J——农业标准化有用效果总和（元或万元）；

J_i——第i方面农业标准化有用效果（元或万元）；

n——产生有用效果的方面。

三、农业标准化经济效果的计算示例

例1 某农场实施农业标准化后，降低了工时消耗定额、生产资料消耗定额，提高了农产品质量，其数据资料如表10-1、表10-2所示。

表10-1　农业标准化节约因素调查表

序号	项目	符号	计量单位	指标数值	
				标准化前	标准化后
1	农产品产量	Q_1	kg/年	—	50 000 000
2	工时消耗数额	e_g	h/kg	0.002	0.001

续表

序号	项目	符号	计量单位	指标数值	
				标准化前	标准化后
3	工时费	F_g	元/h	3	3
4	生产资料消耗数额	e_c	kg/kg	0.06	0.05
5	生产资料价格	D_c	元/kg	2	2
6	单位农产品成本	C	元/kg	0.5	0.4

表 10-2　农业标准化投资统计表

农业标准制定费用/元		农业标准实施费用/元	
项目	金额	项目	金额
试验费	10 000	设备购置费	200 000
资料费	5 000	资料费	5 000
工资	10 000	工资	10 000
差旅费	5 000	差旅费	10 000
会议费	5 000	会议费	5 000
		过渡标准损失费	5 000
小计	35 000	小计	235 000
合计		270 000	

试评价此项农业标准化活动的经济效果。假设 $t=5$。

解：（1）工时费用的节约数额为

$$J_1 = Q_1 \cdot (e_{g0} \cdot F_{g0} - e_{g1} \cdot F_{g1})$$
$$= 50000000 \times (0.002 \times 3 - 0.001 \times 3)$$
$$= 150000 （元/年）$$

（2）生产资料费用的节约数额为

$$J_2 = Q_1 \cdot D_{c0} \cdot (e_{c0} - e_{c1})$$
$$= 50000000 \times 2 \times (0.06 - 0.05)$$
$$= 1000000 （元/年）$$

（3）农业标准化总有用效果为

$$J = \sum_{i=1}^{n} J_i = J_1 + J_2$$
$$= 150000 + 1000000$$
$$= 1150000 （元/年）$$

（4）农业标准化总经济效果为

$$X_\Sigma = t \cdot J - K$$
$$= 5 \times 1150000 - 270000$$
$$= 5480000 （元） = 548 （万元）$$

（5）农业标准化投资回收期为

$$T_k = K/J$$
$$= 270000/1150000$$
$$= 0.23（年）$$

（6）农业标准化经济效果系数为

$$E = \left(\sum_{i=1}^{t} J_i \right) / K$$
$$= （5 \times 1150000）/270000$$
$$= 21.3$$

从以上计算结果可以看出，农业标准化投资回收期非常短，农业标准化总经济效果和农业标准化经济效果系数都很大，说明这项农业标准化活动的经济效果非常显著。

例2　某榨油厂年耗油料850t，实施标准后，使油料利用率从标准化前的15%提高到20%，油料价格为500元/t，下脚料价格为150元/t。试计算原料费的年节约数额。

解：其原料费的年节约数额为

$$J = Q \cdot (R_1 - R_0) \cdot (D_0 - D_1)$$
$$= 850 \times （20/100 - 15/100）\times （500 - 150）$$
$$= 14875（元/年）$$

例3　某果品公司每年发运水果600t，实施标准后，采用合理包装，避免水果挤压，使水果的损伤率从标准化前的15%降到5%，包装成本从标准化前每吨50元提高到70元，质量合格的水果平均价格600元/t，受损水果平均价格为200元/t。试计算改进包装后减少水果损耗的年节约数额。

解：$J = Q \cdot [(R_0 - R_1) \cdot (D - Z_b) + (C_0 - C_1)]$
$$= 600 \times [（15/100 - 5/100）\times （600 - 200）+ （50 - 70）]$$
$$= 12000（元/年）$$

例4　某县2009年小麦种植面积5万hm²，平均单产为6 000kg/hm²。由于播种时推广了精量和半精量播种，降低了基本苗数量，使全县小麦每公顷平均播量由142.5kg降到112.5kg（每千克种子按2元计算）；同时，按照统一标准科学配制N、P、K肥料，降低了化肥用量，平均每公顷节约成本52.5元；此外，对病虫害及时预报，实行有针对性的防治，做到用药合理，统防、统治，每公顷节约农药费用22.5元；并且小麦按照标准实行节水灌溉，每公顷可节约水电费用约45元。计算其2009年节约生产资料费用的农业标准化经济效果。

解：其2009年生产资料费用的节约为
$$J = （142.5 - 112.5）\times 2 \times 5 \times 10^4 + 52.5 \times 5 \times 10^4 + 22.5 \times 5 \times 10^4 + 45 \times 5 \times 10^4$$
$$= 9 \times 10^6（元）= 900（万元）$$

本 章 小 结

农业标准化效果就是运用农业标准化原理和方法，以制定和贯彻农业标准为手段，有组织地进行农业生产活动所产生的各种技术、经济和社会效果的总和。评价农业标准化效果应遵循基本的原则。农业标准化经济效果有其计量方式和评价指标。农业标准化经济效果的计算方法包括投资的计算、有用效果的计算等。

思考与练习

1. 试述农业标准化经济效果产生的原因。
2. 评价农业标准化效果应遵循的基本原则有哪些?
3. 农业标准化经济效果的评价指标及其经济效果评价的计算方法是什么?
4. 根据不同条件,如何运用不同计算方法对实施农业标准产生的效果进行量化评价?

主要参考文献

高祥涛. 2014. 农业标准化存在的问题及对策. 中国标准导报,(7): 62-64
国家标准化管理委员会. 2004. 农业标准化. 北京: 中国计量出版社
景延秋,刘聪利,成应杰. 2009. 我国农业标准化发展存在的问题及对策. 江西农业学报, 21(1): 176-177
李秉蘦,乔娟国. 2008. 内外农业标准化现状及其发展趋势. 农业展望,(6): 38-40
李静,樊铭勇,朱道军. 2015. 对新时期我国农业标准化问题的思考. 农村经济与科技, 26(5): 207-209
刘海凤,佟桂芝. 2004. 中国农业标准化发展现状存在问题与实施对策. 农业与技术, 24(5): 21-24
乔德华. 2012. 试论我国农业标准化问题. 甘肃农业科技,(2): 33-36
苏国贤,张鸿喜. 2006. 我国农业标准化发展的问题及对策. 山西农业大学学报(社会科学版), 5(2): 125-127
吴劲峰. 2009. 农业标准化经济效果的计算方法研究. 科技创新导报, 21(9): 97-99
张洪程. 2004. 农业标准化概论. 北京: 中国农业出版社
张洪程,高辉,严宏生,等. 2002. 农业标准化原理与方法. 北京: 中国农业出版社